海洋战场环境概论

李　磊　编著

兵器工业出版社

内容简介

本书对军事海洋学这一新兴交叉学科研究中的核心内容——海洋战场环境做了比较系统、深入的阐述，主要内容包括：海洋战场环境研究的性质、目的、意义及其基本的理论与分析、应用。全书共分六章，依次是：绪论；海洋战场环境调查；海洋地理、地质环境与军事应用；海洋水体环境与军事应用；海洋大气环境与军事应用；海洋战场环境预报与保障。

本书理论和实用兼备，适用于军事海洋学、军事指挥学等专业的研究生教学和相关专业的师生阅读，亦可供部队各级指挥员和广大的海洋水文气象预报保障工作者应用时参考。

图书在版编目（CIP）数据

海洋战场环境概论/李磊编著. —北京：兵器工业出
版社，2002.8
ISBN 7-80172-065-2

I. 海… II. 李… III. 军事海洋学 IV. E993.1

中国版本图书馆 CIP 数据核字（2002）第 062757 号

出版发行：兵器工业出版社		封面设计：底晓娟	
责任编辑：王 强		责任校对：王 绛 仝 静	
责任技编：魏丽华		责任印制：王京华	
社 址：100089 北京市海淀区车道沟 10 号		开 本：787×1092 1/16	
经 销：各地新华书店		印 张：15.875	
印 刷：北京蓝海印刷有限公司		字 数：388.44 千字	
版 次：2007 年 2 月第 1 版第 2 次印刷			
印 数：1051—2050		定 价：32.00 元	

前　言

　　国家的海洋战略发展，必须有强大的海军力量做后盾。而海军的发展，特别是海上军事活动的实施和现代化武器装备的研制与使用，都离不开海洋战场环境的基础与应用研究。因此，海洋战场环境研究具有重要的理论和实践价值，它对未来高技术海上局部战争和海上战场建设具有重要的战略指导意义。

　　海洋战场环境（Ocean Battlefield Environment）是军事海洋学研究的核心内容之一，其研究范畴非常广泛，主要包括海洋作战空间的构成及其描述、海洋作战空间自然环境要素与海上军事活动的相互关系。其中海洋环境（包括水面、水下、上空以及海底、岛礁、滨海陆地以及宇空和电磁空间等）的特征分布、变化规律、对海上作战平台、传感器和武器系统使用效能的影响及其预报保障技术，是海洋战场环境研究的核心内容。

　　西方军事大国特别是美国一直高度重视海洋和气象科学在军事上的应用研究。美军十分强调海洋环境技术在国防发展的关键技术地位和作用，认为海洋和气象环境技术能够对国防技术产生创新性的、具有重大杠杆性的作用，因此，他们将环境技术列为 21 世纪最重要的作战能力需求之一。在 20 世纪 90 年代初期，美国国防部就把"武器系统环境"和"环境效应"研究列入国防部关键技术计划中，其研究经费投入巨大，成效也非常显著。需要特别指出：21 世纪水面舰艇、潜艇以及作战飞机等作战平台向着提高远程突防能力、机动性和隐形化的方向发展，在提高这些平台作战能力的同时，也要求能够充分利用武器系统的环境效应，提高武器装备的作战效能。特别是潜艇战和反潜战，利用海洋环境条件能够更好地实现发现敌人、隐蔽自己的目的。目前，潜艇一方面向低噪音、"静音"化发展，另一方面，又要求声纳系统保持对低信号特征潜艇的探测能力，特别是取得先敌发现、先机制敌的能力，这就更需要加强海洋战场环境的研究。近代海上战争事例证明：在武器装备系统数量和质量不对称的情况下，弱势一方要想以弱克强，以少制多，必须充分利用战术和环境机遇；在互为均势条件下，谁更好掌握和应用环境优势，谁就将赢得先机和主动，从而赢得局部战斗的胜利。

　　我军的海洋战场环境研究和建设工作正处于一个快速发展的阶段，也许五年或者十年以后，能够有更加丰富的内容充实到军事海洋学研究的专著中。基于近年来军事院校、地方院校以及海军部队各方面日益增强的对海洋战场环境知识的需求，特别是海军院校对高素质人才培养的需求，笔者在长期从事海洋战场环境教学和研究的基础上，历时一年多的时间，终于完成此书的编著。本书的内容主要包括：绪论；海洋战场环境调查；海洋地理、地质环境与军事应用；海洋水体环境与军事应用；海洋大气环境与军事应用；海洋战场环境预报与保障。考虑本书主要使用者的情况，在内容体系的具体安排上，力求兼顾基本知识体系阐述、军事领域应用以及对国内外研究前沿和最新技术动态的介绍。

　　海洋战场环境研究是一项复杂、庞大的系统工程，过去还没有见到过国内、外有关的专著。另外，由于国外一些具体应用研究的内容涉密等原因，增加了资料搜集和本书撰写的难度。因此，希望本书的出版在填补海洋战场环境教学教材体系上的空白的同时，能够满足军、内外关心和有志于军事海洋学研究的广大读者的需要，也希望本书能够起到抛砖引玉的作用，更好地促进我军海洋战场环境的研究和建设。在本书出版之际，感谢领导和同事们给予的支持和帮助。感谢青岛海洋大学的冯士筰院士和孙文心教授所给予的悉心指导和无私关怀，没有两位德高望重的老师给予的理解和支持，我们也无法在繁忙的工作和学习的同时，按期完成编著任务。

在本书编写过程中，楼晓平、赵宝庆、甘忠林、闫玉明等同志参与了部分工作。楼晓平同志参加了 5.1～5.5 内容的编写，赵宝庆同志参加了 2.2、2.3 和 4.3 内容的编写，并完成了大部分文稿的计算机录入和制图工作。甘忠林、闫玉明等同志参加了部分内容的资料整理工作。

由于作者水平所限，编写时间仓促，书中内容有些可能不够成熟，疏漏和错误在所难免，望读者提出批评指正。

作 者

2001 年 12 月于青岛海军潜艇学院

目 录

第一章 绪 论

21 世纪是海洋新世纪，世界上的各个沿海国家普遍以新的眼光关注着海洋，并纷纷加入到开发和利用海洋资源的国际竞争队伍中。从战略的高度认识海洋，开发、利用海洋，建设海洋强国，是我国新世纪的一项重要历史任务[1]。实现国家的海洋发展战略，必须依靠强大的国防力量，特别是强大的海军力量做后盾。而海军的战略发展、海上军事活动的实施以及现代化武器装备的研制和使用，都离不开军事海洋环境，即海洋战场环境的基础与应用研究建设。海洋战场环境的研究和建设工作是海上战场准备的重要内容之一，在军队国防建设中起到积极的作用，具有重要的战略意义。

1.1 海洋战场环境研究的必要性

1.1.1 海洋战场环境研究的战略意义

和平与发展是人类进入 21 世纪后的主旋律，但在和平与发展进程中仍然还会伴随着国家之间、地区之间的矛盾、冲突与对抗。世界战略格局的多极化、世界霸权主义和新干涉主义、新的冷战思维等等都对我国的安全环境产生一些影响。特别是在濒海国家纷纷向海洋索取陆地上所缺乏的战略资源，争夺海洋战略利益的情况下，我国的海上安全环境面临多方面的挑战，主要表现在三个方面[2]：一是由于亚太地区正在成为世界经济发展的热点地区，并且随着中国经济的高速发展，特别是在加入世界贸易组织（WTO）之后，对外贸易以及对资源、燃料的需求将会不断增加，我国的海上交通和海洋经济活动将日益繁忙，如何保障海上航行安全、监控和保护海洋环境、打击海上非法活动等，既是值得广泛重视的经济发展问题，也是具有挑战性的海上安全问题。二是海洋划界、岛礁争夺等继续成为未来海上安全的一大挑战；我国面临着严峻的海洋权益维护问题，与一些国家划分领海界线以及划分专属经济区和大陆架界线，任务异常艰巨。某些周边国家分别以种种借口对我钓鱼岛和南沙群岛的部分岛礁提出主权要求，并实际控制了我 43 个岛礁[3]；三是东南沿海的安全是未来海上安全的一个重点，也是军事斗争准备的一个重点。另外，解决台湾问题，维护国家的主权完整和统一，是我国海上军事斗争所面临的最大挑战，同时也关系到我国的海洋战略安全。

加强海上国防战略建设和海军建设是国家海洋战略发展和海洋安全的根本保障。海军在 21 世纪所担负的主要使命体现在以下四个方面[11]：国家发展与安全的保障、政治与外交斗争的使节、高技术局部战争的主角和国家军事威慑力量的基石。

那么，如何从战略的角度来认识海洋环境研究对国防和海军建设的重要意义呢？首先，海洋战场是海军遂行作战任务和兵力活动的空间，而海洋自然环境（主要包括海洋地理、地质、水文、气象和海洋空间电磁环境等）是制约海上战场空间的重要因素之一[4]。因此，在国防战略构成和海洋战场准备中，必须充分考虑海洋环境因素的影响和作用。海军兵力的建设与发展，必须与其作战使命和国家海洋方向的经济、政治、军事斗争形势和海洋自然环境相适应。因此，在海洋战场的筹划和准备中，海洋环境研究具有重要的意义。其次，我国作为太平洋区域的濒海国家，依《联合国海洋法公约》和《中华人民共和国领海和毗连区法》等，属中国管辖的海域面积约 300 万 km^2，相当于陆地国土面积的 1/3；我国大陆岸线总长度达 $18×10^3km$ 之多，邻近海域陆架宽阔，拥有世界上最宽阔的陆架海——东中国海和世界上最深的独立深海盆——南中国海。我国海洋资源丰富，已鉴定的海洋生物物种超过 2 万种；大陆架海区含油气盆地面积近 70 万 km^2，蕴藏的石油资源量在 $15×10^{12}～20×10^{12}kg$，天然气 $1.409×10^{14} m^3$。另外，我国还在国际海底区域获得近 8 万 km^2 多金属结核矿区。因此，不仅海洋的开发需要我们研究海洋环境，海洋资源和海洋国土的保护同样需要我们研究海洋、了解海洋和服务于海洋。

另外，我们还应当清醒地认识到：海洋既是国家安全的天然屏障，也是外敌入侵的重要通道。在 1840～1940 年的 100 年中，外国列强从海上入侵我国达 479 次，规模较大的 84 次，入侵舰船 1860 多艘，兵力 47 万多人[5]。美国前总统肯尼迪认为，"控制海洋就意味着胜利。美国要保护它的安全，就必须控制海洋。"美国众议院军事委员会在一份研究报告中曾指出：[6]"美国及其盟国的自由建筑在对海洋的控制"，失去海上优势，就会遭受重创和灭顶之灾。为实现其控制海洋的目的，美国海军的建设和军事海洋学的研究基本保持了同步的发展。仅从海洋气象研究和保障体制建设方面，美国海军建立起了庞大的海洋气象环境研究和保障编制体系。例如，海军在其海洋学司令部下设了多个业务机构：位于加利福尼亚州的舰队数值海洋中心(FNMOC)、位于密西西比州的海军海洋局(NOO)、位于马里兰州的海军海冰中心(NIC)。另外还有五个区域性中心：位于弗吉尼亚的大西洋中心(NLMOC)、位于西班牙的欧洲海洋中心(NEMOC)、位于珍珠港的太平洋中心(NPMOC)以及位于关岛和日本横须贺的两个西北大平洋中心(NPMOC)。自 20 世纪 80 年代，为加强军事海洋环境的研究，美国海军仅在海军研究局下就先后组建了海军海洋环境开发中心、海军海洋学研究院、海军海洋环境预报研究中心、海军海洋学与大气科学研究所。始于 1990 财年的美国国防部关键技术计划的提出和实施，旨在推进保持"美国武器系统长期质量优势"至关重要的技术发展。其中，海洋和气象环境技术始终是美国国防部关键技术计划的重要组成部分[7]。"它山之石，可以攻玉。"国外尤其是美国在海洋战场环境方面的研究经验，应当作为我们很好的借鉴。只有从国防战略建设的高度重视海洋战场环境建设，才能够更好地落实积极的近海防御战略，保证打赢未来高技术条件下的海上局部战争。

1.1.2　海洋战场环境研究的范畴和作用[8]

1.1.2.1 海洋战场环境研究的范畴

海洋环境研究不仅对海上战场建设具有战略指导意义，而且能够直接影响海上作战效能，特别是武器装备效能的发挥。因此，海洋战场环境研究在国防军事现代化建设中，应当得到高度的重视，不断加强其建设，发挥其重要的作用。

海洋战场环境研究是和军事海洋学共同发展与成长起来的。

军事海洋学(Military Oceanography)是研究海洋环境对国防建设、军事活动的影响和海洋科学技术在军事上应用的学科。它属于海洋科学的重要应用学科分支。

海洋战场环境（Ocean Battlefield Environment）是军事海洋学研究的核心内容之一，主要研究海洋环境背景与海洋战场的相互关系问题，研究范畴主要包括海洋作战空间的构成、海洋作战空间自然环境要素的分布与变化规律、海洋环境对海上作战的影响及其应用等。通过研究海上作战空间（海洋的水面、水下、上空以及海底、岛礁、滨海陆地以及宇空和电磁空间等）环境背景条件对军事行动的影响，特别是海洋环境的特征分布、变化规律及其对海上作战行动、武器系统使用效能的影响以及研究如何利用海洋学的成果，精确描述和预测海洋环境特征、结构及其变化，以提供给作战指挥机关和战场指挥员进行战场准备和作战决策时所需的海洋环境知识和环境数据支持。

1.1.2.2　海洋战场环境研究的地位与作用

1. 战场上利用海洋、气象环境的战例分析

"知天知地，胜乃不穷"，古今中外，概莫能外。早在距今约 2500 多年前的春秋末期，中国古代最杰出的大军事家孙武把"阴阳、寒暑、时制"概括为"天"，强调"天时"因素对战争胜负的重要影响。东汉时期（公元 208 年 10 月）的赤壁之战，诸葛亮"借东南风"，火烧曹操战船，大败 80 万曹兵；1661 年 3 月民族英雄郑成功率战舰 350 多艘，将士 25000 多人，横渡台湾海峡，利用天文大潮的有利"天时"和海洋水文条件，成功地一举收复台湾。外军作战史中，也不乏利用水文气象环境条件的大量成功范例，例如：第二次大战中日军为偷袭珍珠港，对北太平洋海域的水文气象条件进行了充分的考虑和利用。日军最后在偷袭珍珠港的北、南、中三条大洋航线中，选择航程最远、天气和海况最差的北航线，就是为了利用该航线冬季多风暴，海上无商船，被美海军航空兵远程侦察机发现的可能性最小，能够达到隐蔽和突然袭击的目的。由 33 艘军舰和 350 架舰载机组成的庞大联合舰队，在 1941 年 11 月 26 日从日本单冠湾出发，航行穿越北太平洋 50 多个纬距，并穿越西风急流区，航程 3500 多海里，历时 12 天顺利到达海区攻击阵位。在突袭行动中，日军再次利用云层作掩护，隐蔽到达珍珠港上空，并在 90 多分钟的连续突击中，击毁美机 260 架，炸沉、炸毁各种军舰 20 艘，毙伤美军人员 4575 名。这次重创，使得美太平洋舰队在以后的 6 个月内躲在近海不能作战[36]。

1944 年 6 月，在美、英盟军组织的二战中规模最大的诺曼底登陆战役中，为了选择最有利的作战地点和时间，美英从 1942 年起，就对英吉利海峡及其海岸地区的天气和气候进行了认真的研究。依据对历史资料的统计分析，选择 1944 年 6 月 5 日为"D"日——登陆战役"海神"行动日。6 月 3 日由于天气突变，决定计划推迟一日，将登陆日改为 6 月 6 日。6 月 4 日这一天，英吉利海峡上狂风暴雨，恶浪翻腾，登陆作战计划行动面临特别严峻的考验。在此重要关键时刻，以著名气象学专家罗斯贝为首的气象联合小组，做出 6 月 5 日风暴过海峡，6 日有适宜登陆的天气的预报结论。联军司令艾森豪威尔采用了气象专家们的预报，决定 6 月 6 日为"海神"行动日。特别值得一提的是，虽然德军也预报出了这次低压风暴的出现，但他们认为，由于风暴的持续影响时间较长，至少半个月内美英联军不会采取行动。就在美英联军发起进攻之前的几个小时，德军的天气预报还认为："从目前的月相和潮汐来看，恶劣的天气形势还将在英吉利海峡持续下去。"正是由于对天气形势的错误估计和预报，不仅使驻法国的德军司令隆美尔元帅麻痹大意，连在巴黎的德军司令部高级指挥官在接到盟军行动的情报时，依然错误地判断不会有大规模的军事行动。天气这把双刃剑，对盟军和德军产生了两种截然不同的影响。美英联军准确地掌握了海洋水文气象的变化，利用"天时"创造的

有利战机，使大规模的登陆行动隐蔽在恶劣的海况和天气下，麻痹了德军，出其不意，攻其不备，打得德军措手不及，成功取得了登陆战役的胜利。

20世纪80年代以来，在世界范围内爆发的几场局部战争，例如"英、阿马岛争夺战"、"美军空袭利比亚"、"美军入侵巴拿马"、"海湾战争"以及"北约空袭南联盟"，其突出的特点是现代高技术武器装备的大量使用，使战场条件、作战手段、对抗方式都发生了根本性的变化。过去的"火烧联营"、"水淹七军"和现代战争形态已不可同日而语。但是，战场环境与作战之间的相互关系是否也因此发生了根本性的改变了呢？高技术战争的出现尤其是"全天候"武器装备的大量涌现和使用，的确向人们提出这样的问题，需要军事工作者认真思考和回答。解决这一问题，有助于我们更好地重新认识海洋、气象战场环境的地位与作用，充分理解海洋战场环境研究的重大意义。

2. 高技术及其对海军作战的影响[9]

高技术是建立在现代综合科学研究的基础之上，处于当代科学技术前沿的，对发展生产力、促进社会文明、增强国防实力起先导作用的技术群。由于海军是技术高度密集的军种，其作战范围从外层空间一直到深海，因此，海军高技术的研究、应用几乎覆盖了整个高技术领域。例如：侦察预警技术、探测与传感技术、通信技术、精确制导技术、隐身技术、电子对抗技术以及各类武器系统、指挥自动化系统、作战平台等等。按照通常的划分，海军高技术的研究主要包括以下几个方面：

(1) 信息技术

信息技术是当代高技术的前导领域和新技术革命的核心，其在军事和民用领域均发挥着重大的作用。它主要包括微电子与光电子技术、计算机技术、信息获取与处理技术和通信技术等。信息技术是海军高技术中的主要支撑与主导性技术。作为信息技术的延伸与扩展的自动化技术，是提高武器装备性能的重要手段，在军事领域以及国防工业获得了广泛的应用。例如美国国防部的计算机辅助后勤支援系统（CALS），是在计算机网络和数据库管理系统支持下的计算机集成制造系统（CIMS）技术应用的典型。CALS能够降低武器装备的成本，提高战场后勤保障效能。美国海军的A-12攻击机和SN-21"海狼"核潜艇均参与了CALS计划。

(2)新材料技术

新材料技术对海军高性能武器装备的发展有非常重要的影响。如高温结构陶瓷和新型合金等高性能结构材料、半导体和光纤等电子与通信材料以及新的能源材料和高分子材料等在海军武器装备系统设计上的使用，对提高装备的性能、延长使用寿命、扩大作战使用范围都起到重要的作用。美国"NSSN"级核攻击潜艇由于采用了新型高强度壳体材料等制造技术，大大增强了其隐蔽性能和作战性能。

(3)航天技术

航天技术是海军高技术的重要研究领域，在侦察、通信、导航、指挥控制特别是气象和海洋遥感等方面广泛得到应用。

(4)能源技术

能源是海军作战的支柱。太阳能、海洋能以及风能等的开发都与海军密切相关。

(5)定向能技术

定向能技术是为研制新型武器而发展起来的，包括强激光技术、高能粒子束技术和大功率定性微波技术。

(6)生物技术

生物技术包括基因工程、细胞工程等。海军对生物技术的研究主要用于军事医学领域。

(7)海洋技术

海洋技术是海军高技术重要的综合性研究领域。其中海洋观测、探测技术是海洋研究、海上军事活动的基础。目前天基、空基遥感技术主要有水色扫描仪、多光谱扫描仪、微波遥感器等。声波遥感技术主要有多波速测深仪、多谱勒海流计、合成孔径声纳和声雷达等。另外，海洋技术研究中的海水淡化技术和水下工程建设技术等都对海军建设有重要的意义。

军队的作战能力或质量，主要取决于武器装备的性能和质量、官兵的整体素质和军事决策水平的高低。高技术的发展和应用与武器装备的发展、高素质人才的培养以及军事决策能力和水平的提高有着极为密切的关系。海军高技术应用能够大大提高武器系统的作战效能。例如，利用激光、红外、毫米波和合成孔径雷达等制导方式，完善末制导技术，提高导弹、炸弹的命中精度，进而提高毁伤能力；通过增大作战距离和机动性提高作战效能，如美国"海狼"级核动力攻击潜艇，采用高强度钢材料和 S6W 新型加压水冷式反应堆，水下航速达 35kn，下潜深度可达 600m。隐身技术的应用，大幅度提高了武器装备的隐蔽性，使得武器系统的突防能力和生存能力大大增强。例如美国"海狼"级核潜艇采用自然循环反应堆、新型泵喷射推进器、艇内外敷设阻尼吸声橡胶等措施，大幅度降低了噪声。

海军高技术的发展和应用，对海军作战产生了深远的影响。导弹技术、海洋技术和电子信息技术的发展，使海战的对抗空间遍及水面、水下、空中、太空和电磁等多维空间，并向深海和外层空间等领域扩展。夺取和保持制空权、制海权、制天权、制电磁权等对赢得海战的胜利至关重要。战争的形态也与以往有很大的不同，信息成为作战的核心要素，信息的获取、传输、处理和使用能力成为重要的作战能力之一，以信息对抗为核心的"软杀伤战"将成为未来海战制胜的关键一环。

高技术对海上作战方式的改变，还表现在作战战术机动由原来的兵力机动向武器火力机动或制导武器的轨迹机动；作战行动向包括不良气象条件和夜间在内的全天候、全时域发展；更加强调立体协同作战；超视距远程打击成为基本的作战样式，例如海上导弹攻击可以在 100～200n mile 的距离实施，战略弹道导弹则可达是　千米；作战呈现非线性、非对称的特点，远距离突袭和空袭打击成为极其重要甚至是唯一的战争阶段。

3. 高技术战争中海洋水文气象环境保障的地位、作用

(1) 高技术战争及其特点

所谓高技术战争是指运用高技术武器装备和其它高技术成果，并采用与之相适应的作战方法所进行的战争[9, 10]。以海湾战争为例，当时以美国为首的多国部队在这场发生于 20 世纪 90 年代初的战争中，共使用了 500 多项 80 年代以来的新技术，仅在首战中投入使用的高技术武器装备就有 100 多种。海湾战争中多国部队使用的高技术武器装备有：侦察、预警、通信、导航和气象航天卫星 50 多颗（其中军用气象卫星 3 颗）；在 1740 多架飞机中，电子战飞机 100 多架，隐型飞机 42 架；制导武器使用了战略弹道导弹以外的几乎所有各类导弹；海上兵器使用了航空母舰、巡洋舰、驱逐舰、战列舰等 240 多艘；其它还有先进的夜战器材、通信装备和 C^3I 系统等。

在未来高技术局部海战中，作战将具有以下显著特点：战场的多维化和高度信息化；作

战的非线性化；作战的合同化以及电子、火力、机动的一体化。具体表现在作战空间和纵深的增大、作战的突然性、以及高毁伤、高速度和多方位、多兵种等。所有这些变化都给海洋水文气象保障工作带来了新的挑战。首先，必须充分认识海洋水文气象环境保障的地位和作用问题，这对于海军海洋战场环境建设具有重要的战略指导意义。

(2) 武器系统环境与高技术战争

未来高技术海战中，指挥、控制、通信、计算机、情报以及侦察和电子战，即 C^4IREW（Command, Control, Communication, Computer, Information, Reconnaissance, Electronic Warfare）系统构成战场的中枢神经，精确制导武器构成主战武器系统。因为这些武器装备和武器系统的工作或运行环境是以大气和海洋为基本背景，即使在外层空间运行的航天器，也必须通过大气层发射到太空，而它观测和监视的目标绝大多数是在地面、海上或空中，也必须经过大气层才能和地面（海上）或空中交换信息。因此，即使是高技术的武器装备，其性能的发挥也会受到大气和海洋环境的制约。美国前国防部部长切尼在为美国国防部致国会的最后报告《海湾战争》的序言中指出："我们在评估武器的性能时必须认识到，这些武器换一个环境可能不会产生那么好的结果。这次冲突发生的环境，对一些较先进的武器来说，是非常理想的。"20 世纪 80 年代以来发生的多次高技术局部战争和冲突，无一例外地证明了武器系统效能和武器系统使用环境的密切关系。

根据美国工业界武器系统效能咨询委员会关于武器系统效能的定义：系统效能是一个系统预期能满足一组特定任务要求的程度的度量，是系统可用性、可信性和能力的函数。武器系统的效能结构图如图 1-1 所示：

据此，我们不难进一步分析海洋和大气环境与海战武器系统效能的关系。海洋和大气环境对海战武器系统的影响是全程的，即在其可用性、可信性和能力三个方面均有重要的作用。以海洋大气环境对侦察和预警系统的影响为例，云层的反射和吸收作用对航空航天光学侦察具有重大的影响，当云层厚度超过 400m 后，云层的反射率将超过 80%，已经不可能在云层上方对云下的目标进行侦察拍照。如果不得不降低高度执行航空侦察和预警任务，则其安全性和生存能力大大降低。大气中的云、浓雾、降水和气溶胶严重影响到激光雷达的探测距离；大气折射和大气波导的存在，会使得激光测定目标的方位角、距离和速度的精度大受影响；大气折射引起的电

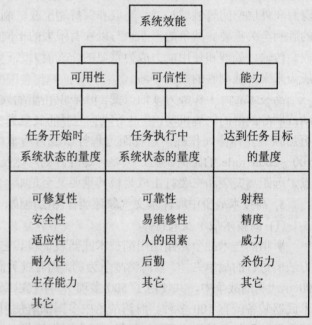

图 1-1　武器系统的效能结构

磁波异常传播，有时使微波和毫米波雷达的探测距离延长，有时又出现一些雷达盲区。海洋大气环境对精确制导武器上各类传感器分辨率的影响如表 1-1 所示。

表 1-1　环境因子对各类传感器分辨率的影响

波长类别	微波	毫米波	红外				可见光
			甚远红外	远红外	红外	近红外	
波长	10cm～ 1cm	1cm～ 0.1mm	0.1cm～ 0.15μm	15μm～ 6μm	6μm～ 2μm	2μm～ 0.74μm	0.74μm～ 0.4μm
分辨率	通常随波长的减小而增大						
天气敏感性	通常随波长的减小而增大						
云、雾	显著				非常显著		
干气溶胶	不显著				显著	非常显著	
降水	显著			非常显著			
吸收	显著		可能很显著		非常显著		
散射	显著			非常显著			

综合以上分析，海洋大气环境对武器系统的影响是不可低估的，所谓"全天候"的武器系统并非能够完全摆脱气象条件的制约而为所欲为。在未来高技术条件下的战争中，离不开海洋水文气象的保障支持。

(3) 海洋战场环境研究的必要性

在传统战争中，主要是根据作战任务、敌情、我情和地形进行作战决策的，海洋气象条件仅作为辅助参考的因素。正如前面所述，20 世纪 80 年代后爆发的几场现代战争，在突出武器系统高技术特征的同时，也更加突显出战场环境因素的重要影响及其在作战决策中的地位与作用。加强气象（海洋）战场环境研究与建设，提高战场环境保障能力，充分利用海洋水文气象战场环境因素，趋利避害，已普遍得到各国的高度重视。

1982 年英阿"马岛之战"，英军指挥员在战前决策时，充分意识到可能的海洋战场环境条件的不利影响，特别是大洋上可能会出现的风暴天气和恶劣海况的影响，一方面提出"速战速决"的战略决策，另一方面派出精干的随舰气象保障分队，远渡重洋，进行现场海洋水文气象保障，使得一场远离本土万里之遥的远征之战，在 2 个多月的时间里便取得了胜利。特别值得一提的是，在英阿"马岛之战"中，武器装备处于劣势的阿根廷军队，利用秋末初冬强冷空气入侵时的浓厚低云天气作掩护，出动 5 架"超军旗"式战斗轰炸机从基地以高度 40～50m 的超低空飞向英军舰队。当时天气十分复杂，云底高仅有 150m，能见度不足 100m。飞机以云雨、雾区作掩护，利用英舰上雷达的盲区和恶劣的天气、海况对英舰上的雷达和无线电通信系统的干扰，使得偷袭成功，英国海军现代化的驱逐舰"谢菲尔德"号被击沉[36]。正可谓天气不是敌人就是朋友，其本质就在于对海洋水文气象战场环境的把握和利用。

海湾战争同样给人们以很好的启示，能够帮助我们更加充分地认识气象（海洋）战场环境研究和建设的重要地位与作用。

早在海湾战争开始前，美军气象部门就受命对海湾地区的气候、水文特点以及天文特征进行了长达 14 年的气象情报收集和分析研究工作[12]。为加强作战期间的气象保障，专门发射了一颗静止轨道气象卫星，使国防气象卫星的总数达到 3 颗。美国军事气象保障部门经过详尽、系统的分析研究后，提出"12 月至翌年 2 月海湾地区天气较为温和，风沙小，是作战的黄金季节。”美国确定战争从 1 月份开始，也是为了避免对作战影响巨大的沙漠酷暑季节。为选择开战时机，美海军舰队海洋数值预报中心和空军全球天气中心经综合分析后，预报 1月 17～20 日战区无月光、无云、少雾、涨潮，为最佳偷袭攻击日。后来美军既根据这一预报结果，选择在 1 月 17 日发动首次攻击，达到了预期作战目的。尽管如此，海湾地区战场上出现的恶劣天气和沙漠特有的恶劣环境也给多国部队各种高技术的武器装备带来了严重的影响。海湾地区恶劣的风沙、扬尘天气影响并侵蚀制导武器的传感器器件，不仅使多国部队十分先进的导弹相控雷达及制导技术出现多次失误，降低了激光和电视制导的精度，还使号称具有"全天候"和能在恶劣条件下作战的"AH-64 阿帕奇"攻击直升机攻击命中率大大降低；大雨、浓雾天气使雷达、激光与红外探测距离大为缩短；海湾战争中包括美国 F-117 在内的作战飞机多次因环境恶劣找不到目标，不得不冒着风险，带弹返回机场。仅在空袭开始的前10 天之中，就有约 15%的预定飞行架次因天气原因被取消。另外，由于气象条件和战场环境的因素，造成因目标识别错误而引起的误伤事故高达 39%。战场环境对武器系统效能的制约关系在海湾战争中得到了很好地验证。

综合分析，我们可以得出结论：现代高技术战争对战场环境保障的需求不是减弱，而是提出了新的更高的要求，海洋战场环境建设的地位和作用也更加重要。海洋战场环境研究，对我军的水文气象保障建设工作至关重要，是海上战场准备的中心工作之一，是保证打赢未来高技术海上局部战争必须做好的一项基本建设任务。同时，我们更应清醒地看到，我军海洋战场环境建设任务还十分严峻。一方面，我国海洋学的基础研究特别是海洋环境的调查、监测和预报技术还相对比较落后，军事海洋学的大量研究建设工作还处在起步发展阶段；另一方面，敌对国家多年来一直觊觎我国近海海洋情报战略资源，尤其是美国，一直保持着庞大的军事海洋学研究机构，并从 20 世纪 90 年代初期起，将气象和海洋环境技术视为对保持"美军武器系统长期质量优势"至关重要的国防部关键技术计划中的重要组成部分，每年都有大量的研究经费支持[7]。美国和个别国家正在不择手段地设法获取我国近海海域的水文气象资料。1995 年 5 月，美国海军利用飞机在我国南海海域投放了 360 多个温深计；同年 8 月，在我国射阳河口外海发现有美国海军字样的第二号测流潜标；1997 年，在我国沿海多次发现不明国籍国家投放的美国生产的海床基海洋环境综合测量系统；1999 年 5 月美国海军"BOWDITCH"号海洋调查船，在距我领海线 70n mile 的温州以东海区进行海洋调查。这些现象应当给我们以足够的警示。美国等海军大国在保持其先进的武器装备的同时，依然重视对海洋战场环境的建设工作。因此，认清我军海洋战场环境建设的形势，明确海洋战场环境研究的任务，抓紧各项建设工作，是我国军内外海洋和气象工作者以及军事科技工作者在本世纪初的重要历史性使命。

1.2　海洋战场环境研究的主要内容体系

海洋战场环境研究是为海军战场准备和作战保障服务的，其具体的研究内容与海上战场、战场准备、作战需求密切相关。广义上讲，海洋战场环境主要研究海洋作战空间的构成、海洋环境与海军战略、海洋环境对海军战场准备以及海上作战的影响和应用。其中海洋环境（包括水面、水下、上空以及海底、岛礁、滨海陆地以及宇空和电磁空间等）的特征分布、变化规律及其对海上作战平台、传感器和武器系统使用效能的影响，是海洋战场环境研究的核心内容，也是海洋学研究在军事上的应用，即军事海洋学研究的主要内容。因此，本书的章节内容体系安排上，基本按照影响海上作战平台、传感器和武器系统使用的海洋环境，依照环境介质特性由"硬"环境向"软"环境、由底层空间环境向高层空间环境展开的方式，分别主要介绍和探讨海洋地理、地质环境，海洋的水体环境，海洋大气环境和海洋电磁相空间环境的基本知识体系，并探讨上述理论研究对海军武器装备系统的影响及其作战应用。鉴于海洋战场环境调查是海洋军事工程技术和军事海洋环境保障研究的基础，也是海军海洋战场环境建设的重要基本工作，因此，我们专门安排一章（第二章）讨论。

提高海洋战场环境预报与保障能力是海洋战场环境建设的核心和根本目标，也是一项具有挑战性的海军国防重大课题。战场海洋环境预报和保障的理论与技术，还处在不断地变化和发展之中。特别是在我国，军事海洋学作为一个学科理论体系尚在形成之中，与世界海军强国相比，海洋战场环境系统的规划和现代化建设工作，只能算刚刚起步。全面地论述该领域的所有重要研究内容和发展情况，客观上依然是一件十分困难的工作，因此，在本书我们将侧重探讨海洋战场环境预报与保障研究中的关键技术发展问题和外军（主要是美军）在相关领域的研究与发展情况。

1.3　海洋战场环境研究的特点和方法

海洋战场环境作为海洋环境学在军事上的应用分支，其研究的基本特点是基础理论研究与基础实验、调查并重，其重大研究方向和研究内容是以国防建设发展的军事需求特别是海军的需求为牵引，同时在很大程度上，依靠海洋科学的基础性和前沿性研究成果的支持。

海洋战场环境研究的方法主要包括海洋环境监测、调查研究，海洋环境理论和数值模拟研究以及这些研究在军事上的释用。

1.3.1　海洋环境监测、调查研究

海洋环境监测和调查研究是指利用岸基海洋观测站、河床基海洋观测站、锚碇浮标、漂流浮标、海洋调查船和卫星等平台上安装的监测、测量仪器或传感器，从陆上、海面、海中、海底以及空中等多方位、多途径获取海洋环境信息的技术，以及对海洋环境信息的处理和传递技术。对海洋的观测和调查是海洋科学的发展基础，也是海洋环境军事应用研究的最基础性工程。

从海洋科学史可以发现，在其发展的进程中，海洋观测和调查（包括海洋观测技术仪器的发明）起到了关键的作用[13]。早在公元 1 世纪，我国祖先就通过观测发现海洋潮汐与月亮出没的关系。8 世纪时期，窦叔蒙在《海涛志》论述了潮汐的日、月、年周期变化与月相的相关性，建立了世界上最早的潮汐推算图解表。中国古代四大发明之一——指南针在航海上的应用，使得人们有能力更好地了解和认识广阔的海洋。在 19 世纪到 20 世纪中叶，对海洋的综合考察和研究，奠定了近代海洋科学的基础。1831～1836 年，达尔文随"贝格尔"号的环球探险和海洋考察，特别是英国"挑战者"号 1872～1876 年的环球航行考察，标志着现代海洋学研究的真正开始。第二次世界大战极大推进了海洋学尤其是军事海洋学的发展，在此期间及二战后，现代海洋调查技术迅速发展，大规模的海洋国际合作调查不断展开。例如：实施了国际地球物理年（IGY，1957～1958）计划，国际海洋考察 10 年（IDOE，1971～1980）计划，黑潮及邻近水域合作研究（CSK，1965～1977）等。20 世纪 80 年代起，开展了多项

长期的海洋考察研究计划，如世界大洋环流实验（WOCE，1990～1997），热带海洋和全球大气计划（TOGA，1985～1994）等[14, 15]。

美国等一些国家的海军十分重视对海洋环境的调查研究。二战期间，美国曾派遣 5 艘潜艇在北非海岸进行水文气象和海况的观测，直接服务于英美联军的北非登陆任务。在海湾战争前，美军已经通过卫星遥感和其它观测手段，获取了海湾地区长达 14 年的海洋水文资料，这些资料在海湾战争中发挥了重要的作用。美国海军为获得全球范围的海洋和气象资料，一直保持世界上最庞大的海洋调查船队。1993 年仅美国海军就拥有 16 艘专用海洋调查船队和 3 架海洋调查飞机，1995 年以来，又新增 6 艘 5000t 级海洋调查船，同时还拥有大量的民用调查船只为其国防服务。目前世界上的发达国家已经形成了由卫星、飞机、船舶、浮标、雷达、潜标、声层析装置、深潜器以及岸用海洋自动观测网（C-MAN）构成的现代化立体实时海洋观测、监测网。

在海洋监测、海洋调查技术发展方面，空间海洋观测技术的发展特别是卫星海洋遥感是 20 世纪后期海洋科学取得重大进展的关键技术之一[15]。1957 年前苏联发射的第一颗人造地球卫星标志人类第一次可以从太空空间上观测海洋。美国宇航局（NASA）在 1960 年 4 月发射了第一颗电视与红外观测卫星 TIROS-I，随后发射的 TIROS-II 卫星开始涉及海温的观测。美国海洋大气局（NOAA）在 70 年代初期发射了改进型的 TIROS 卫星，随后在 1972～1976 年陆续发射了 5 颗 NOAA-N 系列卫星，这些卫星上的红外扫描辐射计和微波辐射计，用意估计海表温度和大气温-湿剖面。1978 年美国 NASA 先后发射了第一颗海洋实验卫星 SeasatA、TIROS-N 和 Nimbus-7 卫星，为海洋学观测和研究提供了崭新的技术手段，大大提高了海洋的卫星观测和监测能力。SeasatA 上载有微波辐射计（SMMR）、微波高度计（RALT）、微波散射计（SASS）、合成孔径雷达（SAR）、和可见光红外辐射计（VIRR）等 5 种传感器。SeasatA 虽然仅仅工作了 108 天，但却提供了大量宝贵的海洋信息，包括了海表温度、海面高度、海面风场、海浪、海冰、海底地形、风暴潮和降水等海洋和气象信息。Nimbus-7 载有 7 台传感器，其中多通道扫描微波辐射计 SMMR 和沿岸带海色扫描仪 CZCS 与海洋观测有关。CZCS 专门用于海色测量，它奠定了海色卫星遥感的基础。

进入 20 世纪 90 年代以后，美国、日本、法国以及欧洲空间局一系列海洋卫星计划的实施，标志卫星海洋遥感技术已经趋于成熟并进入业务化运行。现在，美国海军的海洋学专家不仅利用卫星资料来测定海面高度、表层水温、洋流、上升流、水团和锋面、涡旋等中尺度海洋特征的位置，而且还能够利用海洋卫星的遥感资料监测水下潜艇的活动。正因为卫星遥感技术在海洋环境研究和海洋战场准备中发挥越来越大的作用，美国一直将海洋（气象）环境遥感技术列入其国防部的关键技术发展计划中[7]。我国在海洋环境调查方面也做了大量的工作，海军的海洋战场环境建设工作也取得了显著的成就。

1.3.2   海洋环境理论及数值研究

"万物皆流，万物皆变"，这是古希腊哲学家赫拉克里特（Heraklet）的名言。它反映出人们很早就认识到事物都在不断地运动、变化和发展之中。在众多的随时间而变的现象中，一类重要的现象是流体在外界的热力和动力的强迫下所发生的运动。海洋和大气的运动正是这样的一种运动，它们的运动都应遵循流体力学的一般规律，体现在用数学语言描述的一系列物理定律即微分方程。通过对这些偏微分方程解的研究，能够从本质上了解和掌握流体运动的形态、变化的规律和发生机制等。但是，由于描述海洋或大气的地球物理流体运动方程为非线性偏微分方程，一般说无法求得其解析解。计算机的出现使得计算流体力学很快发展起来[16~18]。通过地球物理流体动力学方法和计算机求数值解相结合的方式，大大拓展了人们对浩繁复杂的流体运动现象，特别是海洋和大气运动的认识[6, 15, 19~21]。物理海洋环境的理论研究，主要是应用数学和物理的方法，研究海洋环境动力学理论问题[22, 23]。通过大洋潮汐动力理论[24]、大洋环流理论[25]、海浪及海浪谱理论[26, 27]、风暴潮和海-气相互作用[28, 29]等一系列理论研究，深刻揭示了海洋运动的基本规律和机制，推动了海洋科学的快速发展。现在海洋和大气科学的理论研究，主要有四种既相互区别，又相互联系的方法：观测、调查资料的分析和诊断，流体运动模型实验，动力学理论研究和数值模拟研究[30]。

1.3.2.1 观测资料的分析和诊断

观测资料的分析诊断是分析观测事实、研究模拟结果的物理机制的基本方法。它为理论工作提出了问题，指明了方向，并可以检验理论研究正确与否。它还使数值模拟、数值实验工作进入新的阶段，即从一般了解到了解变化的物理机制，并可检验数值模拟与观测事实异同的物理原因。但是，分析和诊断离不开理论和概念的指导。基础理论的研究植根于观测研究的大量感性认识基础之上，其进展与成效受到探测技术和资料的质量和数量的制约，反过来观测资料的分析研究有赖于正确的动力理论的指导，依赖于其深度和水平。

1.3.2.2 流体运动模型实验

真实的海洋和大气运动是无法在实验室内完全模拟出来的。流体运动模型实验研究的意义在于利用人工装置进行实验，可以观测到真实的流体运动在某些简单的、已知的因素作用下的情况。例如著名的 Taylor 柱实验[31]。与自然界中观测的最大不同在于，流体运动实验观测可以重复并有明显的直观性，比实际海洋或大气流体运动要简单得多。大数学家希尔伯特（Hilbert）说过："一个复杂的现象得不到解释，同时发现一个简单得多的现象也得不到解释，那么探讨如何解释这个简单得多的现象，就是问题的关键。"事实上，流体运动的模型实验使人们看到了一些新的现象，启发人们的思考，并推动理论的向前发展。

1.3.2.3 动力学理论研究

应用物理定律和数学方法研究海洋和大气运动的变化机制，解释海洋和大气现象。海洋动力学理论研究方面，如 Newton（1687）用万有引力定律解释海洋潮汐，Laplace（1775）首创大洋潮汐动力理论，更加科学地解释了潮汐的形成和传播；Sandstorm 和 Helland-Hansen（1903）提出深海海流的动力计算方法，Ekman（1905）提出了漂流理论。大气动力学理论研究方面，在 20 世纪 20 年代形成了以 V. Bjerknes 为代表的锋面气旋学派和以 Rossby 长波理论为核心的芝加哥学派。这些理论的研究及其后来的发展，为海洋和大气环境数值预报奠定了基础。当然，随着现代探测新技术的发展和应用，新的现象不断被发现，新的问题需要动力学理论不断探索和解决。

1.3.2.4 数值模拟

由于描述海洋或大气运动的数学微分方程的非线性性质，难以进行解析求解。因此单纯依靠数学理论方法研究海洋和大气运动难以深入进行。计算机技术，特别是高性能计算机的出现，可以求出支配海洋和大气运动方程的数值解，从而进行数值模拟实验。数值模拟研究是一种不同于理论和实验的试验研究，它极大地促进了理论的发展，丰富了人们对海洋和大气运动现象和规律性的认识。海洋环境数值预报技术的日益成熟，即得益于数值模拟研究工作的不断探索和进展[17, 19, 20]。

1.3.3   海洋环境在军事上的释用研究

海洋环境的观测、理论和数值研究能够提高我们对海洋环境现象的描述和对环境变化的预测判断能力，这是海洋战场环境研究的重要内容之一；另外一个重要的内容就是海洋环境在军事上的释用研究。从海洋战场环境研究的角度，前者侧重基础性研究，后者侧重应用性研究，相互之间又存在密切的关联。所谓海洋环境的军事学释用，是指把海洋环境知识和信息与军事学知识相结合，将单纯的海洋环境信息产品转化为海洋战场环境应用产品的技术和方法研究。传统的海洋战场环境研究建设，比较注重海洋环境的预测保障能力，所能提供的产品主要是海洋环境的业务化信息产品。如何使用这些产品取决于军事指挥员的决策。虽然海洋环境业务保障人员，可以向指挥员提供有关如何利用这些产品的建议和辅助保障决策方案，但是，在现代高技术战争中，海洋环境信息与海上战争或战术指挥之间决不是简单的链接或"0，1"开关式关系。军事武器装备系统的高技术性和复杂化，特别是海洋（大气）环境对武器系统载体平台、传感器和武器系统本身的影响和作用更趋复杂化，海洋战场环境保障中，对战术海洋环境产品的需求越来越高。而这种产品的保障，仅仅依靠单一业务部门的研究是不可能解决的。海洋环境的军事释用研究，融合了海洋环境技术和知识、武器系统知识、海军作战指挥和战术指挥知识以及军事运筹学和计算机信息处理等多学科技术和知识，能够系统和科学地揭示海洋环境对军事活动的影响与作用，建立作战指挥和作战战术与武器（包括传感器）系统环境知识之间的最佳结合，实现海洋战场环境研究对作战效能的"倍增器"作用。综观美国海军海洋学，特别是其战术海洋学的核心研究——"战术环境支撑系统TESS（Tactical Environmental Support System），在其海洋战场环境研究中，海洋环境的军事释用研究早已经成为其军事海洋学研究的重点方向[32~35]。因此，尽管目前我军海洋战场准备工作任重而道远，但在海洋战场环境研究中，除抓好基础研究项目建设外，必须高度重视海洋环境的军事释用研究，开发和研制适合我国国情、军情的战术环境支撑系统[8]。

毫无疑问，海洋战场环境建设工作，必须与海军主战武器装备的发展保持同步或者超前发展。而学科理论的发展也应当和应用实践合拍，或着超前于应用技术的发展，以发挥理论指导实践的作用。因此，尽管作为军事海洋学的核心内容，目前以一本专著的形式阐述海洋战场环境研究的基本理论和应用体系，或许目前条件并不完全成熟，有些内容还显得稚嫩，肯定会有许多不足之处。但本着探索和实践的指导思想和原则，我们将多年从事海洋战场环境研究所得，以及所收集到的国内外、军内外研究素材，经分析、研究和整理，汇集于此，既是抛砖引玉，也是为了在传播军事海洋学知识，促进我军海洋学和海洋战场环境研究建设工作更快、更好的发展。

1.4   海洋战场环境研究的发展方向

1.4.1   海洋战场环境研究的基本原则

1.4.1.1   海洋战场环境研究应以新军事革命理论为指导

20世纪70年代末，以前苏联总参谋长奥加尔科夫为代表的一批军事理论家，对以电子计算机为核心的信息技术和精确制导武器等武器系统倍加关注，认为这些新技术装备将引发"军事技术革命"，即新军事革命的发生。海湾战争后，一大批高新技术武器装备；如精确制导武器、电子战装备、预警飞机、C^4I 系统以及新一代的作战平台等相继问世投入使用，这些不仅在作战效能、使用方式上都发生了质变，也引起了作战方法、指挥原则乃至战场形态的-军事结构的变化和建设，必须适应新军事革命理论的发展，以新军事革命理论发展为指导，开展还面向未来高技术条件下的海洋战场环境建设。

美军在《2010 年联合构想》中，提出了全面推行军事革命的思路和方针，俄、英、法、德、日、印度和我国等，也都将新军事革命纳入其面向 21 世纪的长远国防发展规划[37]。这场军事革命的主要内容及其对海洋战场环境研究和建设的启示意义包括：

1. 武器装备方面

大力发展信息技术，发展各种高新武器装备，并使武器装备实现信息化。美国国防部在 1997 年 10 大技术领域的总投资为 591.36 亿美元。其中"信息系统及其技术"和"传感器与电子装备技术"的投资分别为 153.38 亿美元和 100.39 亿美元，合计占总投资额的 43%。美国电子工业协会的预测，美军在 1998~2002 年的信息开发费用将稳定在每年 500 亿美元左右。实际费用随着美军国防军事预算的增加还更多。西方各国，以及日本、印度等都在积极发展各种新型武器装备，使武器系统朝着信息化、网络化、隐身化、精确化和系统化等方向发展。

这些变化都给海洋战场环境研究提出了新课题和新的挑战。事实上，美国海军海洋学的研究已经转向海洋战场环境和战术环境的信息化、网络化、精确化和系统化方向发展。美军开发研制的战术环境保障系统（TESS），即是以武器系统传感器和电子装备技术为核心的海洋战场（战术）环境保障系统。

2. 军事理论方面

不断革新军事观念，积极开展新军事理论研究。其中特别强调信息战的主导地位，美军不仅提出了信息战理论，还在深入探讨信息战的本质特征和主要样式。海洋环境信息本身构成未来信息战中的信息资源，研究如何更好实施"海洋战场环境信息优势保障"的"信息行动"和"信息防护"，也是海洋战场环境建设的一大优势。

3. 组织体制方面

压缩规模，优化结构。未来高技术海上战争中海洋环境保障，必须建立一支精干、高效的保障体制队伍，实现结构的优化组合，对未来战争"海-陆-空-电-电磁"系统一体化的综合保障至观重要。新军事革命理论对美军军种比例上的影响是陆军兵力下降，海空军兵力上升；在战斗部队与保障部队的编配上，保障部队的比重增大，战斗部队的比重缩小。这些对海洋战场环境建设客观上的启示，为了打赢未来高技术海上战争，要继续加强海军海战场保障队伍，尤其是加强海战场环境保障队伍的建设。

1.4.1.2　海洋战场环境研究必须以海军战略使命任务的需求为牵引

海洋战场环境研究和建设的目的是为海军的战略使命保障服务。我国海军的战略使命是遏制和抵御外敌从海上来的侵略，保卫国家的领土主权，维护祖国统一和海洋权益。因此，海洋战场环境建设作为海军战场准备的重要内容之一，除了要加强我国周边海域海洋环境调查研究、加强海洋环境保障与服务体系建设内容外，重点应加大军事海洋学领域的基础应用研究，包括海洋环境要素时空分布变化规律及其对海上军事活动的影响研究；军事海洋遥感应用研究；军事海洋环境数值预报研究以及海洋战略发展等重大理论与应用课题研究。

1.4.2　海洋战场环境研究的发展展望

　　21世纪海洋战场环境研究的对象，在传统的海洋水体环境、海洋大气（空间）环境等研究基础上，将更加侧重于研究这些环境与武器载运平台、环境与武器系统本身的相互作用问题，特别是有关传感器环境的研究，因为从作战效能或战术应用的角度，传感器环境的因素变得越来越重要。另外，由于信息战地位的抬升，海洋战场环境与信息战也成为新兴的极具挑战性的研究课题。事实上，海洋环境作为海战场的重要信息要素，一直在现代海战中起到重要的作用，在未来高技术海上局部战争中，研究如何保持环境信息优势，形成"环境信息压制"，利用高新技术不但更加精确预测环境，还能够人工影响环境，形成对敌干扰的"伪环境"或"噪声"环境，从而为信息战提供保障服务。

1.4.2.1　海洋环境监测、调查研究

　　海洋监测已经进入从空间、沿岸、水面及水下对海洋环境进行主体监测的时代。未来10年，将研制和应用海洋动力环境监测仪器、浮标系统包括大、小浮标系统、水下自定位专用CTD、潜标、高频远程地波雷达、海冰监测雷达、声学多波束多普勒流速剖面仪（ADCP）、高精度、大深度的声相关多普勒海流计（ACCP）、合成孔径雷达（SAR）和合成孔径声呐（SAS）以及海床基的海洋检测系统。

　　除了在以上监测仪器设备研制上取得突破外，在海洋环境监测数据的传输、汇集、质量控制和多源数据的融合和同化处理、专用信息软件包开发等技术领域以及海洋声场匹配技术、海洋遥感机理等重大基础研究领域都取得新的突破。

1.4.2.2　战场海洋环境保障系统建设

　　未来5～10年内将在军事海洋环境信息系统建设、军事海洋环境数值预报业务化系统建设和海军作战平台海洋环境保障系统建设三大专项建设中，取得重大的进展。其中，将重点开展以下课题的研究并取得突破：

1. 海洋环境信息数据库系统建设
2. 海洋环境数据库信息产品及战术海洋学信息产品研究和开发
3. 风-浪-流耦合数值预报产品研究
4. 高分辨率海面风场预报模式研究
5. 三维斜压海流数值预报业务化系统研究和建设
6. 风暴潮客观分析、四维同化和数值预报产品研究
7. 跃层数值预报及同化技术研究
8. 海洋水声场数值建模及预报研究
9. 战术水声环境仿真建模研究
10. 海洋环境军事释用研究
11. 战场海洋环境和战术海洋环境保障支撑系统研究和建设
12. 水下作战平台自主海洋环境保障系统研究和建设

1.4.2.3　战场海洋信息技术研究

　　21世纪信息技术的发展，将促进海洋战场环境信息化的实现。空间技术、GIS技术、可视化技术，以及计算机网络技术越来越广泛应用于海洋领域。我国"十五"期间，对海洋信息的数据标准、海洋空间信息提取技术、GIS技术，网络技术和海洋地理信息系统建设技术

等开展取得了阶段性的成果,海军海洋战场环境调查和海洋数据库建设也已经取得很大成就,在此基础上,在未来 10~15 年内,海洋战场环境信息研究将向空间化、可视化、产品化和网络化方向更快发展。特别是在海洋战场环境可视化技术研究方面,将实现海洋信息产品的图形化、立体化和动态显示的能力。海洋温、盐分布立体视图技术使未来水下潜艇战、反潜战战场实现向"透明的海洋"逼近。此外,国家海洋空间数据基础设施(MSDI)在"十五"期间将完成海洋空间数据框架、数据转换标准、海量数据的提取、层结与管理技术等主要的基础性工作,这将大大促进战场海洋信息技术的研究发展。

参考文献

[1] 国家自然科学基金委员会. 自然科学学科发展战略调研报告——海洋科学. 北京：科学出版社, 1995
[2] 张召中. 对 21 世纪初我国海上安全环境的几点思考. 2000 年海洋科学技术及应用高级研讨会. 北京：中国海洋学会, 2000
[3] 刘燕华主编. 21 世纪初中国海洋科学技术发展前瞻. 北京：海洋出版社, 2000
[4] 海军大辞典编辑委员会. 海军大辞典. 上海：上海辞书出版社, 1993
[5] 海军内部报告
[6] 冯士筰主编. 全国基础研究学科发展和优先领域"十五"计划和 2015 年远景规划——海洋科学. 北京：海洋出版社, 2001
[7] 颜春亮. 美国国防部将气象环境技术列入关键技术计划. 军事气象, 1994（3）：45~57
[8] 李磊. 潜艇海洋战场环境与战术环境保障示范系统研究. 青岛海洋大学博士论文开题报告. 2001：1~17
[9] 中国人民解放军海军司令部. 海军高技术知识教材（内部教材）, 1997：1~30
[10] 中国人民解放军总参谋部气象局. 大气环境与高技术战争. 北京：解放军出版社, 1999
[11] 唐复全, 黄金声等. 展望 21 世纪的海军. 解放军报、军事科技周刊, 2000 年 8 月 30 日. 第 12 版
[12] 刘俊. 高技术条件下联合战役气象保障特点初探. 军事气象, 1998（5）：3~5
[13] 中国大百科全书编辑委员会. 中国大百科全书. 大气科学、海洋科学、水文科学. 北京：中国大百科全书出版社, 1987
[14] 赵其庚主编. 海洋环流及海气耦合系统的数值模拟. 北京：气象出版社, 1999
[15] 冯士筰, 李凤岐等主编. 海洋科学导论. 北京：高等教育出版社, 1999
[16] 吴子牛主编. 计算流体力学基本原理. 北京：科学出版社, 2001
[17] 付德薰主编. 流体力学数值模拟. 北京：国防工业出版社, 1993
[18] 谭维炎主编. 计算浅水动力学. 北京：清华大学出版社, 1998
[19] 冯士筰, 孙文心主编. 物理海洋数值计算. 河南科学技术出版社, 1992
[20] 丑纪范著. 长期数值天气预报. 北京：气象出版社, 1986
[21] 曾庆存著. 数值天气预报的数学物理基础. 北京：科学出版社, 1979
[22] 余志豪, 杨大升等. 地球物理流体动力学. 北京：气象出版社, 1996
[23] 叶安乐, 李凤岐编著. 物理海洋学. 青岛：青岛海洋大学出版社, 1992
[24] 陈宗镛编著. 潮汐学. 北京：科学出版社, 1980
[25] W. J. Schmitz. On the World Ocean Circulation, Vol. I, Woods Hole Oceanographic Institution Technical Report, June 1996：1~109
[26] 文圣常, 余宙文主编. 海浪理论与计算原理. 北京：科学出版社, 1984
[27] 文圣常, 张大错等. 改进的理论风浪频谱. 海洋学报, 1990, 12（3）：271~283
[28] 冯士筰. 风暴潮导论. 北京：科学出版社, 1982

［29］周静亚，杨大升. 海洋气象学. 北京：气象出版社，1994

［30］丑纪范，刘式达等. 非线性动力学. 北京：气象出版社，1994

［31］S. 弗里德兰德著（魏毅译）. 地球物理流体动力学数学理论导论. 北京：科学出版社， 1985

［32］李磊. 潜艇作战对海洋环境保障的特殊需求、基本特点及军事海洋学研究应用展望. 北京：ˊ2000 海洋科学技术及应用高级研讨会. 中国海洋学会

［33］Phegley, L. Crosiar, C. Third Phase of TESS. AD-A241 718/XAD NTIS Prices: PC A02/MF A01. Jul. 1991

［34］Tsui, T. Jurkevics, A. Database Management System Design for Meteorological and Oceanographic Application. AD-A258 737/6. 1992

［35］Lybanon, M. Oceanographic Expert System: Potential for TESS(3) Application. AD-A254 908/7/XAD. July 1992

［36］于德湘， 张国杰主编. 天助与天惩——气象影响战争事例选编. 北京：科学出版社, 1999

［37］戴怡芳. 马克思主义哲学与新军事革命. 《哲学学习提要和辅导讲座》. 总政宣传部主编. 北京：解放军出版社， 1999

第二章 海洋战场环境调查

海洋战场环境调查是海军海洋战场准备的重要有机组成部分。无论是国家国防战略的制定还是海军作战任务的执行，都必须建立在充分的战场准备的基础之上。海洋环境调查不但是海洋科学研究的重要基础，也是海军战场环境准备的重要内容之一。

2.1 概　述

2.1.1　海洋战场环境调查的目的和意义

海洋战场环境调查是指利用各种仪器、设备技术手段，实施海洋观测和探测，以获取海洋环境要素资料，主要是海洋物理、海洋气象、海洋地质、地貌等海洋区域自然状况的数据。与一般综合性海洋调查相比，海洋战场环境调查的基本方法和技术相似。但是，海洋战场环境调查是以保障海军战略发展规划、海军兵力部署、作战使用和顺利遂行作战任务为根本目的，在调查内容、手段和组织实施方面又具有自身的一些特点。

通过海洋战场环境调查，可以更好地促进军事海洋学的基础理论研究和应用研究，为海洋工程建设、军事航海和航空安全保障提供所需的基础数据、资料以及为其它军事活动提供科学决策所需的环境数据参数。海洋环境参数对于海上军事活动的重要性，有时并不亚于舰艇和武器装备本身。海洋动力场、声场、密度场、磁力场等资料在海军作战中起到极为关键的作用。如前所述，历史上不乏利用海洋环境条件，以"天"取胜的战例。海洋环境调查技术与海洋环境预报技术，已成为美国等军事强国保持海上军事优势的重要组成部分[1, 2]。例如：美国为实现其全球单极化军事战略思想，提出了要把全球海洋变为"透明的海洋"，长期以来一直大力发展海洋调查、探测新技术，采用一切高科技手段，进行全球性海洋调查和探测活动。仅美国海军投放的漂流浮标就曾达到每年 300 多个，由此可见其对海洋战场环境调查的重视程度。

2.1.2　海洋战场环境调查的发展

海洋环境调查和海洋科学研究一样，兼有为民用和军用服务的性质。各国所进行的海洋战场环境调查研究中，除利用海军独立调查力量和技术外，主要是利用军民两用海洋技术，通过收集、分析民用和军用海洋水文、海洋气象的观测、调查资料、达到海洋战场环境调查的目的。辽阔的海洋空间，复杂的海洋和大气运动，到处充满未知的领域和自然现象。海洋环境调查技术的不断发展，推动着海洋战场环境建设的迅速发展和进步。

1885 年美国海军 M·Maury 上尉，将横渡大西洋船只的航海日志资料加以分析整理，给出了大洋环流和大气环流的表示图，并根据收集到的深海测深记录，绘制了第一张大西洋深度图，并应用于指导军事航海。这是军事海洋学的一个标志性的里程。1872 年至 1876 年，英国"挑战者"号调查船的环球航行，进一步揭开了现代海洋科学技术和海洋科学考察的序幕。"挑战者"号航程共计 68890 n mile，设定了 362 个观测站，观测资料包括洋流、水温、海水成分、海底沉积物以及海洋生物和海洋气象等。调查获取的资料，经过了 20 多年的分析整理，编写出共 50 卷的调查报告。这次调查被称为"近代海洋学的奠基性调查"。"挑战者"号的成就，促使德国、英国、美国、瑞典、丹麦、法国、前苏联等海洋技术比较先进的国家，纷纷加入世界性的远航海洋科学调查。通过这些海洋调查，获取了大量的、更加准确的海洋水文、海洋气象、海洋生物和海洋地质资料。在第二次世界大战中，这些资料在军事上发挥了重要的作用，并因此进一步促进各国加强了对海洋科学研究的重视和投入。

二战前的长达一、二百年的海洋调查，是以单船调查形式进行的。20 世纪 50 年代中期，多船合作调查的兴起，不仅增加了调查资料的数量，也大大提高了调查资料的质量。20 世纪 60 年代至 70 年代，海洋科学技术得到蓬勃的发展，相继开展了一系列的大规模国际联合海洋调查。通过这些调查，取得了诸如大洋中尺度涡、黑潮和湾流的大弯曲等重大海洋发现。这些重大发现，不仅极大促进了经典海洋环流理论的发展，也对军事海洋学的应用研究产生了重大的影响。

20 世纪 80 年代以后，海洋调查更趋多船同步，并由海洋普查偏重于专项调查研究。例如，1986~1990 年中美开展的西太平洋热带海-气相互作用联合调查；1986~1992 年中日两国开展的黑潮合作调查等等。通过这些调查研究，对海洋环境特征及其变化机制有了进一步深入的认识。由于对海洋特性及其在全球环境中的作用更加深刻的认识，1989 年，在政府间海洋学委员会（IOC）全体会议上通过了与世界气象组织和联合国其他有关组织合作，共同制定了全球联合海洋观测系统（GOOS）计划纳入监测和预报环境变化的全球系统。正在规划和计划执行的项目包括：热带海洋与全球大气计划（TOGA）、世界大洋环流实验（WOCE）、全球海洋通量联合研究（JGOFS）、世界气候资料计划（WCDP）等。

海洋调查技术的发展，特别是先进海洋仪器的每一次出现，都会引起海洋学理论的深刻革命。例如，20 世纪 50 年代声学浮标测流技术的运用，首次证实了赤道深层流的存在，改变了原来认为深层海水基本静止的认识。同时，这一发现也向传统的风生漂流理论提出了新的挑战，促进了海洋环流理论的发展。60 年代以来卫星遥感技术的运用，取得了对海洋中尺度涡旋的重大发现，这一发现同样具有重大的意义。海洋中的涡旋动能占海洋大、中尺度海流运动动能的 99%以上，它相当于大气中的气旋、反气旋和台风，海洋里的很多自然现象均与它们间接有关。通过对海洋涡旋的形成机制、演变规律的研究，不仅能够更深刻地理解和掌握海洋的气候尺度上的变化，而且使海洋学研究由"气候学"转向"天气学"，大大促进了海洋水文环境预测能力的提高。

2.1.3　海洋战场环境调查的基本方式

海洋战场环境调查主要以海洋水文和海洋气象调查为主，一般也包括海洋地质、海洋地球物理等调查内容。其调查基本方式一般与常规海洋调查方式[3]大致相同，主要包括：

(1) 大面观测：在调查海区布设若干观测站，每隔一定时间（一个月或一季度）在各观测站巡回观测一次。

(2) 断面观测：在调查海区布设若干条有代表性的观测断面（断面上布设一定数量的观测点），于一定时间内在断面上各观测点观测一次。

(3) 连续观测：在调查海区布设若干条有代表性的观测站，进行一昼夜以上的连续观测。

(4) 路线调查：在待调查的海区布设几条线进行的调查。

(5) 面积调查：在调查海区布设一定间距的测网或测线而进行的调查。

(6) 辅助调查：为广泛收集海洋资料，组织渔船、商船、舰艇、平台等利用可能的机会进行部分项目的调查。

(7) 同步调查：对某一海区用多艘调查船在同一时间进行相同观测内容的调查。

2.1.4 海洋环境调查及其相关军事应用领域

海洋战场环境综合调查包括物理海洋调查、海洋地质调查、海洋地球物理调查、海洋生物调查和海洋化学调查。基本内容及其相关的军事应用领域见表 2-1。

表 2-1 海洋战场环境调查主要项目、基本内容和相关军事应用

主要项目		基本内容	军事应用
海洋物理调查	海洋水文	水深、水温、海流、海浪、透明度、水色、海发光、海冰、潮汐、内波、跃层等	海洋环境要素预报和军事海洋保障、战术海洋环境保障系统、海军武器系统效能评估
	海洋气象	风、云、能见度、天气现象、气温、湿度、气压、降水等	军事海洋气象保障、武器效能评估、海洋环境预报研究
	海洋声、光、电磁	水声（声速、声速指数、跃层、）电磁场、光等	战术水声、水下通信、导航
海洋地质调查		海底地形、底质、沉积物迁移、海底取样、岩心取样	海岸或水下军事基础工程、布设水下观通系统和反潜环境预报系统、潜艇水下坐底、触底
海洋地球物理调查		海洋重力测量、海洋磁力测量	潜艇无源重力导航研究、战略导弹潜艇水下发射和导弹飞行重力修正
海洋生物调查		浮游生物、附着生物、底栖生物、生物发光等	军事仿生学研究、生物声散射特性、生物声对音响水雷的影响
海洋化学调查		盐度、酸碱度、（pH）值、活性硅酸盐、活性磷酸盐、亚硝酸盐、硝酸盐	海洋腐蚀对水中武器、水下军事工程、反潜监视系统和对舰体的危害、附着生物对舰船船体的影响

2.2 海洋战场环境调查的主要内容和方法

本节主要介绍海军海洋战场环境基础性调查的主要内容和方法。主要包括海洋地质与地球物理环境调查、海洋水文环境调查、海洋气象环境调查，侧重于水文环境调查。

2.2.1 海洋水文环境调查[3，4]

2.2.1.1 深度测量

舰船在水面上航行，特别是潜艇的水下航行，都必须准确掌握航行海域的水深，以避免发生搁浅和触礁的危险。

通过水深测量，能够了解隐蔽于海表面下的海洋外貌特征，特别是海底地貌的分布状况。这对于海底军事工程建设和海底布设观通、反潜侦探系统，潜艇利用海底地形特别是山峦起伏的海脊做战术机动，选择有利发现敌人、隐蔽自己的阵位等，都具有重要的作用。

水深是指固定地点从海表面至海底的垂直距离，分为现场水深和海图水深。现场水深是指现场测量的自海面至海底的垂直距离；而海图水深是从深度基准面起算到海底的水深。我国采用的是"理论深度基准面"作为海图起算面。在海洋调查中，水深测量是配合其它海面要素观测的，同时也作为这些要素测量的基础。观测船到站后，首先确定测站的水深，由它来确定海洋要素的观测层次，然后再进行海洋要素的观测。

水深测量通常采用声测深仪测量。现场水深较浅时（小于100m），也可以利用水文绞车上系有重锤的钢丝绳测量水深。

回声测深仪是利用声波传播和反射原理测量水深，使用时可直接在指示器上读取深度数值。测深仪在停航和航行中均可进行工作，并能把连续观测的结果汇集记录下来，因此能够测到整个航线上的深度、地形分布轮廓和固定站位上潮的情况。

2.2.1.2 水温测量

海水温度是海洋的最基本物理要素之一。水温的分布与变化影响并制约着其他的水文要素的变化。例如：海洋中水声的传播主要受温度垂直结构的变化影响，海洋锋、内波等海洋中的重要现象也主要与海水温度的空间分布变化有密切的关系。因此，水温的精确测量及其分布规律的研究，对军事海洋学有重大的意义。

在大洋和浅海区，对水温测量的精度可以有不同的要求。一般对水温观测的准确度划分的等级标准如表2-2。

表2-2 水温观测准确度等级划分标准

准确度等级	准确度/℃	分辨率/℃
1	±0.02	0.005
2	±0.05	0.01
3	±0.2	0.05

水温观测的标准层次如表2-3。

表2-3 水温观测的标准层次

水深范围/m	水温观测的标准层次
≤200	表层，5，10，15，20，25，30，50，75，100，125，150，底层
>200	表层，10，20，30，75，100，125，150，200，250，300，400，500，600，700，800，1000，1200，1500，1800⋯⋯，底层

注：表层指海面1m以内的水层；底层规定如下：水深不足50m时，底层为离底2m的水层；水深在50~200m时，底层离底的距离为水深的4%；水深超过200m时，根据情况综合考虑，以仪器不触底情况下尽量靠近海底为宜。

海温测量的常用仪器有：温盐深剖面仪（CTD剖面仪）、电子测温仪（EBT）和投弃式温深仪（XBT）等。

2.2.1.3　盐度测量

海水中的含盐量是描述海水特征的重要基本参数之一。盐度的分布变化也是影响和制约其它水文、化学、生物等要素分布和变化的重要因素，因此，盐度的测量是海洋水文观测的重要内容之一。

历史上盐度的定义及其测量方法经历过不断的改进，直到 1978 年通过了实用盐标，并据此定义了盐度：在一个标准大气压下，15℃的环境温度中，海水样品与标准氯化钾溶液的电导比 k_{15} 等于 1 时，实用盐度精确值等于 35。若 $k_{15} \neq 1$，则常用盐度用下式计算：

$$S = \sum_{i=0}^{5} a_i k_{15}^{i/2} \qquad (2.1)$$

式中 a：为已知常数，$\sum_{i=1}^{5} a_i = 35$，（2.1）式在 $2 \leqslant S \leqslant 42$ 范围内有效。

海上水文观测中盐度的准确度分为三个等级（表 2-4）

表 2-4　盐度测量准确度等级标准

准确度等级	准确度	分辨率
1	±0.02	0.005
2	±0.05	0.01
3	±0.2	0.05

盐度测量的标准层次与温度观测规定相同。具体测量方法一是从现场调查的 CTD 仪获取相对电导率、温度压力数据，然后通过计算处理，得到盐度数据资料。另外一种方法是用实验室海水盐度计测定盐度。

2.2.1.4　海流的观测

海洋中海水沿一定方向大规模的流动称为海流。海洋上测到的海流是各种因素综合作用下的海水运动结果。水平方向周期性的流动称为潮流。其剩余部分称为常流或余流，一般统称海流。海流的大小和方向用流速、流向表示。流向指海水流去的方向，以度表示，向北为零，顺时针计量。流速指单位时间内海水流动的距离，单位以 cm/s 或 m/s 表示，在海图及航海上习惯仍沿用"节"（kn，1kn=0.514m/s）。了解和掌握海流的分布规律和流向、流速的变化情况，对海上军事活动意义重大。潜艇水下航行必须准确计流，以推算并修正舰位误差，登陆作战和水雷战也需要准确的海流数据。

海流观测的标准层次如表 2-5 所示。

表 2-5　海流观测标准层次表

水深范围（m）	观测的标准层次
≤200	表层，5，10，（15），20，（25），30，50，75，100，（125），150，底层
>200	表层，10，20，30，50，75，100，（125），150，200，（250），300，（400），500，（600），（700），800，1000，1200，1500，………底层

注：表层规定为 0.3m 以内的水层，底层同温度观测距离。括号内的观测层次可根据需要而定。

海流的观测主要是定点观测和走航式观测。

定点观测是以锚定的船或浮标、海上平台或特制固定架等为承载工具,悬挂海流计进行观测。走航观测是在船航行的过程中进行海流观测,此方法可以同时观测多层海流,具有省时、高效的特点。目前世界上比较先进的声学多普勒海流剖面仪(ADCP),测流精度高,操作方便,在大型海洋调查研究项目中得到普遍使用。

2.2.1.5　海浪观测

海浪是对海上军事活动和海洋工程设施影响最大的海洋因素之一。海浪中航行不仅使舰船操作困难,造成舰艇航行"失速"现象,还容易使船体发生"中垂","中拱"和共振现象,危害舰艇结构。海浪还能够严重影响舰载武器装备的使用效果和登陆作战行动。海浪对海上补给,防险救生等也有较大的影响。此外,海洋中的内波严重危及潜艇的航行安全。

海浪的观测包括海面状况、波型、波向、周期和波高的观测,并利用上述观测值计算波长、波高、1/10 大波和 1/3 大波的波高和波级。

海浪观测分为目测和仪测两种。目测要求观测者具有正确估计波浪尺寸和判断海浪外貌特征的能力。仪测目前只限于波高和周期,其它项目仍用目测。

1．海况观测

海面状况是指在风力作用下的海面特征。观测时根据波峰的形状,峰顶的破碎程度和浪花出现的多少为依据,判断海况的等级(见表 2-6)。

表 2-6　海况等级表

海况等级	海面征状
0	海面光滑如镜,或仅有涌浪存在
1	波纹或涌浪和小波纹同时存在
2	波浪很小,波峰开始破裂,浪花不显白色而仅呈玻璃色
3	波浪不大,但很触目,波峰破裂;其中,有些地方形成白色浪花——俗称白浪
4	波浪具有明显的形状,到处形成白浪
5	出现高大波峰,浪花占了波峰上很大面积,风开始削去波峰上的浪花
6	波峰上被风削去的浪花,开始沿着波浪斜面伸长成带状,波峰出现风暴波的长波形状
7	风削去的浪花布满了波浪斜面,有些地方到达波谷,波峰上布满了浪花层
8	稠密的浪花布满了波浪的斜面,海面变成白色,只有波谷某些地方没有浪花
9	整个海面布满了稠密的浪花层,空气中充满了水滴和飞沫,能见度显著降低

目测海浪时,观测员应在迎风面(真风),以距离船身 30m 以外的海面作为观测区域(同时还应环视广阔海面)来估计波浪尺寸和判断海浪外貌特征。

2．波型观测

风浪:波型极不规则,背风面较陡,迎风面较平缓,波峰较大,波峰线较短;4~5 级风时,波峰翻倒破碎,出现"白浪"。

涌浪:波型较规则,波面圆滑,波峰线较长,波面平坦,无破碎现象。

3．波向观测

波向共分 16 个方位，如表 2-7 所示：

表 2-7　十六方位与度数换算表

方位	度数	方位	度数
N	348.9°～11.3°	S	168.9°～191.3°
NNE	11.4°～33.8°	SSW	191.4°～213.8°
NE	33.9°～56.3°	SW	213.9°～236.3°
ENE	56.4°～78.8°	WSW	236.4°～258.8°
E	78.9°～101.3°	W	258.9°～281.3°
ESE	101.4°～123.8°	WNW	281.4°～303.8°
SE	123.9°～146.3°	NW	303.9°～326.3°
SSE	146.4°～168.8°	NNW	326.4°～348.8°

测定波向时，观测员站在船只较高的位置，用罗经的方位仪，使其瞄准线平行于离船较远的波峰线，转动 90° 后，使其对着波浪的来向，读取罗经刻度盘上的度数，即为波向。当海面无浪或波向不明时，波向栏记 C，风浪和涌浪同时存在时，波向应分别观测，并记入表中。

4. 波高观测

根据观测所得的平均周期 $\overline{T}$，计算 100 个波浪所需要的时段 $t_0 = 100 \times \overline{T}$，然后，在时段 t_0 内，目测 15 个显著波(在观测的波系中，较大的、发展完好的波浪)的波高及其周期。取其中 10 个较大的波高的平均值，作为 1/10 部分大波波高 $H_{\frac{1}{10}}$ 值，查波级表(表 2-8)得波级。从 15 个波高记录中选取一个最大值作为最大波高 H_m。将 $H_{\frac{1}{10}}$，H_m 及波级填入记录表中相应栏内。

表 2-8　波级表

波级	波高范围		海浪名称
0	0		无浪
1	$H_{\frac{1}{3}} < 0.1$	$H_{\frac{1}{10}} < 0.1$	微浪
2	$0.1 \leqslant H_{\frac{1}{3}} < 0.5$	$0.1 \leqslant H_{\frac{1}{10}} < 0.5$	小浪
3	$0.5 \leqslant H_{\frac{1}{3}} < 1.25$	$0.5 \leqslant H_{\frac{1}{10}} < 1.5$	轻浪
4	$1.25 \leqslant H_{\frac{1}{3}} < 2.5$	$1.5 \leqslant H_{\frac{1}{10}} < 3.0$	中浪
5	$2.5 \leqslant H_{\frac{1}{3}} < 4$	$3.0 \leqslant H_{\frac{1}{10}} < 5.0$	大浪
6	$4 \leqslant H_{\frac{1}{3}} < 6$	$5.0 \leqslant H_{\frac{1}{10}} < 7.5$	巨浪
7	$6 \leqslant H_{\frac{1}{3}} < 9$	$7.5 \leqslant H_{\frac{1}{10}} < 11.5$	狂浪
8	$9 \leqslant H_{\frac{1}{3}} < 14$	$11.5 \leqslant H_{\frac{1}{10}} < 18$	狂涛
9	$H_{\frac{1}{3}} \geqslant 14$	$H_{\frac{1}{10}} \geqslant 18$	怒涛

2.2.1.6 透明度、水色、海发光的观测

透明度表示海水透明的程度；水色即海水的颜色；海发光指夜晚海面生物发光的现象。

水色、透明度等光学性质在军事上有重要的应用。潜艇光学隐蔽深度与水色、透明度密切相关。了解海发光情况有助于航行时及时发现各种目标、如导标、岸线、岩石和暗礁等。

透明度的观测是利用透明度盘，即直径为 30cm 的白色圆盘板，在背阳一侧垂直放入水中时的最大可见深度既为海水的透明度。

水色观测是根据水色计与透明度盘上海水颜色比对确定。水色计是用水色标准液制成。

海发光主要观测发光类型和发光强度。海发光的类型主要包括：

(1) 火花型(H)：主要是由发光浮游生物引起的，是最常见的海发光现象。当海面有机物受到扰动或生物受化学物质刺激时比较显著，而在海面平静或无化学物质刺激时，发光极其微弱。

(2) 弥漫型(M)： 主要是由发光的细菌发出的。其发光特点是海面上一片弥漫的白色光泽。

(3) 闪光型(S)：是由大型发光动物(如水母等)产生的。在机械或化学物质刺激下，发光才比较显著。闪光通常是孤立出现的，当大型发光动物成群出现时，发光比较显著。

海发光强度分为五级，各级的特征如表 2-9 所示。

表 2-9 海发光强度等级表

发光征象 等级	火花型(H)	弥漫型(M)	闪光型(S)
0	无发光现象	无发光现象	无发光现象
1	在机械作用下发光，勉强可见	发光勉强可见	在视野内有几个发光体
2	在水面或风浪的波峰处发光，明晰可见	发光明晰可见	在视野内有十几个发光体
3	在风浪、涌浪的波面上发光显著，漆黑夜晚可借此看到水面物体的轮廓	发光显著	在视野内有几十个发光体
4	发光特别明亮，连波纹上也可见到发光	发光特别明亮	在视野内有大量的发光体

2.2.1.7 海冰观测

海冰属灾害性海洋现象，大范围的海冰严重危害到海上舰船和军事设施安全。

海冰观测的要素包括浮冰、固定冰和冰山。

浮冰观测项目有冰量、密集度、冰型、表面特征、冰状、浮冰块大小、浮冰漂移方向和速度、冰厚及冰区边缘线。

固定冰观测项目有堆积量、高度、宽度和厚度。

冰山观测项目有位置、大小、形状及漂移方向和速度。

在进行海冰观测的同时，还规定要求绘制冰情图。冰情图能把观测结果及海冰分布情况、在测点或海区局部范围内，通过规定的格式，符号和色彩直观反映出来。

2.2.1.8 潮位观测

潮位（也称水位）是海洋水体的自由水面距离固定基面的高度。

潮位变化是由周期性潮汐涨落以及风、气压、大陆径流等因素引起的周期性变化综合作用的结果。

沿岸潮位变化直接影响到舰船进出港口和离、靠码头，对水雷布设、海底电缆敷设以及其它海上工程均有较大的影响。风暴潮和潮汐预报也都需要准确的潮位观测数据。

潮位观测是根据选定的具有代表性的验潮观测站，并确定好潮位计算基准面（测站基面），通过验潮仪人工或自动观测、记录。例如我国研制的 SCA6-1 型声学水位计，日本 LFT-IV 型浮子式自记验潮仪，以及美国 STG/LOOR 型验潮仪等。

2.2.2　海洋气象调查[3，5，8]

海洋和大气同属于地球物理流体，海洋和大气之间产生相互的影响和制约。因此，海洋气象调查是海洋综合调查的重要内容之一，也是军事气象学研究的重要基础。

海洋气象观测的目的，除提供大气科学研究服务外，也提供海洋水文调查观测项所需要的气象资料。海洋气象观测的主要项目有：能见度、云、天气现象、风、气温、湿度以及气压等。

2.2.2.1　能见度观测

当舰船在开阔海区时，主要是根据水平线的清晰程度，参照表 2-10 对能见度等级进行估计。当水平线完全看不清楚时，则按经验进行估计。

当舰船在海岸附近时，首先应借助视野内的可以从海图上量出或用雷达测量出距离的单独目标物(如山脉、海角、灯塔等)，先估计向岸方向的能见度，然后以水平线的清晰程度，进行向海方面的能见度估计。

表 2-10　海面能见度等级标准（km）

海天水平线清晰程度	眼高出海面≤7m	眼高出海面>7m
十分清晰	＞50.0	——
清晰	20.0～50.0	＞50.0
比较清晰	10.0～20.0	20.0～50.0
隐约可辨	4.0～10.0	10.0～20.0
完全看不清	＜4.0	＜10.0

夜间，在月光较明亮的情况下，如能隐约地分辨出较大的目标物的轮廓，能见度定为该目标物的距离；如能清楚地分辨出较大的目标物的轮廓，能见度定为大于该目标物的距离；在无目标物或无月光的情况下，一般可根据天黑前的能见度情况及天气演变情况进行能见度估计。

2.2.2.2　云的观测

在气象观测中，须测定云量、云状和云高。云状和云量依据云的分类、特征和云的天空覆盖情况，目视判定。云底高度除了目测外，还可利用云幕气球、云幕灯、激光测云仪等测定。另外，通过气象卫星可以获取地球上空云的分布状况；用测雨雷达可探测到强对流云体的发展变化，包括测定云体的垂直高度、水平范围，云的厚度、强度、移向移速等。

2.2.2.3　天气现象观测

观测的天气现象以符号进行记录，其种类、各种天气现象的特征及符号参见有关手册。

在定时观测、大面观测和断面观测中，只观测和记录观测时出现的天气现象。当天气现象造成灾害时，应在纪要栏内详细记载。凡与海面水平能见度有关的天气现象，均应与海面水平能见度观测相配合。

2.2.2.4　风的观测

测风，是观测一段时间内风向、风速的平均值。测风应选择在周围空旷、不受建筑物影响的位置上进行。仪器安装高度以距海面 10m 左右为宜。

风向即风的来向，单位用度。风速是单位时间风行的距离，单位用"m／s"。无风 (0.0~0.2m／s)时，风速记 "0"，风向记 "C"。

船舶气象仪测风，可测定风向、风速(平均风速，瞬时风速)、气温和湿度等。

2.2.2.5　气温和湿度观测

气象上气温、湿度的观测是在气象专用观测场中距地面 1.5m 高的气象百叶箱中读取温度计数据。百叶箱中干球温度表指示的数值代表气温值。利用湿球温度表指示的湿球温度值和气温值查气象湿度表，可查出相对湿度和绝对湿度。利用绝对湿度查表可查得露点温度。

2.2.2.6　气压观测

气压的观测采用水银气压表或空盒气压表。

水银气压表又称为槽式水银气压表。通常由托里拆利管(Torricelli tube)槽部，标尺等主要部件组成。水银气压表多用于气象台站。

空盒气压表又称为无液气压表。这是一种以金属空盒为感应元件，利用空盒及附加弹簧片的弹性力与大气压力相平衡的状态来测量气压的指示式仪器。空盒气压表具有使用简便，移运和维护容易等优点。空盒气压表大多采用电子器件等新技术，其灵敏度和精度较高，并可直接显示气压值，还可以用于遥测系统。目前，舰船上大多使用空盒气压表观测气压。

2.2.3　海洋地理、地质与地球物理调查[3，9]

调查的主要内容有海洋大地测量（包括海洋重力测量）、海道测量、海底地形测量、海洋磁力测量以及海洋地质调查。这些调查在军事上许多应用领域，如水下军事基地工程建设、潜艇坐底或触底、潜艇无源重力导航研究以及导弹对飞行器的重力修正等，都有重要的应用。

2.2.3.1　海洋大地测量

海洋大地测量是在海洋区域进行平面和高程控制的测量工作，主要包括建立海洋大地控制网，海上定位，测定平均海面、确定海面地形、确定海洋大地水准面和进行海洋重力测量。海洋大地测量数据，对舰船精确导航、海洋划界、海洋工程以及海洋环境预报具有重要作用。

2.2.3.2　海道测量

海道测量对保障舰艇航海安全、水中兵器使用、登陆战于反登陆战等有重要作用。测量的主要内容包括：控制测量、海岸地形测量、水深测量、扫海测量、海底底质调查、助航标志测量和海区兵要调查等。一般又分为港湾测量、沿岸测量、近海测量和远海测量。

2.2.3.3　海底地形测量

海底地形测量主要测量海底地形起伏和地物，测量内容包括海底地貌、底质、沉积物厚度、海底沉船等人为障碍物等。海底地形测量主要采用回声测深仪、条带式测深仪和干涉侧扫声纳等测深。同时，根据测扫声纳、海底照相、浅地层剖面仪测量和底质取样等技术手段获取海底沉积物、基岩和地质构造等资料，编绘海底地貌图及其它图表，以反映海底地貌特征和类型。

海底地形测量对海上军事活动，特别是潜艇水下航行、海底军事工程建设有重要的作用。

2.2.3.4 海洋磁力测量

海洋磁力测量是海洋地球物理勘探的主要内容之一。主要测定地磁总强度、或磁偏角、磁倾角和水平强度三要素。根据观测位置不同分为海面、海底、航空和卫星四种磁力测量方法。海面测量主要使用拖曳式质子旋进磁力仪和海洋质子旋进磁力梯度仪进行；海底测量主要使用质子旋进磁力仪。航空和卫星测量通过磁通门磁力仪或光泵磁力仪测定。

海洋磁力测量为舰艇安全航行和正确使用水中武器提供地磁数据资料。

2.2.3.5 海洋重力测量

海洋重力测量是海洋地球物理勘探内容之一。主要是测定海上重力加速度的精确值。分为海面重力测量、海底重力测量和空间重力测量。根据重力测量数据绘制出的海洋重力异常图，对修正空间飞行器轨道、保障航天科学技术以及消除重力异常对弹道导弹飞行的影响，提高导弹命中精度都有重要意义。此外，发展和利用无源重力异常导航技术[16]，对提高潜艇隐蔽航行具有重大应用价值。

2.2.3.6 海洋地质调查

海洋地质调查是用各种地球物理和地球化学手段，调查海底底质、地貌、沉积物以及海底地质构造。地质调查手段主要采用底质表层采样——柱状采样和浅地层剖面测量等。

海洋地质调查数据对海底军事工程、水雷布设和反潜作战声纳使用有重要的意义和作用。

2.2.4 海洋声学调查

海洋声学调查是对水声要素，主要包括水声传播、海洋噪声、海洋混响和海底声学特性的实验和测量。海洋声学调查对声纳设备的研制和使用有重要的影响，直接关系到潜艇战、反潜战战术水声的应用研究，具有重大意义。

2.2.4.1 声速及水声传播调查 [3，6]

1. 声速调查

水声调查的标准层次和温、盐调查层次相同。海水声速主要采用直接测量法，即利用电声电路测出声波通过水中固定两点所需时间，对应指示出声速值。主要仪器设备使用吊挂式声速仪和抛掷式声速仪。

通过声速分布，主要绘制声速跃层特征分布，给出声速垂直剖面图、跃层分布、跃层强度以及声速特征分布等。

2. 水声传播调查

水声传播调查是对声在海水中的传播特性、传播规律等的调查，一般采用专门设计的实验方法进行。常用的实验调查方法有：

（1）直达声测定 通过发射器（声源）和接收器之间距离的变化和接收的信号级的变化，测出特定海区声波的衰减情况。

（2）深海声道中的声传播　深海声道或声发声道（Sofar）有深海声速特性决定，声道轴位于声速的极小值深度。由于声道中能量传播损失较小，声信号可以传播到很远的地方。深海声道传播调查必须首先预报出特定海域上声道轴的位置，以及确定功率的声源可能传播的最远距离。然后进行声道传播实验，测定深海声道内的声传播情况。

（3）会聚区的声传播　声线图上因相临声线的交会而形成的包络线成为焦散线，交散线因声能迭加形成较高的声强。当交散线相交于海面时，在海面附近或临近海面的区域会出现声强幅合区，成为声会聚区。会聚区的声传播实验也需要在声场数值预报的基础上进行。

（4）快速声传播测量　主要是利用飞机、爆炸声信号和声纳浮标实施大范围海域内快速声传播数据测量。

2.2.4.2　海洋环境噪声测量[6]

海洋环境噪声测量，对战术水声应用意义重大。潜艇战术水声对抗必须充分了解所在海区的海洋环境噪声特征，以提高声纳系统的使用效果。

任何声纳系统的性能都受背景噪声的限制。海洋噪声是声纳系统工作环境背景噪声的重要来源，通过环境噪声测量获取相关声学数据，能够充分利用信号场与干扰场在时空统计特征上的差异，最大限度地获得增益，取得潜艇战术水声对抗的最佳效果。

海洋环境噪声测量是对指定的海洋环境在规定的频率范围内进行噪声测量。主要包括海洋环境噪声场空间的相关特性测量和海洋生物噪声测量。其基本方法是使用抗流感噪测量系统来测量海洋环境噪声，并用可靠的测量系统记录海洋环境噪声。测量系统如图 2-1 所示：

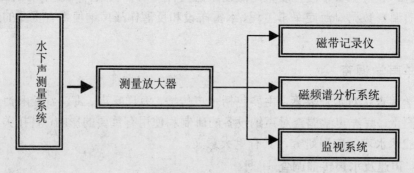

图 2-1　测量系统构框图

其中水下声学测量系统可由单个水听器构成，多用于观测环境声场的点结构；也可由多个水声器组成的声阵构成，主要用于观测环境噪声的空间结构。

2.2.4.3　海洋混响调查

由于海洋水体介质的不均匀性、海面以及海底的不平整、海底底质以及海洋生物等的影响，水声信号传播过程中会发生多次反射现象。海洋混响是对声散射信号随机变化过程的总体描述。海洋混响调查研究，在潜艇主动声纳设计中起到重要的作用。海洋混响对声场预报也起着重要的作用。

海洋混响分为体积混响、海面混响和海底混响。图 2-2 是由位于海面处的无指向性水听器所接收的深水爆炸所产生的混响测量结果。实验海域水深 1981m，炸药爆炸深度在 244m，水听器在其附近 41m 的深度上。滤波器通道 1～2kHz。由图可见，直达爆炸声之后紧跟着海面混响，随即又消失在深水散射层引起的体积混响之中，其后的回波是由海面和海底引起的。

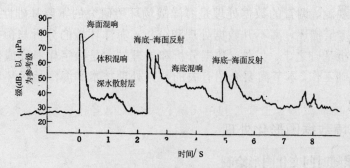

图 2-2　某深海区一次海洋混响实验的测量结果

散射强度（S_v）是表征混响是一个基本参数。它等于被单位面积或体积在参考距离 1m 处所散射的声强与入射平面波强度的比值。体积混响、海面混响和海底混响实验分别按不同设计过程进行[6]。

2.2.4.4　海底声学特征测量

海底声学特征是指海底底质对声的吸收、散射和反射特征及底质表层中的声速值大小等。海底声学特性影响到声纳作用距离预报，对反潜战和反水雷战有重要的意义。

声能在底质中的吸收与沉积物的声学特性有关；海底声散射主要由海底表面的不平整度（粗糙度）以及各种折射指数值的不均匀性所引起。另外，海底底质中的声速值是海底的重要水声特征量，在计算预测海底声反射系数和提高水声信号传播轨迹的计算精度方面均有直接的重要作用。

其中，海底的声反射系数（K）决定了声能在波阵面和海底相互作用时的能量损失，并直接用于声纳作用距离的预报计算。对于半无限的具有平面边界的均匀流体介质海底模型，海底声反射系数 K 的模值为：

$$|K| = \frac{m\sin\theta - \sqrt{\mu^2 - \cos^2\theta}}{m\sin\theta + \sqrt{\mu^2 - \cos^2\theta}} \tag{2.1}$$

式中，θ 为声线对海底掠射角；$m = \rho_1 / \rho_2$ 是上下介质的密度比（模型密度 ρ_2，声速 c_2）；$\mu = c_1 / c_2$ 为折射率。有效海底的声反射系数值（Ke）有实验确定，并用于计算有吸收和散射引起的能量损失。

在许多海域，底质表层沉积物声速 c_2 远小于近底水层中的声速 c_1，因此，由（2.1）式已知，K 值随掠射角 θ 的增大而迅速减少。在大洋深水区的某些地段就有上述情况出现。

海底声学特性测量方法是通过现场探头测量取样与分样，经过分析和计算获取海底沉积物的密度、孔隙度、粒度分布、压缩波波速（声速）c_p、切变波速度 c_s 以及声学衰减系数 K 等海底声学特征量。

2.3   海洋环境调查数据处理技术与海洋战场环境数字化

海洋和气象观测、调查的数据处理是海洋战场环境研究的重要基础性工作。对战场海洋环境的客观、定量描述，离不开数据处理和分析；海洋环境的分析与预报更是建立在大量数据的精确分析基础之上。另外，数据分析和处理技术是数字化海洋或数字化海洋战场环境建设的最基础工作。本节简要介绍有关的数据处理技术和海洋战场环境数字化建设方面的情况。

2.3.1   海洋环境数据图形化处理

2.3.1.1   要素随时间变化图形绘制

海洋要素随时间变化的图形，能直观表达海洋要素随时间的变化规律。另外，可利用它来进行某些资料序列的插补、订正或外延。

(1) 过程曲线   是在一个测点上，某种海洋要素(如温度、盐度、密度等)随时间变化的一条曲线。如日变化过程曲线、月变化过程曲线、逐年变化曲线等。

为了便于分析比较，通常要把有关的不同要素(或同一要素不同层次观测值) 用不同线条(实线、点线、虚线)或不同颜色绘在同一时间的过程曲线上，这种过程曲线叫做综合过程曲线。

(2) 时间剖面图   在 $Z—T$ 坐标系中，将某站所测各层数据依深度和相应时间，依次填在图中相应的点上，然后依据所填数据以内插法绘制出等值线，并在等值线上标明相应的数据。既能表征某种要素随时间的变化，又能表征该要素沿着垂直方向上的分布。

2.3.1.2   要素空间分布图

海洋要素的空间分布图是海洋科学工作者常用的一种研究方法。

(1) 垂直分布图   它描述某一测站上海洋要素随深度的变化，是了解海洋要素垂直结构的主要表现形式，同时还可以利用它插补缺测资料。

垂直分布图一般在计算机上或在厘米方格纸上绘制，纵轴表示深度，横轴表示要素值；然后选取适当比例尺，给出要素量值间距和深度的间距；将各水层的要素的观测值，用铅笔点在坐标纸上；将这些点连成平滑的曲线，即为该要素的垂直分点图。

(2) 平面分布图和断面分布图   在绘制海洋观测要素空间分布图中坐标的选取，通常以海面或等深面为坐标面，x 轴与纬圈重合，y 轴与经圈重合，z 轴垂直向下。断面分布图与平面分布图均为二维分布图，前者作图取 x-y 平面，即要素变化值取在 x 轴上，深度仍为 z 轴，绘出的图表示空间一个垂直剖面上要素的分布；后者作图取 x-y 平面，即深度固定。这时绘出的是某一特定层次的要素在水平方向的变化。在研究海洋的过程中，通常将断面和平面分布图进行适当分组，以获得关于海洋要素的立体分布情况。平面图与断面图一般都用等值线形式来表达，但也有用矢量分布来表达的(如流场分布图和玫瑰图等)。

海流、海浪和风场等具有方向性的海洋要素，其在空间上的分布均以矢量分布图描绘。矢量分布图分为流场分布图和玫瑰图。

流场分布图描述某一时段内的不同时间流动的方向和量值。绘制方法之一，是以测点为原点，方向以北为起始，然后顺时针方向旋转。根据观测数据的量值和方向角画出矢量长短和方向。风向和波向是以来向记录，流向是以去向为准的。由于是以测点为原点，无时间轴作参考，因此应在每个矢量上标出时间来。如潮流椭圆就是这样的。绘制方法之二，是在时间坐标轴上，画出不同时间的流速、流向变化，它可以更好地看出海流随时间的变化规律。

玫瑰图描述流场在一段时期内矢量分布的统计状况，例如，风玫瑰图，流玫瑰图等。风玫瑰图矢向(指向中心)，表示风向，矢杆长度表示该种风向出现的频率，而平均风速则以数值标在矢尾。玫瑰中央的标值表示静风所占的频率。流玫瑰常被海洋学家用于表示海面的流场(如图 2-3 所示)。流玫瑰的矢量是由中央向外放射的，表示流去的方向。另外，平均流速

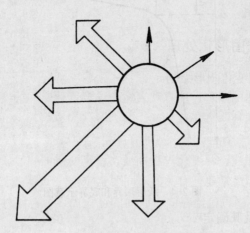

图 2-3　流玫瑰示意图

是以矢量的粗细(或标值)表示的，中央数据亦表示流速为零的频率。只有在一个测点上具有相当多的观测值(如一月、一年)时，编制玫瑰图才有代表意义。

2.3.1.3　频率分布图

统计学研究中常用频率分布图的形式解释物理现象和规律。

频率分布曲线有各种类型：有单峰的、双峰的、多峰的，但常用的是单峰曲线。单峰曲线又可分为三类。其一是正态分布，它的曲线是对称的，这时序列的平均值 M_x，众数 M_o 和中位数 M_d 是相同的。其二是正偏分布，这时序列的众数 M_o 位于峰处，而平均值 M_x 位于曲线两端之正中部分，中位数 M_d 则位于曲线下所包面积两侧相等之处；同时，M_d，M_x 均在风之右侧。其三为负偏分布。这时序列的正数 M_o，平均值 M_x，中位数 M_d 的位置取法与正偏相似，惟 M_d，M_x 均在 M_o 之左侧。正态分布是一种常见的分布，而且比较有用，观测误差以及其他各种随机误差都遵循正态分布，但在其他海洋资料中，则常遇到各种偏态分布，有的偏态分布可以分解为两个相互叠加的正态分布来处理。

2.3.1.4　跃层的确定

海洋要素在垂直方向上出现急剧变化的水层，称为跃层。根据形成原因的不同，跃层可分为两类：由外界条件(如表面增温和风力搅拌等)引起的称第一类跃层；不同性质的水系叠置而成的跃层称第二类跃层。

1. 跃层强度、深度和厚度

跃层特性用强度、深度和厚度表征。某水文要素垂直分布曲线上曲率最大的点 A，B(习惯称"拐点")分别称为跃层的顶界和底界(图 2.4)。A 点所在深度 Z_A，为跃层的顶界深度，B

点所在的深度 Z_B，为跃层的底界深度。ΔZ（即：$Z_B - Z_A$）为跃层的厚度。当 A，B 两点对应的某海洋要素差值为 ΔX，则跃层的强度为 $\Delta X / \Delta Z$。当温度或声速的垂直分布自上向下递减时取正号，反之取负号。

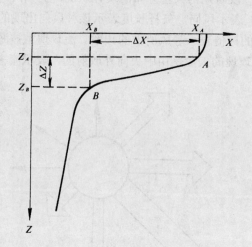

图 2-4　跃层顶界和底界示意图

2. 跃层顶界和底界及其确定

跃层顶界和底界的划定，直接关系着跃层强度、深度和厚度的量值，划定时应遵循以下原则：

(1) 海洋要素(温度、盐度、密度及声速) 垂直于分布曲线的上、下均匀层清楚，"拐点"明显，则取两个"拐点"分别作为跃层的顶界和底界。

(2) 海洋要素(温度、盐度、密度及声速)垂直分布曲线上的"拐角"不明显，应从强选取。

(3) 当海洋要素(温度、盐度、密度及声速) 的垂直分布曲线出现双跃层时，划定层顶界和底界按以下规定：

①当上、下两个跃层的位置相距较远时，应分别划定上、下两个跃层的顶界和底界。

②当上、下两个跃层的位置相距较近时，但仍可区分开来时，除分别划定上、下两个跃层的顶界和底界外，还应以上跃层的顶界为顶界、下跃层的底界为底界，作为全跃层。

③当上、下两个跃层的位置相距很近，不易分开时，则只取全跃层。

划定跃层顶界和底界，亦可根据海区的具体情况，先选取一跃层强度临界值，然后沿海洋要素(温、盐、密度和声速)垂直分布曲线量取斜率，取斜率大于临界值的曲线段为跃层。曲线上端点为顶界，曲线下端点为底界。

3. 跃层强度最低标准值的规定

跃层强度最低标准值可依需要和海区具体情况而选定，一般情况下，温、盐、密度及声速跃层强度最低标准值作如下规定：

对于浅海情况：

(1) 温跃层强度：$\dfrac{\Delta T}{\Delta Z} = 0.2\text{℃} / \text{m}$。

(2) 盐跃层强度：$\dfrac{\Delta S}{\Delta Z} = 0.1 / \mathrm{m}$。

(3) 密度层强度：$\dfrac{\Delta \sigma_t}{\Delta Z} = 0.16 \sigma_t$ 单位 $/ \mathrm{m}$。

(4) 声跃层强度：$\dfrac{\Delta C}{\Delta Z} = 0.5 \mathrm{m} \cdot \mathrm{s}^{-1} / \mathrm{m}$。

对于深海情况：

(1) 温跃层强度：$\dfrac{\Delta T}{\Delta Z} = 0.05 \, ℃ / \mathrm{m}$。

(2) 盐跃层强度：$\dfrac{\Delta S}{\Delta Z} = 0.01 / \mathrm{m}$。

(3) 密度层强度：$\dfrac{\Delta \sigma_t}{\Delta Z} = 0.015 \sigma_t$ 单位 $/ \mathrm{m}$。

(4) 声跃层强度：$\dfrac{\Delta C}{\Delta Z} = 0.20 \mathrm{m} \cdot \mathrm{s}^{-1} / \mathrm{m}$。

4. 跃层特征图的绘制

跃层特征图包括跃层强度、跃层厚度和跃层深度分布图。绘制方法与平面图相同，即在底图上填注各站跃层特征值，然后根据各站的特征值，用内插法画出等值线。绘制跃层特征分布图时，应注意以下几点：

(1) 浅海跃层的各特征值，年变化较大，等值线间隔可视具体情况而定。

(2) 深海温、盐、密度及声速跃层特征图的等值线间隔规定如表 2-11：

表 2-11　深海跃层特征图的等值线间隔

各类跃层强度	厚度/m	深度/m
温跃层 0.05℃ / m	50	25
盐跃层 0.0l / m	25	25
密跃层 0.016σ_t 单位 / m	50	25
声跃层 0.1m · s^{-1} / m	50	25

(3) 绘跃层强度分布图时，应以跃层强度最低标准值的等值线作为跃层的边界线，并在边界线外侧画出影线，边界区以外为"无跃区"。

(4) 出现"双跃层"时，应用虚线画出双跃层区的范围，并注明"双跃层区"。

2.3.2　数据误差分析理论与应用[3，6，10-12]

在测量过程中，由于测量者的主观因素、测量仪器的准确度限制和周围环境条件的影响等，总会在测量过程中产生偏差。由于各种原因造成的观测结果出现数值上的波动现象叫做数据的误差。自从 18 世纪末高斯创立误差理论以来，得到了很大的发展和广泛的应用。目前数据误差分析与处理已发展成一门内容丰富、用途广泛的学科。

2.3.2.1 数据中的信息和噪音

通常情况下，我们把观测数据中由于测量仪器的准确度限制、不稳定性和观测者的主观因素造成的数据波动称为观测误差，而把周围环境的变化对仪器和观测对象的影响所造成的波动叫做干扰，二者合称为噪音。

在观测某一个量时，噪音总是伴随着观测过程而叠加起来。信息部分与噪音部分的大小比值叫做"信噪比"。信噪比是一个很重要的概念。在所观测到的数据序列中，只有信息的成分大于噪音成分，才能把有用的信息识别或区分出来；反之，信息就会淹没于噪音之中。因此，对观测数据的处理就特别重要。

2.3.2.2 观测数据的处理

数据处理是指对原始的观测数据进行的一系列的数学分析和处理过程。其主要目的或任务是：

(1)降低干扰，提高信噪比。例如，用回归分析方法确定干扰因素，排除干扰成分；用数字滤波方法来"过滤"无规则的噪音等。

(2)给出数据的物理特征。例如，谐波分析，海流谱分析等都属于这个范围。在充分描述数据的物理特征前提下，定量地给出数据的可靠性和精确性等。

(3)进行定量的描述。例如，在海水温度预报的研究中，通过对某些物理量(如气温、气压、高空环流指数等)的观测数据进行整理、归纳、分析，判断它们与海水温度之间是否存在着某种关系，并据此建立温度预报关系式。

2.3.2.3 误差分析

1. 误差定义

测定值与真值之间的差异称为测定值的观测误差，简称误差。误差又分为绝对误差和相对误差。

假定某次测定值为 M，又假定其真值为 T，则：

$$M-T=\pm\ \delta \tag{2.2}$$

式中，δ 称为绝对误差；其数值代表测定值对真值偏离的大小。绝对误差也可用其他形式(如均方误差等)代替，但它与最大绝对误差的意义有所不同。

不同测量对象和测量目的，要求测定值有准确的测定范围。为了比较各种测定结果的准确程度，引进了"相对误差"的概念。

绝对误差和真实值 T 的比值，叫做相对误差，用 ρ 表示，即

$$\rho=\frac{\delta}{T} \tag{2.3}$$

$$T=M\pm\delta\ =M\left(1\pm\frac{\delta}{M}\right)=M\ (1\pm\rho) \tag{2.4}$$

由上式可知，相对误差与真值的乘积等于绝对误差。可见，相对误差也能直接表示测定值与真值偏离的大小，尤其能告诉人们测量误差与测定值本身的相对大小。在许多情况下，需要用相对误差来表示测定值的准确程度。

2. 误差的分类

根据误差产生的原因，一般分为系统误差、失误误差和偶然误差。由于测量仪器不准确，测定方法不合理，测定技术不完善，测量条件(如温度、湿度、气压等)的非随机变化等所引起的观测误差，统称为系统误差。由于观测者疏忽大意而引起的误差，叫做过失误差或不正当误差。偶然误差又称实验误差或随机误差，它包括了除系统误差和过失误差之外的一切误差，也包括随机干扰。

3. 算术平均值

将 n 次观测得到的观测值：M_1，M_2，$\cdots$，M_n，作平均得：

$$M_0 = \frac{M_1 + M_2 + \cdots M_n}{n} = \frac{\sum\limits_{i=1}^{n} M_i}{n} \tag{2.5}$$

M_0 定义为算术平方值。

当测量次数足够多，即 n 很大时，算术平均值就越接近真值。在数据处理中，常常根据这个原理来处理观测结果。

4. 其他几个误差定义

(1) 残差——观测值 M_i 与算术平均值之差叫做残差。

(2) 平均误差—— 平均误差又叫均差，其值 a：

$$a = \frac{\sum |\Delta x_i|}{n} \tag{2.6}$$

(3) 或然误差——或然误差又称中值误差或概差。其定义是：比这个数值小的误差出现的概率，与比这个数大的误差出现的概率恰好相等，各占一半，则这个数叫做或然误差，常用 γ 表示。

(4) 均方误差——由于算术平均误差不能够清楚地反映大误差特征，为了更好地表现大误差的特征量，通常采用了均方误差，又叫做标准误差。如果 $\Delta x_1, \Delta x_2, \cdots, \Delta x_n$ 为各个观测值的误差，S 为均方误差，则：

$$S^2 = \frac{\Delta x_1^2 + \Delta x_2^2 + \cdots + \Delta x_n^2}{n} = \frac{\sum \Delta x_i^2}{n},$$

$$S = \sqrt{\frac{\sum \Delta x_i^2}{n}} \tag{2.7}$$

可以证明，S 就是误差正态分布函数中的 δ，又叫做标准误差。

实验资料表明，对于不同的气候带和不同的水团，水文参数变化的均方差，也是不同的。大西洋中部，温度和盐度的均方差分别为 1.5℃和 0.4，寒暖流边界是以高达 5℃~7℃的最大温度均方差确定的。

(5) 离差系数—— 离差系数和均方差一样，是用来表达离散程度的量。均方与均值的比值(即相对量)称为离差系数，以符号 C_v 表示，即：

$$C_v = \frac{S}{\bar{x}}$$

或

$$C_v = \frac{1}{\bar{x}} \sqrt{\frac{\sum\limits_{i=1}^{n}(x_i - \bar{x})}{n-1}} = \sqrt{\frac{\sum\limits_{i=1}^{n}(K_i - 1)^2}{n-1}} \qquad (2.8)$$

$K_i = \dfrac{S_i}{\bar{x}}$ 称为模比系数。

(6) 偏差系数——系列的离散程度已可通过均值和离差系数来了解，可是对系列的偏度，即是对称分布，还是非对称分布仍不知道，需用另一度量来测定它。

一个数列按大小次序排列后，如果相对平均值的两边对称位置上的各变数都一一相等，此时我们称这个系列为对称分布，否则称为偏态分布。

测量偏度是对均差立方求和，再进行平均表示：

$$C_s' = \frac{\sum (x_i - \bar{x})^3}{n}$$

由于均差立方后，大的更大，且符号不变，故在对称分布时，正负号立方正好抵消，即 $C_s' = 0$，在偏态分布时有两种情况：一种是 $C_s' > 0$，系正值占优势，此时称为正偏；另一种是 $C_s' < 0$，系负值占优势，称为负偏。

同均方差必须化成离散系数一样，均差立方之和也必须消除均方差所引起的影响。我们把下式定名为偏差系数，并以符号 Cs 表示，即：

$$Cs = \frac{C_s'}{\sigma^3} = \frac{\sum (x_i - \bar{x})^3}{n \bar{x}^3 C_v^3} = \frac{\sum (K_i - 1)^3}{n C_v^3} \qquad (2.9)$$

K_i 为模比系数。与均方差修正相似，在样本少时应该修正为：

$$Cs = \frac{\sum (K_i - 1)^3}{(n-3) C_v^3} \qquad (2.10)$$

5. 精密度和准确度

精密度是指观测值出现的密集程度，精密度高，观测值显得集中；精密度低，则显得分散。高精密度在数学上表现为偶然误差小，误差呈正态分布曲线。

准确度是指观测值的算术平均值与真值符合的程度。假设观测中不存在系统误差时，可把观测值的平均值作为真值。当观测中存在较大的系统误差时，不管数值的分布状况如何，其算术平均值都不能代表真值。因为它们之间存在一个差值，其大小就是系统误差的大小。系统误差大，准确度就低，反之亦然。同样，如果在观测中不存在系统误差，但每次观测的偶然误差很大，由于观测次数总是有限的，则观测值的算术平均值仍然与真值相差较大。这种情况下，观测的准确度也是不高的。

可见精密度的高低决定于偶然误差的大小，而与系统误差无关，准确度的高低则既决定于系统误差的大小，也与偶然误差有关。

2.3.2.4　平滑和滤波

1.滑动平均值法

采用平均值法虽能抑制短周期的波动，但会损害曲线的连续、平滑的形态。为克服这一不足，常采用所谓滑动平均值法来得到较为圆满的平滑曲线。下面从"最小二乘法"的角度来求滑动平均法的数学形式。

(1) 线性函数平滑公式

如果对于自变量进行等间距的观测(如等时间间隔 Δt)，得到 $x_1, x_2, \cdots x_i, \cdots x_n$ 和对应的函数 y_1，y_2，$\cdots$，y_i，$\cdots$，y_n 两列数据，现假定观测值之间的真实数值是线性变化的：

$$y = a_0 + a_1 x \tag{2.11}$$

令 $\Delta x = 1$，则 x_{i-1} 和 x_{i+1} 分别为-1 和+1。根据最小二乘法，令残差平方和：

$$\sum_{k=-1}^{+1}\left(y_{i+k} - a_0 - a_1 k\right)^2 = 最小 \tag{2.12}$$

对 a_0 和 a_1 求偏微商，得到：

$$\left.\begin{array}{l}\displaystyle\sum_{k=-1}^{+1} 2\left(y_{i+k} - a_0 - a_1 k\right) = 0 \\[2mm] \displaystyle\sum_{k=-1}^{+1} 2\left(y_{i+k} - a_0 - a_1 k\right)k = 0\end{array}\right\} \tag{2.13}$$

将上式展开，可得：

$$\left.\begin{array}{l} y_{i-1} + y_i + y_{i+1} - 3a_0 = 0 \\[2mm] -y_{i-1} + y_{i+1} - 2a_1 = 0 \end{array}\right\} \tag{2.14}$$

由此得到：

$$\overline{y}_i = a_0 = \frac{1}{3}\left(y_{i-1} + y_i + y_{i+1}\right) \tag{2.15}$$

$\overline{y}_i$ 就是考虑在任意 3 点之间为线性函数时的滑动平均值，其中 i 可以取 1 至 n，按顺序由(2.15)式从 $i=1$ 至 $i=n$，可以计算出一系列的滑动平均值，构成新的数据序列。当取 $i=1$ 和 $i=n$，可以推得：

$$\overline{y}_1 = \frac{1}{6}\left(5y_1 + 2y_2 - y_3\right) \tag{2.16}$$

$$\overline{y}_n = \frac{1}{6}\left(-y_{n-2} + 2y_{n-1} + 5y_n\right) \tag{2.17}$$

类似地，当假定相邻 5 个点之间为线性变化时，可以得到滑动平滑值为：

$$\overline{y}_i = \frac{1}{5}\left(y_{i-2} + y_{i-1} + y_i + y_{i+1} + y_{i+2}\right) \tag{2.18}$$

可以求得这种情况下两端 4 个点(最初两点和最后两点)的滑动平均值为：

$$\overline{y}_1 = \frac{1}{5}(3y_1 + 2y_2 + y_3 - y_5) \tag{2.19}$$

$$\overline{y}_2 = \frac{1}{10}(4y_1 + 3y_2 + 2y_3 + y_4) \tag{2.20}$$

$$\overline{y}_{n-1} = \frac{1}{10}(-y_{n-3} + 2y_{n-2} + 3y_{n-1} + 4y_n) \tag{2.21}$$

$$\overline{y}_n = \frac{1}{5}(-y_{n-4} + y_{n-2} + y_{n-1} + 3y_n) \tag{2.22}$$

从上面的讨论中可以推广得到：对于 $2m + 1$ 个相邻值的滑动平均值为：

$$\overline{y}_i = \frac{1}{2m+1}(-y_{i-m} + y_{i-m-1} + \cdots + y_i + \cdots + y_{i+m-1} + y_{i+m}) \tag{2.23}$$

在滑动平均计算中，当取用的点数较多时，按公式计算比较麻烦，可作如下的简化计算：将计算前一个均值时的总和值中，减去其中最前面的一个数，再加上其后面的第一个数，再进行平均，即得本次的滑动平均值。

线性函数滑动平均值法的一个重要的特性是，当取 K 个数值作滑动平均时，可以将数据中周期等于和小于 K 个数值间隔的波动很好地消除。

(2) 二次函数平滑公式

当假定一定个数的观测值之间呈二次函数的关系，即：

$$y = a_0 + a_1 x + a_2 x^2 \tag{2.24}$$

同样可以用最小二乘法求出平滑公式。一般用二次函数进行平滑时，采用相邻五个以上的数据作平滑计算，令：

$$\sum_{k=-2}^{+2}(y_{i+k} - a_0 - a_1 k - a_2 k^2)^2 = 最小 \tag{2.25}$$

为此，对 a_0, a_1 及 a_2 求偏微商并使其等于 0，得到：

$$\left.\begin{array}{l} \displaystyle\sum_{k=-2}^{+2} 2(y_{i+k} - a_0 - a_1 k - a_2 k^2) = 0 \\[2mm] \displaystyle\sum_{k=-2}^{+2} 2(y_{i+k} - a_0 - a_1 k - a_2 k^2)k = 0 \\[2mm] \displaystyle\sum_{k=-2}^{+2} 2(y_{i+k} - a_0 - a_1 k - a_2 k^2)k^2 = 0 \end{array}\right\} \tag{2.26}$$

将上式展开得到：

$$\left.\begin{array}{l} 5a_0 + 10a_2 = y_{i-2} + y_{i-1} + y_i + y_{i+1} + y_{i+2} \\[1mm] 10a_1 = -2y_{i-2} - y_{i-1} + y_i + y_{i+1} + y_{i+2} \\[1mm] 10a_0 + 34a_2 = 4y_{i-2} + y_{i-1} + y_{i+1} + 4y_{i+2} \end{array}\right\} \tag{2.27}$$

由上式即得：

$$\overline{y}_i = a_0 = \frac{1}{35}\left[-3(y_{i-2}+y_{i+2})+12(y_{i-1}+y_{i+1})+17y_i\right] \qquad (2.28)$$

2. 潮流滤波器

海流是由湍流脉冲、余流和潮流三部分组成的。

海流经分解为北、东分量之后，对任一分量可以写成：

$$u(t)=u'(t)+u_0(t)+\sum_{e=-j}^{j}u_e e^{2\pi\,\nu_e t}$$

$u'(t)$ 式中为湍流扰动，$u_0(t)$ 为余流，第三项为潮流，j 是分潮系数。

如果我们取海流观测的时间间隔为 5min(或 10min、15min)，观测了 $(3k-2)$ 个观测值，当 Δt 取定之后，按 k 个连续观测值求平均：

$$\frac{u_1+u_2+u_3+\cdots+u_k}{k}$$

其中，k 是任意选取的适当数值，于是可得

$$\overline{u}_1=(u_1+u_2+\cdots u_k)/k$$

$$\overline{u}_2=(u_2+u_3+\cdots u_{k+1})/k$$

$$\cdots\cdots\cdots\cdots\cdots\cdots\cdots\cdots\cdots\cdots$$

$$\overline{u}_{2k-1}=(u_{2k-1}+u_{2k}+\cdots u_{3k-2})/k$$

每作一次，损失 $k-1$。同理，作进一步运算：

$$\overline{\overline{u}}_1=(\overline{u}_1+\overline{u}_2+\overline{u}_k)/k$$

$$\overline{\overline{u}}_2=(\overline{u}_2+\overline{u}_3+\overline{u}_{k+1})/k$$

$$\cdots\cdots\cdots\cdots\cdots\cdots\cdots\cdots\cdots\cdots$$

$$\overline{\overline{u}}_k=(\overline{u}_k+\overline{u}_{k-1}+\overline{u}_{2k-11})/k$$

再作一次运算：

$$\overline{\overline{\overline{u}}}_1=(\overline{\overline{u}}_1+\overline{\overline{u}}_2+\overline{\overline{u}}_k)/k$$

以上做法，概括起来就是选择一个平滑算子 $(a_k/k)^3$ 对观测值作运算。这里 a_k 是 k 个观测值对时间求和，而指数表示对一个观测序列作运算的次数。若 A 取为 4，6 和 12，而 $4f$ 相应取为 15min，10min 和 5min，经平滑运算结果如表 2.12 所示：

表 2-12　潮汐平滑滤波算子与计算结果

Δt /min	算子	观测损失 /min	不同频率的分潮振幅减小百分数			
			$\gamma=1$	$\gamma=2$	$\gamma=4$	$\gamma=8$（周/天）
5	$(a_{12}/12)^3$	165	0.82	3.31	12.84	44.64
10	$(a_6/6)^3$	150	0.76	3.31	12.60	44.30
15	$(a_1/4)^3$	135	o.62	3.16	12.18	43.24

同样地，若取一种低通滤波器：

$$(a_{24}/24)^2(a_{25}/25)$$

则可把 $\gamma=1$，$\gamma=2$，$\gamma=4$，$\gamma=8$ 的潮波全滤掉，并且把低于 $\gamma=8$ 的噪音部分都滤掉，只剩长周期项。

大多数潮流是周期为 12h25min 和周期为 24h50min 的波动。海洋中潮流波动的幅度平均为每秒几厘米，有时可增至 10~15cm。

2.3.3　常用插值法在海洋观测资料处理中的应用

海洋要素随深度 h(或时间 t)变化是连续的。对某一个固定测站来说，海洋要素 T 随深度的变化可以表示为：

$$T=f(h)$$

在实际海洋观测中，我们只能测得这个函数中 $n+1$ 个有序型值：

$$(h_0,T_0),(h_1,T_1),\cdots(h_i,T_i),\ldots(h_n,T_n),h_0<h_1<\cdots<h_i<\cdots<h_n$$

为了求得这些型值之间的数值，可藉助不同的数学方法进行内插。

2.3.3.1　三点拉格朗日(Lagrange)抛物插值法

若求 (h_i,T_i) 和 (h_{i+1},T_{i+1}) 之间任一点 (h,T)，则可用 (h_{-1i},T_{i-1})、(h_i,T_i)、(h_{i+1},T_{i+1}) 三个点(通常称为公 元点)米求得，也可用 (h_i,T_i)、(h_{i+1},T_{i+1})、(h_{i+2},T_{i+2}) 这三个点(通常称为交 流点)来求得。公 元点内插公式为：

$$T=\frac{(h-h_i)(h-h_{i+1})}{(h_{i-1}-h_i)(h_{i-1}-h_{i+1})}T_{i-1}+\frac{(h-h_{i-1})(h-h_{i+1})}{(h_i-h_{i-1})(h_i-h_{i+1})}T_i+\frac{(h-h_{i-1})(h-h_i)}{(h_{i+1}-h_{i-1})(h_{i+1}-h_i)}T_{i+1} \qquad (2.29)$$

交 流点拉格朗日抛物线插值公式可仿照公 元点公式求出。为了有较好的保凸性，可将上、交 流点内插值再进一步平均。

2.3.3.2　二次样条函数插值法

若函数 $f(h)$ 满足下列条件：

(1)　$f(h_i)=T_i$　　　　　($I=0$，1，2，$\cdots n$)

(2) $f'(h_0) = T_0'$ （一级微商存在）

则点(h_i, T_i)与点(h_{i+1}, T_{i+1})之间的任一点之值(h, T)可用下面二次样条函数插值法求得：

$$T = a_i + b_i(h - h_i) + c_i(h - h_i)(h - h_{i-1}) \tag{2.30}$$

式中：

$$\begin{cases} a_i = T \\ b_i = (T_{i+1} - T_i)/D_i \\ C_0 = \left[\dfrac{T_1 - T_0}{D_0} - T_0'\right]/D_0 \\ C_i = -\dfrac{D_{i-1}}{D_i}C_{i-1} + \left(\dfrac{T_{i+1} - T_i}{D_i} - \dfrac{T_i - T_{i-1}}{D_{i-1}}\right)/D_i \\ D_i = h_{i+1} - h_i \end{cases}$$

其中，$i = 0, 1, 2, \cdots n-1$

2.3.3.3 三次样条函数插值法

已知函数$f(h_i) = T_i$满足下列条件：

(1) $f(h_i) = T_i$ 　　 （$i = 0, 1, 2, \cdots n$）

(2) $f'(h_0) = T_0'$，$f'(h_n) = T_n'$

则点(h_i, T_i)与点(h_{i+1}, T_{i+1})之间的任一点之值(h, T)可用下面三次样条函数插值法求得：

$$T = \sum_{j=-1}^{n+1} C_j \Omega_3\left(\frac{h - h_0}{D} - j\right) \tag{2.31}$$

式中：

$$D = \frac{h_n - h_0}{n} \qquad （等间隔插值）$$

2.3.3.4 阿基马插值法

对于函数$T = f(h)$的$n+1$个有序型值中任意两点(h_i, T_i)与点(h_{i+1}, T_{i+1})满足：

(1) $f(h_i) = T_i$ 　　 $\left.\dfrac{\mathrm{d}f}{\mathrm{d}h}\right|_{h=h_i} = t_i$

(2) $f'(h_{i+1}) = T_{i+1}'$，　　$\left.\dfrac{\mathrm{d}f}{\mathrm{d}h}\right|_{h=h_{i+1}} = t_{i+1}$

式中 t_i, t_{i+1} 为曲线 $f(h)$ 在这两点的斜率，而每点的斜率则和周围四个点有关。阿基马以下列多项式：

$$T = P_0 + P_1(h - h_i) + P_2(h - h_i)^2 + P_3(h - h_i)^3$$

来对 (h_i, T_i) 和 (h_{i+1}, T_{i+1}) 之间的一点 (h, T) 进行内插求值。

式中：

$$
\begin{cases}
P_0 = T_i \\
P_1 = t \\
P_2 = \left[\dfrac{3(T_{i+1} - T_i)}{(h_{i+1} - h_i)} - 2t_i - t_{i+1} \right] / (h_{i+1} - h_i) \\
P_3 = \left[t_i + t_{i+1} - \dfrac{2(T_{i+1} - T_i)}{h_{i+1} - h_i} \right] / (h_{i+1} - h_i)
\end{cases}
$$

t_i, t_{i+1} 则由下式求出：

$$t_i = (W_i m_i + W_{i+1} m_{i+1}) / (W_i + W_{i+1})$$

$$W_i = |m_{i+2} - m_{i+1}|$$

$$W_{i+1} = |m_i - m_{i-1}|$$

$$m_{i+j} = \frac{T_{i+j} - T_{i+j-1}}{h_{i+j} - h_{i+j-1}} \qquad j = -1, 0, 1, 2,$$

但是，在曲线的边界端点处，还得根据已知点再估算出两个增加点。为此，假定端点 (h_i, T_i) 处向左增加的点 (h_{i-2}, T_{i-2})，(h_{i-1}, T_{i-1}) 或向右增加的点 (h_{i+1}, T_{i+1})，(h_{i+2}, T_{i+2}) 都要位于下式表示的一条曲线上：

$$T = g_0 + g_1(h - h_i) + g_2(h - h_i)^2$$

式中 g 为待定常数，假定：

$$h_{i+2} - h_i = h_{i+1} - h_{i-1} = h_i - h_{i-2}$$

这样就可取得如下的表达式，从而解决边界端点的问题：

$$(T_{i+2} - T_{i+1}) / (h_{i+2} - h_{i-1}) - (T_{i+1} - T_i) / (h_{i+1} - h_i)$$

$$= (T_{i+1} - T_i) / (h_{i+1} - h_i) - (T_i - T_{i-1}) / (h_i - h_{i-1})$$

$$=(T_i - T_{i-1})/(h_i - h_{i-1}) - (T_{i-1} - T_{i-2})/(h_{i-1} - h_{i-2})$$

2.3.3.5　对几种插值法拟合结果的讨论

二次样条插值法插值的可靠性、真实性较差，一般不要使用。

三点拉格朗日插值法与实际曲线拟合较好，但它的插值曲线光滑性较差。在资料出现跃层时，拟合曲线也会出现一定程度的摆动，与三次样条插值法相比较，三点拉格朗日插值法的波动幅度稍大一点，但摆动仅出现在跃层的前拐点处。由于方法简便、程序短小，目前世界上许多海洋机构仍继续使用这一方法。

三次样条插值法在处理多跃层的水文资料中，不失为较好的方法之一，且其插值的误差也可以与三点拉格朗日法相比拟；拉格朗日和阿基马方法也有摆动，但仍以阿基马方法最佳。

阿基马插值曲线有较好的光滑性，在一般情况下，它的插值曲线均无不合理的摆动出现。插值误差也较其他三种插值法要小，插值曲线与点实曲线较吻合

2.3.4　战场海洋数据数字化建设[7，13，14]

1998 年美国在地球信息系统（GIS）和信息高速公路发展的基础上提出"数字地球"的战略思想。"数字地球"的实质是利用海量的"地球空间数据"，对我们赖以生存的星球进行多分辨率和三维的数字化整体表达的同时，提供一个网络化的界面体系和超媒体的虚拟现实环境。在美国和西方发达国家"数字"化研究战略目标中，相当部分是为了 21世纪争夺海洋的战略需要。海上军事活动和海洋权益的保障需要高精度的数字化海洋信息和相应的网络服务。

战场海洋数字化建设，是部队在 21 世纪科技强军建设发展的需要，也是数字化军队建设的重要有机组成部分。美国早在海湾战争结束后，就提出了实现战场数字化的行动计划。

所谓数字化是指利用计算机技术把声、光、电磁场等信号转换成数字信号，或把语音、文字、图形、图像、视频等信息编成二进制代码，并用于传输与处理的过程[7]。以计算机为核心的数字编码、数字压缩、数字调制与解调等信息处理技术，称为数字技术。由于数字信号具有传输处理速度快、容量大、放大时不失真、抗干扰能力强、保密性好以及计算机操作处理容易等优点，采用数字系统具有极高的信息还原性和虚拟现实效果。

利用数字化技术实现海洋战场环境的数字化，将真正实现海洋战场空间的透明性、可视性，提高作战保障和作战指挥的效能，大大提高武器系统作战使用的效能。

美军的数字化包括战场数字化、主要武器装备的数字化和单兵装备的数字化三个方面。

战场数字化：目的是实现所有作战职能领域通信的一体化，以便在正确的时间、正确的地点，提供正确的信息。美军为此实施了一系列的研究计划，其中包括"合成部队指挥与控制—高级技术"，向指挥官提供作战情报信息的"共用地面站"，把战区各单位连成一个严密网络的"全球网络"，利用多媒体技术把声音、图像和数据信息传输给作战人员的"生存适应系统"，探索实现战场人机对话的"21 世纪地面勇士"计划，"战场战斗识别高级技术"等各个方面。这些计划完成之后战场将基本实现数字化。

主要武器装备的数字化：其主要标志是配备有数字化通信系统，敌我识别装置，第二代前视雷达和全球定位系统。

单兵装备的数字化：主要是为单兵配备系统、简便、有效的数字化装备。例如参加"沙漠铁锤"的士兵，除配备装有夜间瞄准镜的 M16A2 自动步枪外，还配备有 PVS－7 型夜视目镜，一个安装在头盔左侧上方的 8mm 镜头的电视摄像机和固定在单兵左眼前面的一个微型计算机，该微机主要用途是控制微型摄像机，存储和传递摄像机拍摄的图像信息和其它文字报告等，微机本身还可以利用全球定位网络系统作为导向及定位使用。

由此可见，战场数字化具有如下基本特点：一是建有公共的数据库，存储友军的地理位置，备战状态，后勤保障，作战环境及敌方情报等动态信息，信息共享，态势共识；二是信息传输速度快，容量大；三是在战场上建立通信和信息综合网络，最终可发展成为与民用通信和信息网络兼容的军用信息高速公路。

建设数字化部队和数字化战场的关键技术是：(1)将传感器接收的数据转化为数字形式，并进行必要的处理；(2)使数字系统和模拟输出装置对接；(3)使战车、飞机、舰船的数字化电子系统通联；(4)高清晰度的数字显示器显示数字化信息；(5)建立沟通战车、飞机、舰船、卫星的数字化通信网络。后面这三项技术是数字化技术的关键技术。

数字化技术不仅为作战系统带来一场革命，而且也为勤务保障带来一场革命。装备了全球定位系统的作战单元(舰船、飞机、战车、士兵等)，在任何时刻都能知道自己所在的位置和所处的战场环境条件，并能根据需要随时向后方申请战斗支援或勤务保障。气象（海洋）环境保障作为作战勤务保障的一个部分，数字化技术也必然对其产生巨大的影响和推动作用。

首先，数字化技术使气象（海洋）信息的传输大大加快。气象（海洋）信息是战场环境信息的有机组成部分，而且具有信息量大的特点。气象（海洋）环境保障的及时性需要高效快速的信息传递，数字化技术使得气象（海洋）信息高效快速传递的需求得以实现。数字化技术使得单兵数字化装置、主要武器系统、作战通信系统、卫星联系在一起，可使这些系统成为获取气象（海洋）情报的有力工具，并将这些气象（海洋）情报和常用气象（海洋）情报融为一个整体，更便于气象（海洋）情报信息的利用。高速的计算机系统能更快速处理大量的气象（海洋）情报信息和更快地预报战场的未来环境变化，达到高速、高效保障的目的。

其次，数字化技术增加了战场气象（海洋）情报的获取手段。单兵数字化装置不仅是战场态势的侦察装置，也是一个战场气象（海洋）情报信息的获取装置，而且这种装置可获取更加密集、更加直观的战场气象（海洋）情报信息。这些情报可弥补遥测、遥感气象（海洋）信息的不足和解决战场气象（海洋）情报获取困难的问题。

最后，战场数字化也给气象（海洋）环境保障带来了一些新的挑战。例如，必须加快海洋（大气）战场环境数字化的建设；另外，战场数字化之后，通信和信息传输抗干扰能力大大提高了。但强烈的电、磁场变化仍会干扰通信和信息传输，电离层的变化也会引起传输通道的改变。高技术武器的使用也需要电磁波波道的保障，这些都为未来的战场环境保障提出了新的课题。

数字化技术不仅为武器装备带来了一场革命，而且为与战争有关的各个方面都带来了深刻的影响。未来的时代将是信息时代，未来的战场将是高度信息化、数字化的战场。数字化是以更快的速度、更少的伤亡代价来赢得 21 世纪战争的关键。

海洋战场环境数字化系统的实现，必须纳入国家"数字海洋"建设之中，借助国家"海洋空间数据基础设施"、"海洋信息共享体系"和"海洋整体观测系统"等重要基础建设，加强和完善海洋战场整体监视网、国防信息系统网（DISV）和大比例尺军事海洋基础地理信息库建设。另外，在海洋战场环境信息产品可视化技术开发、海洋战场环境数据库建设、军事海洋 GIS 应用模型研制、军事海洋虚拟现实、海洋 WebGIS 技术研究领域，加大投入和研究攻关力度。

2.4　军事海洋大气空间环境综合调查研究与展望

军事海洋大气空间环境调查研究是为了满足作战对空间和要素的全方位需求。20 世纪 90 年代以来，美国等国家积极倡导气象海洋（METOC）的"无缝隙保障"新思想，并大力实施了以空间武器系统环境为目标的军事空间环境探测、实验和研究。为确保打赢未来高技术海上局部战争，开展军事海洋大气空间环境综合调查研究势在必行。

2.4.1　军事海洋大气环境综合调查研究的必要性 [15]

现代海战空间的多维化发展，特别是以信息-通讯为主导的电子战地位的提升，使得传统的海战模式和海洋战场环境保障内容也相应发生很大的变化。空中侦察、预警和精确制导技术影响和制约海战场的结局，因此，从 20 世纪 90 年代起，以中高层大气环境、空间电磁环境为主要研究内容的空间天气战略计划相继出台，标志着军事（武器系统）海洋大气环境综合调查研究，进入新的历史发展时期。

海洋大气环境调查研究是海洋空间战场环境建设的重要组成，它不仅能够提供海洋气象和海洋水文变化预测的基础背景资料，而且能够直接提供海上中高层大气战场环境保障支持，这种支持对海洋国防建设具有重大的意义。20 世纪新军事革命的理论和战争实践已经表明：未来战争将是以高技术对抗为主，并在陆地、海洋（包括水下和海底）、空中、天宇、电磁等多维战场空间下展开的多兵种协同战役。在 21 世纪，以侦察、预警、通信和导航为内容的太空战和以外层空间为主要战场、以各种航天器为主要武器装备的电磁战已经由战争后台走向了前台。在海洋战场环境建设中，大气物理空间战场环境建设，具有更大的紧迫性和重要性。

海洋大气物理环境特别是中高层大气物理环境，对现代高技术战争的中枢神经系统—C^3/REW（通信、控制、指挥/侦察、电子战）和精确制导武器系统的生存能力和作战效能具有非常重要的影响。例如：大洋上大气折射、湍流、降水和空间电离层电子密度及其结构变化严重影响到卫星测量和军事通信的质量和能力；高层大气密度及其分布影响弹道导弹的制导精度、卫星轨道的预测及测控精度；海上大气层对卫星及无线电导航的精度、对卫星及航空侦察的准确性和对卫星遥感海洋信息的提取及反演精度等均有重大的影响；海上风暴、降水、海雾、风切变对导弹使用安全性和效能都会产生严重的影响；空间大气折射对电子战的实施及其效能有重要影响；此外，大气环境与红外武器装备系统应用所需的目标区红外吸收和辐射背景数据的获取也紧密相关。

21 世纪海上高技术局部战争向着多维化空间扩展，C^4I/REW 系统、BM/C^3（作战管理/指挥、控制、通信）系统，以及精确制导武器系统对海洋大气物理空间环境信息的需求将会变的十分迫切，因此，开展军事海洋大气物理环境（海洋空间武器系统环境）的调查研究，包括获取空间物理环境数据的技术、方法以及对大气温度、密度、湿度、风、云、降水、气溶胶、光、电、磁、空间重力等综合数据库系统的建设；研究大气环境特别是中高层环境结构与变化规律，研究武器系统空间作战环境的影响及其保障系统，是海军全面海战场准备的重要和核心环节，是海军"杀手锏"武器装备研制和使用的重要保障，是海军战斗力的及其重要的组成部分。

早在 20 世纪 80 年代，美军即把中高层大气环境列为重点研究项目，并列入其国防部关键技术计划中。美军特别重视武器系统环境技术的研究，是因为它对执行反潜战、战略防御、战场监视和通信等任务的高技术武器系统的选择、发展和作战使用至关重要。在 21 世纪，海洋气象环境军事保障的竞争和挑战将从目前的海面转向水下和高空。我军过去开展的海洋环境调查，大多侧重于海面气象和水文要素的调查，在大洋大气环境特别是高层空间环境战场研究建设方面，有关部门经过多年的努力，在大气探测包括遥感、遥测技术研究与应用上，积累了一些资料和相关研究成果，在海军建设中发挥了重要作用，对提高我国海军水面和水下军事环境保障能力方面也起到了重大的作用。但是，过去的调查和研究远远不能满足现代化海洋军事活动和海洋开发的要求。一是调查海区主要在我国近海，而对重点所需的西北太平洋区域缺乏系统的调查；以往的调查主要集中于海洋水文和海面低空气象常规调查。中高空（10～100km）大气物理探测资料，除少量卫星遥感数据外，许多常规资料特别是对海军舰船、潜艇通信和导航有重要影响的电离层观测资料还非常稀缺或处于空白状态。二是过去的调查内容少，技术手段落后，更缺少系统性，对海上大气环境要素特征与分布的认识还不够充分，特别是对现代精确制导武器系统传感器环境数据方面的描述和预测能力方面，处于相对落后的状态。这在一定程度上也严重制约着海洋环境的预报能力。因为缺乏海上大气探测数据时，无法进行高精度海面的风场预报，因此，海上风浪和海流的预报精度也会受到影响，不能满足作战战术的需要。三是高技术现代海战是一场空中、海面和水下的立体战争，争取制空权、制电磁权和制海权同样重要，海上军事海洋大气环境（武器系统环境）调查研究是海洋战场环境建设不可或缺的、急需开展的一项工程。

通过开展军事海洋大气环境调查研究，能够满足如下广泛的军事需求：

(1) 海军武器系统大气空间物理环境效应关键技术研究；

(2) 卫星遥感海洋大气环境准实时监测及预报技术研究；

(3) 海洋大气物理空间环境对武器系统影响及其修正研究；

(4) 海洋大气环境对超长波对潜通信及导航影响评估及修正方法研究；

(5) 为防御海上低信号特征的飞机和导弹提供大气环境基础数据；

(6) 为提高军事雷达探测能力、提高反潜战和扫雷用磁性传感器、航天运载系统和通信的性能提供电离层数据资料和预测保障支持；

(7) 为精密智能武器系统的逻辑组件设计、试验和使用提供广泛的环境知识和数据参数；

(8) 为红外成像和探测系统最佳使用提供大气环境效应的知识和数据保障支持；

(9) 为使用弹道导弹武器提供环境数据支持；

(10) 为陆海空协同作战提供大洋环境保障支持；

(11) 为海上探测、反探测提供掩护；

(12) 为海-气耦合模式提供大气层资料，提高海洋环境业务化预报保障能力；

(13) 为海洋减灾和气候预报服务。

2.4.2　军事海洋大气环境综合调查研究的基本目标

利用航天、航空遥感、遥测和海上调查技术手段，获取重点区域的基本大气环境数据资料，查清西北太平洋关键海区的大气综合环境，掌握军事气象学规律，建设更加完善的军事海洋气象环境数据库，开发覆盖大洋或半球海洋大气环境业务预报能力的保障系统，开发针对电离层等特殊需求的预报保障系统，形成具有适应未来海上高技术战争全方位保障能力的完善军事海洋大气环境保障体系。

2.4.2.1　大气环境调查研究目标

海洋战场大气环境调查的主要目标是获取空间战场环境特征基础数据。重点包括：

(1) 多光谱云层特征数据；

(2) 磁性层特征数据；

(3) 大气折射参数；

(4) 海岸带气溶胶数据；

(5) 一体化空间环境探测系统能力。

2.4.2.2　数据库建设目标

对海军海洋水文数据库相关建设项目进行补充和完善，填补有关高空大气环境数据内容的空白。

2.4.2.3　海军海洋大气环境业务化数值预报系统和综合保障系统建设目标

对海军海洋水文数据库相关建设项目的补充和完善，主要是填补海军海洋大气环境数值预报系统和综合保障系统建设的空白项目。

重点包括：

(1) 自动化战术预报能力；

(2) 24-48h 高分辨率战场预报能力；

(3) 大气结构效应预测能力；

(4) 磁性层预报模型；

(5) 海上气溶胶预测模型。

2.4.2.4　战场环境决策支持系统开发目标

为作战环境效能评估、战略战役战术环境支撑、武器装备研制和使用提供环境保障服务。

重点包括：

（1）潜艇战术环境支持系统；

（2）反潜战术环境支持系统；

（3）弹道导弹核潜艇远程海洋水文气象保障系统研究；

（4）战场环境 48-72h 预测；

（5）全球耦合的空间环境模型；

（6）一体化海上/海下反潜战模型；

（7）舰载海洋大气模型并行处理；

（8）战场景象生成技术；

（9）多传感器数据融合技术。

2.4.2.5　大洋和区域军事海洋气象研究目标

开展大洋和区域军事海洋气象研究，完善军事海洋气象科学体系。

2.4.3　军事海洋大气环境综合调查研究发展展望

在 21 世纪的前 10 到 15 年里，我军在军事（武器系统）海洋大气环境的综合调查研究领域应当主要致力于完成以下方面的工作，并在相应领域取得关键性的突破：

2.4.3.1　海洋气象空间环境调查

研制和利用海洋环境监测高新技术，包括建立新型海洋科学综合调查船和中国近海海洋监测网络。重点实现以下技术应用领域的突破：

(1) 海上大气环境监测实验的总体优化设计；

(2) 卫星遥感资料复合分析技术和多元数据同化技术等关键技术；

(3) 海洋大气环境立体实时监测系统数据采集的质量控制和处理加工技术。

2.4.3.2　大洋/区域军事海洋气象保障系统

通过本专题领域的研究，将大大提高西北太平洋以及其他重点区域的军事海洋气象预报保障能力。研究建设和发展目标主要包括：

（1）建立世界大洋气象环境数据库；

（2）先进的海洋水文气象的互连网系统以及军内海洋气象保障网络体系；

（3）全球大气环流预报系统；

（4）北半球海洋风场预报系统；

（5）海-气耦合预报模型；

（6）电离层/磁性层预报模型；

（7）中高空大气环境预报。

2.4.3.3　军事海洋气象学研究

重点研究建设的项目包括：

（1）重点海域海洋气象环境时空演变规律研究；

（2）微波遥感在军事气象中的应用研究；

（3）军事遥感卫星数据传输、融合处理及战术应用研究；

（4）气象保障技术研究；

（5）空间系统环境相互作用研究；

（6）快速实时环境数据检索；

（7）高分辨率高密度大气温、湿剖面测量仪；

（8）全球耦合的空间环境模型；

（9）耦合的海洋—大气预报系统；

（10）舰载战术环境预报系统；

（11）电光系统大气环境效应研究；

（12）环境仿真和辅助决策系统；

（13）武器系统大气环境效应技术研究；

（14）GPS 气象学及其军事应用研究。

为实现以上重大项目及其计划目标，除了在项目财政上加大支持外，还应充分利用军内、外院校和科研单位的整体科研力量，借助项目实施，带动培养一批军队青年科技人才队伍。另外，还应大力改善军内科技工作者的工作和生活条件，在提高军队科技人员积极性的同时，积极吸引地方科技人才到部队，参与海洋战场环境建设的科技攻关工作。

参考文献

[1] 冯士笮主编. 海洋科学. 北京：海洋出版社, 2001

[2] 刘建华主编. 21世纪中国海洋科学技术发展前瞻. 北京：海洋出版社, 2001

[3] 侍茂崇等编著. 海洋调查方法. 青岛：青岛海洋大学出版社, 2000

[4] 海军大辞典编辑委员会. 海军大辞典. 上海：上海辞书出版社, 1993

[5] 中国大百科全书编辑委员会. 中国大百科全书. 大气科学、海洋科学、水文科学. 北京：中国大百科全书出版社, 1987

[6] 阎福旺等编著. 海洋水声试验技术. 北京：海洋出版社，1999

[7] 中国人民解放军海军司令部. 海军高技术知识教材（内部教材）. 1997

[8] 李磊等编著. 海洋水文气象. 海军潜艇学院出版, 2000

[9] 中国海军百科全书编审委员会. 中国海军百科全书（上）. 北京：海潮出版社, 1998

[10] P.R.贝文顿著. 仇维礼等译. 数据处理和误差分析. 北京：知识出版社, 1986

[11] Akima. Anew method of interpolation and smooth cure fitting based on local procedures. Journal of the Association for computing Marchinery.1970,17(4):589～602

[12] 陈上及、马继瑞. 海洋数据处理分析方法及其应用. 北京：海洋出版社, 1991

[13] 赵瑞星. 战场数字化与气象保障. 军事气象，1995；4：27～28

[14] 侯文峰. 中国"数字海洋"发展的基本构想. 海洋学报.1999，Vol.18，No.6，1～10

[15] 李磊. 海军预研项目报告. 2001年6月

[16] 武凤德. 无源重力导航技术. 2000年海洋科学技术及应用高级研讨会. 北京：中国海洋学会. 30～31

第三章 海洋地理、地质环境 与军事应用

海洋地理、地质环境是军事海洋学研究的重要内容之一。不仅军事航海和军事工程需要有关海洋地理、地质方面的数据资料，水中武器系统的使用也与海洋地理和地质环境数据密切相关。例如，潜艇声纳、水雷的使用都需要了解和利用海底环境特别是海底的声学特性的知识。另外，海水的物理性质、运动规律、海洋中的物理、化学、生物过程等都与地质过程存在着一定的相互作用。因此，了解有关海洋和海底科学的一些基本知识，对海洋学在军事上的应用大有裨益。本章侧重介绍有关海洋的地理、地貌环境、海洋沉积环境及其在军事上的应用。

3.1 海洋地理环境

3.1.1 海陆分布

地球表面的两个最大构成单元为大陆和海洋。地球表面的总面积约为 $5.1×10^8$ km^2，其中海洋的面积为 $3.61×10^8$ km^2（以大地水准面为基准），占地表总面积的 70.8%；而陆地面积为 $1.49×10^8$ km^2，占地表总面积的 29.2%。海-陆面积比约为 7：3。

地球上的陆地被海洋包围、分割，而海洋却是相互贯通相连的。海陆的分布极不均匀，北半球海洋面积约占 60.7%，南半球海洋面积占 80.9%。

地球表面是崎岖不平的，地球上的海洋，不仅面积超过陆地，其深度也超过了陆地的高度。3000m 以深的海洋约占海洋面积的 75%。海洋的平均深度达 3795m，而陆地平均高程仅为 875m。如果将陆地和海底摊平，地球表面将形成一个 2646m 厚的均匀大海洋。

3.1.2 海洋区划[1,4,6]

根据海洋形态、海底地貌、地质和水文特征，可以把海洋分为主要部分和附属部分。主要部分称为为洋（Ocean），附属部分则分别称为海（Sea）、海湾（Gulf, Bay）和海峡（Strait）。

3.1.2.1 洋

洋或称大洋，一般指远离大陆，面积广阔，水深在 2000m 以深的水域。大洋约占海洋总面积的 90%，其温度、盐度等水文要素不受大陆的影响，盐度平均值为 35.0，年变化小。大洋水色高，透明度大，具有独立的潮波系统和强大的海流系统。

世界上的大洋有太平洋、大西洋、印度洋和北冰洋。各大洋的情况如表 3-1。

表 3-1　世界各大洋的面积、容积和深度数据

名称	面积/		容积/		深度 / m	
	10^6 km²	%	10^6 km³	%	平均	最大
太平洋	179.679	49.8	723.699	52.8	4028	11034
大西洋	93.369	25.9	337.699	24.7	3627	9296
印度洋	74.917	20.7	291.945	21.3	3897	7725
北冰洋	13.1	3.6	16.980	1.2	1296	5449
世界海洋	361.059	100	1370.323	100	3800	11034

1.太平洋

太平洋北起白令海，以白令海峡与北冰洋相接；东自巴拿马，以通过南美洲合恩角的经线与大西洋相邻；西至菲律宾的棉蓝老岛，以通过塔斯马尼亚岛的经线（146°51′ E）与印度洋分界。太平洋是世界上面积最大，深度最深的大洋。

2.大西洋

大西洋为世界上第二大洋。南邻南极洲，北连北冰洋，并与太平洋、印度洋的水域相通。一般把经过非洲南端厄加勒斯角的经线（20°E）作为同印度洋的分界线。

3.印度洋

为世界第三大洋。在亚洲-非洲、大洋州与南极洲之间。印度洋属热带大洋，它的大部分岸区在赤道以南，洋面的平均气温在 20°～26°C 之间。

4.北冰洋

北冰洋位于欧亚和北美大陆之间，大致以北极为中心，是世界上最小、最浅和最寒冷的大洋。

在海洋学上，将位于亚热带辐合带以南，环绕南极洲的大片水域称为南大洋或南极海域。该水域共有独特的环流系统和水团结构，是世界大洋底层水团的主要形成地区，对世界大洋环流有着重要的影响。

3.1.2.2　海

大洋边缘紧靠陆地，水深较浅，平均在 2000m 以浅的水域称为海。全世界共有 54 个海，其总面积占世界海洋面积的 9.7%。海的温、盐等水文要素受大陆的影响很大，有显著的季节变化。与大洋相比，海的水色低，透明度小；无独立的潮波系统，潮波是由大洋传入，但潮汐涨落比大洋显著。另外，具有自己的环流形式并且季节变化明显。

3.1.2.3　海湾

海湾是洋或海延伸至大陆且深度和宽度逐渐减小的水域。如我国的渤海湾和杭州湾等。一般以入口处海角之间的连线或入口处的等深线作为洋或海的分界。

海湾中海水的性质，由于它和邻接的海洋自由沟通，因而其海洋水文状况与毗邻的海洋很相似，但海湾中常出现最大潮差。例如我国杭州湾澉浦的最大潮差为 9.8m，加拿大芬地湾的最大潮差达到 18～21m。

需要说明的一点是，由于历史上的习惯提法，有些海和海湾的名称与海洋上的分类含义不相附，如把海叫做湾的有波斯湾、墨西哥湾；而有的湾则称为海，如阿拉伯海。

3.1.2.4　海峡（Strait）

海峡是两端连接海洋水域的狭窄水道[1]。海峡因其特殊的地理环境条件，成为世界上主要海上航运通道的要道和咽喉，因此，海峡是海上政治、经济和军事的重要命脉线。世界各大洋上海峡情况见本章表 3-6～表 3-9。

海峡的成因主要有：由于海底扩张形成大洋边缘的岛弧，产生岛与岛、岛与大陆之间众多的海峡；或是因为大陆漂移，板块相对运动，形成裂谷及裂谷的扩张，从而形成海峡；另外，由于地层陷落、沿岸大陆沉降、海底火山爆发以及珊瑚岛发育等海洋地质过程也是形成海峡的一些原因。

海峡的岸线一般比较曲折，其底质多为岩石或沙砾。海峡最主要的特征是：水面狭窄，水流湍急，特别是潮流的速度大。海峡中的海流有的上下流入和流出（如直布罗陀海峡）；有的分左、右侧流入或流出（如渤海海峡等）。由于海峡中往往受不同海区水团和环流的影响，故其海洋状况通常比较复杂，水文要素的水平和垂直结构差异都较大。

鉴于海峡在军事海洋中的特殊战略地位和重要性，下面重点介绍世界上一些重要的海峡航道、水道的地理和水文气象情况。

3.2　世界上一些重要的海峡航道情况[1, 2]

海洋中的海峡航道是连接各大洲的咽喉，世界上一些海峡航道具有极其重要的战略地位。1986 年美国海军宣布要控制全球上的 16 个海峡航道咽喉。本节主要介绍世界上若干重要的海峡航道的自然地理和水文气象情况。

3.2.1　台湾海峡(Taiwan Strait)

台湾海峡在中国东海海区，南通南海，海峡南界为台湾岛南端猫鼻头与福建、广东两省海岸交界处连线；北界为台湾岛北端富贵角与海坛岛北端痒角连线（见图 3-1）。海峡呈东北—西南走向，长约 370km，北口宽约 200km，南口宽约 410km。

3.2.1.1　地理形势

海峡属东海大陆架浅海，大部分水深小于 80m，平均水深约 60m。海峡的西北部地势较平坦，东南部坡度较大，中间有岛屿和浅滩构成弧形隆起带。海峡东西两侧各有 20m 和 50m 水深的两级阶地。东侧阶地较窄，50m 等深线距岸一般为 10～20km；西侧阶地向外延伸，宽度较大，50m 等深线距岸达 40～50km。南口有台湾浅滩，水深 10～20m，滩上有急流，水文情况复杂。台湾岛台中以西有台中浅滩，与东部阶地相连，东西长 100km，南北宽 18～15km，水深最浅处 9.6m。两浅滩之间为澎湖列岛岩礁区，南北长约 70km，东西宽 46km，由岛屿、礁石和许多水下岩礁组成，北部岛礁分布较集中，水道狭窄；南部岛礁分散，水道宽阔。

澎湖岛与台湾岛之间为澎湖水道，南北长约 65km，宽约 46km，水深由北部 70m，向南逐渐增深至 160m；再往南延伸，水深达 1000 余米，为海峡最深处，连通南海海盆。澎湖水道为台湾岛西岸南北之间和台、澎之间联系的必经通道。另一峡谷为八罩水道，东西走向，宽约 10km，水深 70 余米，为通过澎湖列岛的常用通道。

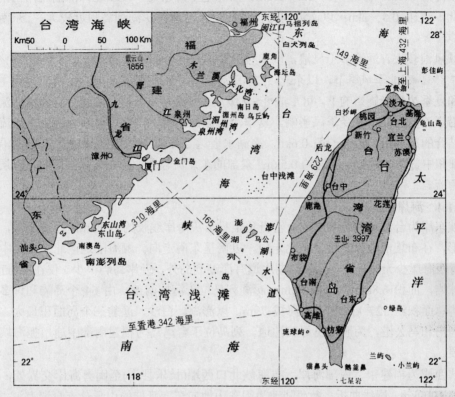

图 3-1 台湾海峡

3.2.1.2 海底底质

海峡中部为细沙；东部以细沙为主，近岸处偶有粗沙和软泥；台湾岛南北端近岸有部分岩底。澎湖列岛附近主要为沙底，并有砾石和基岩出现。西部近岸除岬角、岛屿附近有粗沙、砾石和基岩外，主要为粉沙质粘土软泥。

3.2.1.3 气候、水文

台湾海峡属南亚热带、副热带季风气候。中部气温平均最高 28.1℃，最低 15.9℃。西北部受大陆影响，气温年差较大；东南部受海洋影响，年差和日差较小。10 月至翌年 3 月多东北季风，风力达 4～5 级，有时 6 级以上；5～9 月多西南季风，风力 3 级左右。7～9 月多热带气旋，每年平均受热带风暴和台风影响 5～6 次，台风中心过境 2 次。阴雨天较多，年降水量 800～1500mm；降水多集中在东北季风期、西南季风期，秋季较少。海峡中雾日极少；两侧近岸雾日较多，东山岛、马祖列岛和高雄一带，每年超过 30 天，其余在 20 天以下。

受黑潮影响，水温较高，盐度和透明度也较大。年平均表层水温 17～23℃，1～3 月水温最低，平均 12～22℃；7 月最高，平均 26～29℃，平均盐度 33，西北侧 30～31，东南侧为 33～34。透明度东部大于西部，平均 3～15m。水色东部蓝色，西部蓝绿色，河口或气候不良时呈绿黄色。

福建沿岸、澎湖列岛和海口泊地以北台湾西岸为正规半日潮；海口泊地以南台湾西岸为不正规半日潮；其中冈山至枋寮段为不正规全日潮。潮差西部大于东部，西部金门岛以北为 4～6m，往南显著减小；东部中间大于两端，后龙港达 4.2m，海口泊地和淡水港为 2.6m，海口泊地以南为 0.6m, 澎湖列岛 1.2~2.2m。后龙港至海坛岛一线以北, 涨潮流向西南, 落潮流向东北, 流速 0.5~2kn; 以南流向与上述相反。流速在澎湖列岛附近较大, 东南部可达 3.5kn。

海峡风浪较大。涌浪多于风浪, 以 4 级浪最多, 占全部海浪的 42%, 5 级占 28%, 大于 5 级的占 8%。东北季风季节, 以东北-北向浪为主。西南季风季节以西南-南向浪为主。在冬季寒潮和夏季热带气旋影响下, 可形成 8~9 级浪。海流为北上的黑潮西分支和南海流及南下的浙闽沿岸流所控制, 并受季风影响。夏季沿岸流停止南下, 整个海峡为西南季风流和黑潮西分支结合的东北流, 流速一般 0.6kn, 澎湖水道达 2.3kn。冬季受东北季风影响的沿岸流南下, 西部和中部为西南流, 流速约 0.5kn; 东部的东北流较弱, 当东北风强劲时, 表层甚至改变为西南流。

3.2.1.4 海岸、岛屿

海峡东岸为台湾岛的西海岸, 从富贵角至猫鼻头海岸线长约 560km, 岸线平直, 向西凸出成弧形, 在布袋泊地以北略呈东北走向, 以南呈东南走向。濒海陆地南北多山, 中部为平原。台湾西海岸少天然良港。除隔澎湖水道有澎湖列岛外, 近岸岛屿很少。仅在高雄南 30km 处有琉球屿, 面积 6.8km², 海拔 90m。澎湖列岛位于海峡南部, 由 64 个岛屿和许多礁石组成, 岛屿总面积约 127 km², 最高海拔 79m。以澎湖、白沙、渔翁三个岛面积最大。这三岛围成澎湖湾和马公港, 为舰船良好驻泊地。列岛位于台湾岛与福建南部中途, 扼海峡南口, 形势险要。

海峡西岸为福建中、南部海岸, 自海峡北口西端(长乐县南)至闽粤海岸交界处, 大陆海岸线长约 1900km, 岸线曲折。濒海陆地为闽东山地向东南延伸的山丘分支直逼海滨, 形成较多半岛、海湾、岩岸和近岸岛屿。

3.2.1.5 战略地位

海峡为台湾与福建两省航运纽带, 是东海及其北部邻海与南海、印度洋之间交通要道, 战略地位重要。

3.2.2 巴士海峡(Bashi Channel)

中国台湾岛与菲律宾巴坦群岛之间、连接南海与太平洋的水道。南隔巴坦群岛和巴布延群岛与巴林塘海峡、巴布延海峡并列（见图 3-2）。是西太平洋海上交通要道, 美国、日本从中东、非洲和东南亚进口石油和其他战略物资的主要通道。海峡宽阔、水深, 可通航各类舰船, 适于潜艇水下活动。

3.2.2.1 地理形势

海峡呈东西走向, 平均宽 185km, 最窄处位于巴坦群岛北端阿米阿南岛和台湾岛东南方兰屿之间, 宽 95.4km。大部分的水深在 2000~5000m, 最深 5126m。地质构造属太平洋西部岛弧——海沟构造带的一部分, 为南海与太平洋的天然分界线。海底地形起伏变化很大, 主要为大陆坡, 间有海岭和海沟。海峡北侧陆架很窄, 宽约 20km。海底表层沉积物以粉沙质为主。多为泥、沙底, 部分为岩、沙贝底。海峡内主要岩礁有格得岩, 位于兰屿南 30km 处; 七星岩位于台湾岛鹅銮鼻南约 17km 处。海峡北侧为台湾岛南端, 丘陵连绵, 大部为沙岸、珊瑚岸及岩岸。台湾岛的猫鼻头至鹅銮鼻, 岸边水深, 陆上多山, 坡度较小。鹅銮鼻海拔 55m, 其上设有建于 1883 年的东亚著名灯塔 。南侧多岛屿、岩礁, 沿岸陡深。巴坦岛为巴坦群岛的主岛，北部山高 1008m，西侧有菲律宾巴坦省省会巴示戈市，为巴坦群岛重镇，建有港口、机场，设有商业中心。

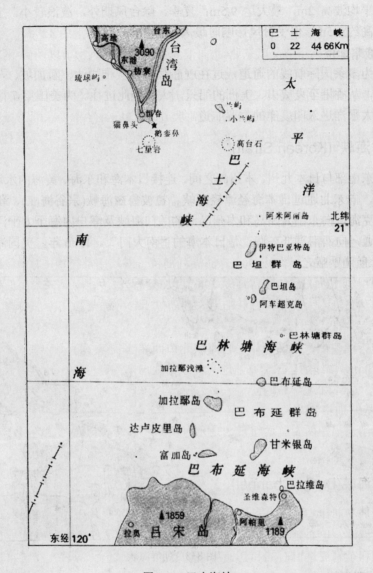

图 3-2 巴士海峡

3.2.2.2 气候、水文

属热带海洋性气候，高温多雨，雷暴频繁。冬季盛行东北风，风力多为 5～6 级；夏季多南风和西南风，风力较弱。受台风影响较多，5～11 月为台风季节，是西行登陆型台风的主要通道，其路径大部沿纬线西进，入南海，对海峡地区及中国东南沿海影响极大，7～9 月常有台风经过，影响舰船航行。年平均气温 27℃，年温差小。年降水量 2000mm，6～10 月为雨季。

海峡的表层水温年平均值为 27.8℃，冬季表层水温在 24～26℃，夏季为 29℃。盐度 33～34.8。透明度 20～30m。潮汐性质多属不正规半日潮，最大潮差约 2m。涨潮流向西，落潮流向东，流速 0.5～3kn。局部水域潮流复杂，巴坦群岛东北端和西南端等岛屿及浅滩附近常有涡流，流速较强，最大达 5.5kn。主要海流为台湾暖流，其流速和水温具有明显的季节性，夏季强，冬季弱，流向南海和台湾海峡，流速 1～3kn。海峡区域是西北太平洋大浪区之一，冬季多东北浪，平均波高 2m，最大达 9.5m；夏季，除台风期外，波浪较小，多西南、南和东南浪，平均波高约 1.5m，但受台风影响时最大可达 7m。

3.2.2.3　战略地位

巴士海峡为多条国际航线的通道，过往舰船很多，从雅加达、新加坡、马尼拉等东南亚港口通往远东，从香港至夏威夷、美洲的船只，大都经此过往。为美国第 7 舰队和俄罗斯太平洋舰队从西太平洋进入印度洋的重要航道。

3.2.3　朝鲜海峡 (Korean Strait)

朝鲜半岛东南部与日本九州、本州岛之间、连接日本海和东海、黄海的水道（见图 3-3）。海峡两端开阔，向东北通过日本海经津轻海峡、拉彼鲁兹海峡(宗谷海峡)、鞑靼海峡等达太平洋和鄂霍次克海，向东出九州岛和本州岛间的关门海峡及濑户内海至太平洋，向西经济州海峡与黄海相通，向西南直抵东海，是日本海的"南大门"。1986 年，美国海军宣布要控制全球 16 个海上航道咽喉之一。

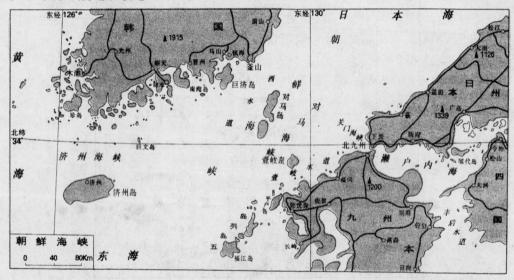

图 3-3　朝鲜海峡

3.2.3.1　地理形势

海峡呈东北—西南走向。长约 300km，宽约 180km。大部水深 50～100m。日本的对马岛位于海峡中部，将海峡分为两条水道：朝鲜半岛与对马岛之间的水域称西水道或釜山海峡，宽约 46～67km，一般水深 70～120m，最深处位于对马岛西北方舟状海盆内，水深 229m，西临济州海峡；对马岛与九州、本州岛之间的水域称东水道，宽约 98km，平均水深约 50m，最深 131m。东水道内的日本壹岐岛将水道分成两部分：对马岛与壹岐岛之间的水域称对马海峡，长约 222km，宽 46.3km，最深处约 120m；壹岐岛与九州岛之间的水域称壹岐水道，较窄，水浅。海底属平缓的大陆架地貌，起伏较小，进出口附近及朝鲜半岛一侧较平坦。等深线大致和海峡的方向平行。日本海和五岛列岛东南海域属于大陆坡范围，水深逾 200m。在对马岛西北部沿岸东北—西南走向的舟状海盆和洼地，侧壁斜面急陡，延伸长约 90km，宽 10～15km。

外缘水深 150～160m。对马岛南方至五岛列岛南部的狭长舟状海盆，两侧急陡，狭窄，水深达 200m。五岛列岛南部为深海盆，边缘陡深，水深达 800m。海峡西南口属平缓的大陆架，济州海峡和济州岛附近海底起伏较大；东北口坡度较大，向日本海方向水深增加较快。

3.2.3.2 海底底质

海峡两侧大陆架发达，沿岸海底起伏，海底地形复杂，多岩礁、浅滩及洼槽。底质大部为来自陆地的沙和泥。海峡西北侧除局部为沙底外，大部为泥底，自韩国沿岸到对马岛西岸依次为泥、细沙和沙底；东北侧主要为沙和沙贝底，日本沿岸以沙和细沙为主。对马岛、壹岐岛和韩国东南岸附近海域大部为岩底。海峡西南口一般为沙和沙贝底，东北口多为细沙底。

3.2.3.3 海岸、岛屿

主要岛屿有韩国的巨济岛、南海岛、突山岛、巨文岛、鸿岛、济州岛等，日本的对马岛、壹岐岛、五岛列岛、冲岛和平户岛等。济州岛为火成岩构成，沿岸地势平坦，岸线平直，缺少良好港湾，除部分陡崖外，均可登陆。对马由上、下岛组成，多山地，地形复杂，岸线曲折多湾，有多处避风泊地，可登陆地段较少。

海峡两岸是沉降式海岸，蜿蜒曲折，岬湾交错。海峡西北岸为韩国南部海岸，陆岸多陡坡丘陵，交通不够发达，沿岸多泥滩，水域狭窄，不利于舰船机动，适于登陆地段较少。海峡东南岸为日本九州岛、本州岛海岸，陆地大部为 500m 以下低山地和临海平原，部分山丘临近海岸，对控制海峡有重要作用，水陆交通便利。

3.2.3.4 气候、水文

朝鲜海峡地处亚洲东部季风区，属副热带气候，季风显著，四季分明。对马暖流通过海峡对气候影响较大，温暖多雨。年平均气温 14～16℃。月平均气温：1 月最低 6℃，8 月最高 26℃，年温差达 20℃。对马岛上极端最高气温 36℃，极端最低气温-6.2℃。冬季盛行北—西北风，风力较强，常有寒潮入侵，寒潮期常有大风和阴雨天气。1 月海面常突然出现强风，风速达 30m／s。春季风较弱，天气变化较大，多雾，能见度差。夏季多南—西南风，风力较小，6～7 月多雾，能见度差。6～9 月为台风季节，风速可达 45m／s。秋季多北—东北风，能见度好。年降水量：日本沿岸 2000～2400mm，朝鲜沿岸 1200～1500mm，6～9 月降水量最大。

表层水温：夏季 20～25℃，冬季 10～15℃。盐度 31.1～34.7。海峡西南口附近透明度最大，西侧沿岸海区最小，中部透明度约 15～25m。对马岛西侧水道透明度略大于对马海峡。全年以 8 月透明度最大，5 月最小。潮汐性质多为半日潮。潮差自东北向西南增大，东北口潮差约 0.2～0.5m，西南口约 3.1m。在对马岛西侧水道和对马海峡，涨潮流向西南，落潮流向东北，平均大潮流速 1～1.5kn，小潮流速 0.5kn，月赤纬最大时大潮东北流流速逾 2.5kn。九州岛北岸沿海，涨潮流向东北，落潮流向西南。沿岸狭水道中，潮流流速很强，韩国西南端珍岛和右水营半岛之间，流速达 9～11kn。五岛列岛田浦水道中，向北涨潮流遇到北风时，水道西北端可形成凶猛的潮激浪。海峡内有对马暖流和日本海流流经，以对马暖流为主。对马暖流为黑潮的一个分支，由济州岛东南方流向对马岛，在对马岛南端分别进入对马岛西侧水道和对马海峡，自西南流向东北，最大流速逾 2kn；日本海流为寒流，自东北流向西南，主要一支距韩国海岸 37～65km，宽 18.5～37km，表面平均流速 0.6kn。对马暖流与日本海流在海峡中流向相反，受潮汐影响，海流复杂，形成许多旋涡式环流和不同水体的分界面，其东北流速最大 2.7kn。海流流速在远海比近岸大，表层比中、下层大，9、10 月流速最强。冬季风浪最大，以西北方向为主。

3.2.3.5 战略地位

朝鲜海峡地处东北亚海上交通要冲，是朝鲜半岛东西两岸海上联系的必由之路，历史上是俄国舰队南下太平洋的咽喉要道，为日、俄争夺的重要海域，交通、战略地位重要。美、日和韩国为了战时能控制和封锁海峡，不断加强两岸的海军基地建设，在对马岛、壹岐岛和巨济岛等主要岛屿上重点设防。对马岛地处朝鲜海峡中央，是日本前往朝鲜半岛的跳板，便于对海峡实施控制和封锁，素有"日本国防第一线"之称，为日本控制海峡之军事要地，驻有日本防备队。日本海上自卫队在对马海峡装没有固定式潜艇预警水声器材。沿岸主要港口、基地有日本的佐世保、福冈、北九州、下关，韩国的釜山、镇海、马山和丽水等。

3.2.4 大隅海峡 (0sumi—Kaikyo)

日本九州岛大隅半岛和大隅群岛之间、连接太平洋与东海的水道（见图 3-4）。为东海、黄海沿岸港口与日本东岸港口间的海上捷径。日本"领海法"规定的 4 个特定海域之一，领海宽 3 n mile，中央为国际航道，宜于各类舰船通航和潜艇水下航行。

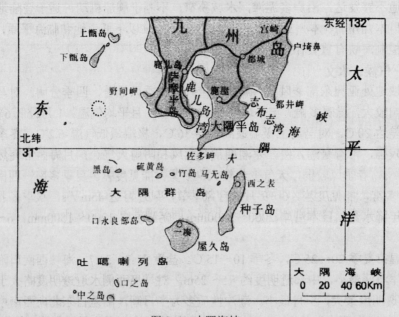

图 3-4　大隅海峡

3.2.4.1 地理形势

海峡呈东北—西南走向，长约 24km，宽约 33km，最窄处位于竹岛与大隅半岛的佐多岬之间，宽约 28km。一般水深 80～150m。多泥、沙、贝、珊瑚底。除沿岸有礁石外；无碍航物。海峡北岸界于大隅半岛东南岸佐多岬至火崎之间，多 300～600m 高的丘陵，一些多树木的山地迫近海岸，除部分沙质岸外，海岸峻峭，沿岸陡深。海峡南岸为大隅群岛的东部诸岛，岛岸险峻。沿岸助航标志明显，利于各类舰船昼夜通航。

3.2.4.2 气候、水文

属亚热带海洋性气候。年平均气温 17℃，2 月最低约 6.5℃，8 月最高约 34℃。11 月至翌年 3 月多西北风，其它季节多东风。风力 1 月最强，7 月最弱，初秋常有风暴。7～10 月为台风季节，9 月台风最多。年降水量约 2000mm，自 6 月进入雨季，雨天可连续 30～60 天。雨季结束时，有较强的西南风。3～7 月有雾，以 6 月最多，视距不良。

潮汐性质属半日潮，潮差约 1m。潮流、海流复杂。大部分水域高潮后 2h 至低潮后 2h 潮流流向东北，低潮后 2h 至高潮后 2h 潮流流向西南。平均最大流速，大潮期 1.3～2kn，月赤纬最大时流速达 3kn，小潮期达 0.5～1kn。海峡东北口潮流流向西北和东南，其西北流和东南流分别与海峡内东北流和西南流相对应，转流时间比海峡内约早 2h，大潮期平均最大流速 0.6kn。海峡西南口附近，高潮后 4.5h 至低潮后 4.5h 潮流流向北北东，低潮后 4.5h 至高潮后 4.5h 潮流流向南南西，大潮期最大流速 0.8kn。夏季有黑潮的支流通过海峡，流向东北，流速 1～2kn，佐多岬和种子岛附近最大流速达 5kn。大隅半岛沿岸有一股低温西南流，流速约 0.5kn。表层水温大部为 21～25℃。盐度约 33.5～35.9，夏季较小，11 月至翌年 2 月最大。透明度一般为 16～30m，8 月最大达 48m，潜艇水下航行时要注意下潜深度。

3.2.4.3　战略地位

海峡是东海与太平洋的重要通道，有多条国际航线经过，亦为美国第 7 舰队的常用航道。火崎与海峡南岸种子岛北端的连线为东海与太平洋的分界线。种子岛南端附近设有日本宇宙飞行试验中心。沿岸多港湾，主要港口有喜入、鹿儿岛、鹿屋、大泊、宫崎、硫黄岛、西之表、岛间、一凑等，其中海峡北岸鹿儿岛湾内的鹿儿岛港扼海峡西南口，可靠泊万吨级舰船。第二次世界大战中，鹿儿岛港与鹿儿岛湾东岸的鹿屋港曾为日本海军舰船驻泊地。海峡南岸的西之表港、一凑港可靠泊 5000t 级以下舰船。

3.2.5　望加锡海峡 (Makassar Strait)

亚洲东南部大巽他群岛中加里曼丹岛与苏拉威西岛之间的水道。北连苏拉威西海，南接爪哇海和弗洛勒斯海。北部界线为加里曼丹岛东岸的芒卡利哈角与苏拉威西岛西北岸的伯沙角的连线。南部界线为苏拉威西岛西南岸的莱康角至塔纳克克岛西南端，再到劳特岛南端拉亚角的连线。地处太平洋西部和印度洋东北部之间交通要冲。1986 年美国海军宣布要控制的全球 16 个海上航道咽喉之一。

3.2.5.1　地理形势

海峡略呈东北—西南走向，长 710km，宽 120～398km，泥、沙及珊瑚底，海峡中有岛屿及大片浅滩。水深 60～3392m，是深水海峡。海峡西岸岸线曲折，多突出海角，沿岸地势低，多沼泽地，大部地段可登陆。海峡西侧有一从加里曼丹岛海岸向东南延伸约 400km 宽的大浅滩，水深不足 60m，遍布珊瑚礁，其间最大岛屿有劳特岛和塞布库岛，航行十分危险。海峡东岸，南、北两段地势较高，中段有沼泽地，不便登陆。深水航道靠近苏拉威西岛一侧，航道宽 40km，水深 930～3392m，便于潜艇活动和大型舰船通航。

3.2.5.2　气候、水文

属热带海洋性气候，气温高、多雨、湿度大。年平均气温 27℃左右。1 月常有较强的西北风，4～6 月多东北风，6～9 月为季风盛行期，多南西南风。年降水量 2500mm 以上，11 月至次年 3 月为雨季，7～9 月为干季。4 月和 11 月常有大风和雷雨。属半日潮，涨潮流向北，落潮流向南，流速为 1.5～2.5kn。海流为太平洋北赤道的分支流，流向南和南西南，年平均流速 0.5kn，最大流速 2kn。强东南风时，南流流速达 1.5～2kn。海水透明度 30～50m。

3.2.5.3 战略地位

海峡为东南亚区间近海航路的捷径,是联系爪哇海与菲律宾群岛的重要航道,也是连接太平洋西部与印度洋东北部的战略通道。海峡两岸主要港口有乌戎潘当港、巴厘巴板港和栋加拉港等。乌戎潘当港位于苏拉威西岛西岸南部,扼海峡航道要冲,是印度尼西亚国内各重要航线的中点,为优良的商港和军港,有海、空军基地。巴厘巴板港是加里曼丹岛东岸的主要港口,港内水很深,可泊大型船舶,有空军基地。美、俄的战略导弹潜艇来往于太平洋和印度洋也常经此航道。

3.2.6 马六甲海峡 (Strait of Malacca)

马来半岛和苏门答腊岛之间、连接南海与安达曼海的水道(见图 3-5)。海峡西北以普吉岛南端(北纬 7°45′30″,东经 98°18′30″)到苏门答腊岛西北端的佩德罗角连线与安达曼海为界,东南至皮艾角与卡里摩岛西北方灯标及卡里摩岛南端(北纬 1°09′55″,东经 103°23′25″)与朗桑岛北岸克达布角连线,经新加坡海峡、杜里安海峡等与南海相通,是沟通太平洋和印度洋的重要航道。助航设备完善,可通航 20 万吨级舰船。

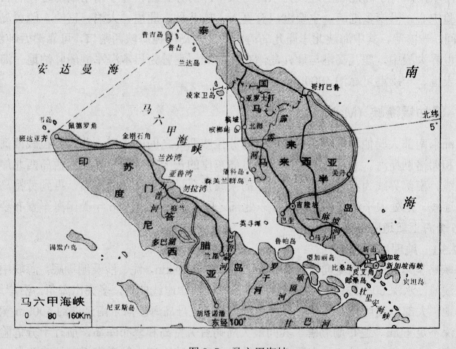

图 3-5 马六甲海峡

3.2.6.1 地理形势

海峡呈西北—东南走向,西北宽、东南窄。长约 1066km,西北口宽 370km,东南口最窄处宽 37km。一般水深 25~113m,自东南向西北递增,最深处位于西北口,深逾 1500m。深水航道靠近马来半岛一侧,宽 2.7~3.69km,大部水深 25.6~73m。一英寻滩附近航道较窄,航道东北侧最浅水深 6.1m,为航行危险区。东南口进出海峡的主要水道位于皮艾角与小卡里摩岛之间,宽约 18km,靠近苏门答腊岛一侧较浅。

3.2.6.2　海底底质

海峡底部较平坦，多粉沙、沙、壳和泥沙底。西北部进出口处有粉沙质软泥底，附近陡深。东南部多浅滩、浅点和岛礁，岛屿间多水道，北侧多和尔角与比桑岛连线以北海底起伏不平，有浅水区。较大浅滩有朗格浅滩、克拉克浅滩、罗利浅滩、皮勒米德浅滩、一英寻滩及贝哈拉浅滩等。

3.2.6.3　岛屿、海岸

主要岛屿有卡里摩岛、朗桑岛、望加丽岛和鲁帕岛等。进出口处部分小岛边缘有岩礁和沙脊。沙脊向西北方延伸，长达48km。自苏门答腊岛的罗干河口向西北有数条细长的海底峡谷，走向大致与岸线平行。马来半岛沿岸的森美兰群岛、潘科岛、槟榔屿、凌家卫岛和兰达岛等，为马来西亚和泰国的海上屏障。普吉岛和韦岛分别位于海峡西北口两侧，新加坡岛、巴淡岛和宾坦岛位于东南口附近，为共扼海峡之要地。

两岸多低平原和茂密的红树林，溪河密布，河口淤积严重。沿岸有部分岩石构成的小丘陵。东北岸为冲积泥沙岸，地势平坦，东南端沿岸多岬角和浅水海湾。中部岸线平直，沿岸泥滩延伸约1.8km，低潮时干出，森美兰群岛至槟榔屿之间，海岸多岬角、海湾；西北端沿岸平原山地相间，海岸多处被注入海峡的河流切断。西南岸岸线曲折，多沼泽地，中部部分地段岸线较平直，多泥滩，有沙滩带，河口处可登陆。主要海湾有勿拉湾、兰沙湾、亚鲁湾等。

3.2.6.4　气候、水文

海峡位于赤道气候带，属热带雨林气候，炎热多雨。年平均气温26~28℃，最高气温约37℃，最低约18℃。气温年较差和月较差小。全年大部分时间风力较弱，年平均风力1~3级。受热带辐合带的影响，东北风和西南风交替出现。11月至翌年3月多东北季风，5月西北部多西风，中部多南风，沿岸为海、陆风；6~9月多西南季风。4~11月夜间偶有"苏门答腊风"，伴有狂风暴雨。海区多云，平均总云量约6~8成。雨水丰沛，年降水量2000~2500mm，10~12月最多，东北季风期日降水量有时达200~300mm。雷暴较多，年平均有140个雷暴日。2~3月、6~8月较干燥。

年平均表层水温27~29℃。盐度：夏季约30，冬季30~32。半日潮，潮差：苏门答腊岛一侧，西北端约2.5m，东南部最窄处约5.8m；马来半岛一侧平均约2.8m。波德申港平均大潮高潮2.7m，平均大潮低潮0.33m；平均小潮高潮1.89m，平均小潮低潮1.18m。普吉港平均大潮高潮2.55m，平均大潮低潮0.27m，平均小潮高潮1.77m，平均小潮低潮1.05m。涨潮流向东南，落潮流向西北，流速3kn。海流流向西北，流速约1kn。海峡东部马六甲与望加丽岛之间水域多旋涡，有急流。

3.2.6.5　战略地位

马六甲海峡地处东南亚中部，是连接欧、亚、非三洲海上交通要冲，扼太平洋与印度洋之海上航运咽喉，有两洋"战略走廊"之称，具有重要经济和战略地位。通航历史悠久。7~13世纪已成为东西方海上交通必经之地，是中国与南亚、阿拉伯各国和非洲人民友好交往及经济、文化交流的海上交通要道。1405~1433年，中国航海家郑和下"西洋"，数次经海峡进出印度洋，达波斯湾、红海和非洲大陆东岸。1869年，苏伊士运河通航后，海峡航运更为繁忙。

马六甲海峡历来为殖民主义者争夺之地。葡萄牙殖民者侵占马六甲，最先称霸海峡。荷兰占领、控制海峡达 180 余年。第二次世界大战后，海峡重归沿岸国家控制。多年来，美国和原苏联加紧对马六甲海峡的争夺，强调海峡"国际化"。1971 年，印度尼西亚、马来西亚和新加坡发表联合声明，反对马六甲海峡"国际化"，宣布由三国共管海峡事务。1977 年 2月，沿岸三国签署了"关于马六甲海峡、新加坡海峡安全航行的三国协议"，以保证海峡的航行安全和领土主权。1986 年，美国海军宣布要控制的全球 16 个海上航道咽喉之一。

马六甲海峡是世界上主要航运中心之一，有多条国际海上航线经此。日本从中东、东南亚和非洲进口的石油和其他原料大多经此航道运回国，因此，日本视此航路为"生命线"。美国从东南亚进口的天然橡胶和锡等战略物资也大多经此航道运回国。马六甲海峡是美、俄舰队由西太平洋进入印度洋的主要通道。海湾战争中，对美国舰艇部队快速集结和后勤保障曾起到重要作用。沿岸多处建有港口和海、空军基地，主要有马来西亚的槟城、巴生港、卢穆特海军基地和北海、亚罗士打空军基地；印度尼西亚的棉兰海军基地；泰国的普吉港；位于海峡东南口附近的世界著名港口新加坡港，其北方森巴旺港是美国撤离菲律宾苏比克海军基地后选建基地新址，用以替代苏比克海军基地。

3.2.7　直布罗陀海峡 (Strait of Gibraltar)

地中海通往大西洋的唯一水道。位于欧洲伊比利亚半岛南端与非洲西北角之间。北岸为西班牙，南岸为摩洛哥。西边以欧洲的特拉法尔加角和非洲的斯帕特尔角连线为界与大西洋相连，东以直布罗陀半岛南端欧罗巴角和摩洛哥的阿尔米纳角连线为界接地中海（见图 3-6）。是西欧、南欧、西非、北非之间的海上门户，扼地中海与北大西洋的航道咽喉，经济上和军事上具有十分重要的地位。

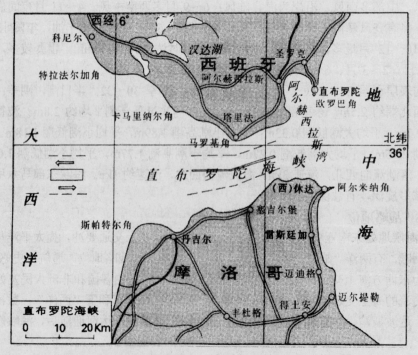

图 3-6　直布罗陀海峡

3.2.7.1　地理形势

海峡东西长 65km。西宽东窄，西口最宽 43km，东口宽 23km，最窄处位于摩洛哥的锡里斯角与西班牙马罗基角以东海岸之间，仅 14km。东深西浅，平均水深为 375m。东部有海槽，最深达 1181m，西口中央有特赫海岭，最浅水深 50m。南北两岸均为海拔 400m 以上的山地。两侧岸壁陡峭，多海角和小海湾。大的海湾有北岸的阿尔赫西拉斯湾，南岸的丹吉尔湾，沿岸附近有暗礁、浅滩。

3.2.7.2　气候、水文

属地中海型气候，冬季温湿多西风，夏季干热多东风。平均气温：冬季 12.4℃，夏季 22℃左右。受两岸山地的影响，全年为东西向风。其风力均较外海强，通常 4～5 级，有时达 7～8 级。春秋两季常有风暴和龙卷风。10 月至次年 4 月为雨季，6～8 月为旱季。年平均降水量约 1000mm，全年少雾。

海水以水深 125～160m 间为界面分上下两层。表层海水平均温度 2 月 15℃左右，8 月 21℃。盐度 36.6。海流自西向东由大西洋流入地中海。流速一般 2kn，最大 4kn。峡中较强，沿岸较弱。深层海水年平均温度 13.5℃，盐度 37.7，海流自东向西流向大西洋。流速 2.8kn。上下两层海流使地中海的海水不断得到更新，也阻挡了大西洋下层的冷海水流入地中海，保持了地中海深层海水的温暖和高盐度。潮流为东西向的往复流，东部比西部强，东流比西流强，平均流速约 2kn，近岸处达 3kn。海峡中的流多为海流和潮流的综合，向东流时其流速最大可达 5kn。

3.2.7.3　战略地位

自古以来为地中海沿岸国家出大西洋的交通要道。1869 年 11 月苏伊士运河的通航，更成为印度洋通往北大西洋的捷径。西欧各国的进口原油、原料及出口工业品绝大部分在此过往，素有"西方海上生命线"之称。仅大型油船每天通过就有 200 多艘，每年约有 15 万艘舰船通过，仅次于英吉利海峡。为确保航运安全畅通，实施了分道通航制度，从大西洋进入地中海的船舶，沿摩洛哥一侧行驶，从地中海驶向大西洋的舰船，沿西班牙一侧行驶。但航道缺少雷达监视设备，航行安全仍缺乏保障。

第二次世界大战期间为军事运输最重要的海峡。1939 年 9 月德国 6 艘潜艇经海峡入地中海，11 月击沉了当时地中海上唯一的英国航空母舰"皇家方舟"号。

1975 年 4 月美与西班牙合作，在海峡西口西北约 60km 处的罗塔建海军基地。北大西洋公约组织在直布罗陀港区要塞设南欧联合海军司令部。东、西两基地相呼应，构成了控制海峡防务系统。1986 年美国海军宣布要控制全球 16 个海上航道咽喉之一。海峡北岸的直布罗陀归属问题一直为英国与西班牙争议，至 1991 年 3 月英国正式将防务移交给当地人，结束了英国长达 287 年的军事存在。两岸主要港口和海军基地有：直布罗陀、阿尔赫西拉斯、休达、丹古尔等。

3.2.8　英吉利海峡 (English Channel)

英国南岸和法国北岸之间的水道。法语称拉芒什海峡。略呈东一西走向。西以锡利群岛与韦桑岛的连线为界连大西洋，东以英国邓杰内斯角和法国格里内角连线为界接多佛尔海峡 (加来海峡)通北海（见图 3-7）。长约 520km。东窄西宽呈喇叭状，最宽处 241km，窄处 96km。平均宽约 180km。海底地势由东向西逐渐倾斜，一般水深 45～120m，最深处在胡德渊达 172m。

航道水深 35m 以上，可通航各种舰船，为国际航运要道。经济上和军事上具有重要意义。

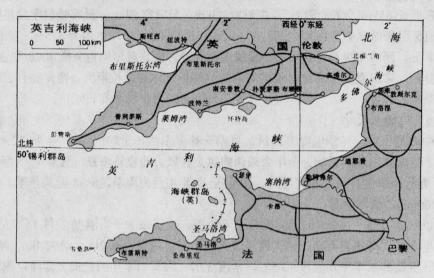

图 3-7 英吉利海峡

3.2.8.1 地理、地质

海峡位于大陆架上，海底地形复杂。多砂、砾和石块沉积物。东部沿法国一侧海底多浅滩、礁石，不利航行。中部海底以白垩质岩、石灰岩和粘土交替出现，形成波状起伏。西部海底较平坦，大部为石灰岩，也有部分坚硬的火成岩露出海面而成岛屿。主要岛屿有锡利群岛、怀特岛、韦桑岛和海峡群岛。两侧岸线大部较平直。少大海湾，主要有莱姆湾、圣马洛湾、塞纳湾。两岸人海峡的河流短小，最大河流为塞纳河，流经巴黎入塞纳湾。

3.2.8.2 气候、水文

地处西风带，受北大西洋暖流作用，气候温暖湿润，终年多雨、雪和雾。冬季气温 3.9～8.3℃，夏季气温 19.4～21.1℃。年降水量 635～1016mm，年降水日逾百天，季节分配较均匀。全年有雾，春、秋较多，雾日 30～80 天。冬夏两季多西风，春秋两季多东和东北风。秋、冬季多旋风。7 级以上大风出现频率在西部海区平均每月 10 天，东部海区 6～7 天。

海水表层平均温度，2 月在 7℃，8～9 月为 16℃。东部上下层水温相差小，西部底层温度低于 5℃。表层盐度自东向西为 34.8～35.5。法国沿岸河水注入量大于英国沿岸，盐度偏低。海流主要是北大西洋暖流自西进入，形成稳定的东流，流速 0.5kn。当有较长时间的西和西南风时，发生较强海流，流速达 1.5kn。半日潮，涨潮流向东北，落潮流向西南。宽阔的航道上流速很少超过 2～2.5kn。受西风和地形影响，潮流自西向东流，经紧缩形成大海潮。法国沿岸潮差大于英国沿岸。在英国斯沃尼奇处平均大潮差 1.7m，为最小。法国圣马洛湾平均大潮差最大，达 11.9m，是世界海洋潮汐动力资源最丰富的地区之一。1966 年底法国在圣马洛湾内的朗斯河口处建有世界最大潮汐发电站，年发电能力为 5.4 亿 kW·h。

3.2.8.3 战略地位

海峡沟通大西洋与北海，为重要国际航运要道，西、北欧国家的海上交通、经济命脉。每年通过主航道上的舰船达 15 万艘。年货运量约 6 亿吨，一半以上为石油和矿砂。其他为谷物和煤炭等。是世界上最繁忙的海上航道之一。两岸工业发达，重要港口城市较多。英国沿岸有朴次茅斯、南安普敦、普利茅斯，法国沿岸有布洛涅、勒阿弗尔、瑟堡等。年通过海峡人数达 2000 多万，英国经海峡轮渡运往欧洲大陆货物总量约 6000 万吨。纵横交错的海上运输，严重影响着航行安全。为改善航运条件，1977 年实施了海上分道通航制度，并提供现代化导航设施和航海信息服务。

几个世纪以来，英吉利海峡一直是保护英国免受欧洲大陆侵略的天然屏障，战略地位重要，因此历来为兵家所争之地，曾多次发生过军事冲突和战争。两次世界大战中，均是英、德争夺海上交通的主要战场。第一次世界大战时，英国曾在海峡布设水雷、防潜拦阻网等，封锁德国海军舰艇从北海通往大西洋。第二次世界大战时，1940 年 7 月德军飞机在海峡炸沉盟军的商船 40 艘计 75690t 和 4 艘驱逐舰。1944 年 6 月，英、美军联合横渡海峡发起了著名的诺曼底登陆战役。战后为北大西洋公约组织国家控制。也是俄罗斯北方舰队和波罗的海舰队南下大西洋进入地中海、印度洋的必经要道。沿岸主要海军基地有：英国的朴次茅斯、波特兰、普利茅斯，法国的瑟堡、布雷斯特。

3.2.9　巽他海峡（Sunda，Strait）

印度尼西亚爪哇岛与苏门答腊岛之间、连接爪哇海与印度洋的水道（见图 3-8）。是西北太平洋沿岸国家至东、西非洲和绕道好望角去欧洲的海上交通要冲。1986 年，美国海军宣布要控制的全球 16 个海上航道咽喉之一。助航设备完善，可通航 20 万吨级以下的舰船，便于潜艇活动。

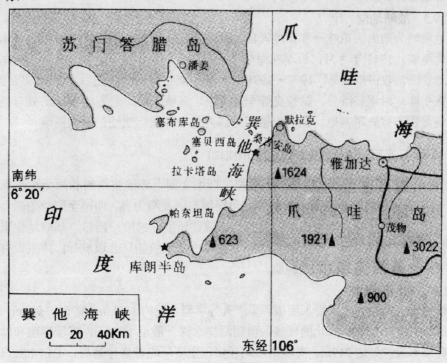

图 3-8　巽他海峡

3.2.9.1　地理、地质

海峡呈西南—东北走向。西南以爪哇岛的古哈科拉克角与苏门答腊岛的库库巴林宾角连线为界，东北以爪哇岛的普朱特角与苏门答腊岛的萨穆尔巴都角连线为界，长约 150km，宽约 26～110km。大部水深 70～180m，西南口最深达 1759m。海底较平坦，西南口附近为沙、软泥底，中部和北部为沙、石混合底，东北口附近为沙、石、贝混合底。北部多浅滩、暗礁。海峡内有帕奈坦岛、拉卡塔(喀拉喀托)岛、塞贝西岛、塞布库岛、桑吉安岛等岛屿。其中的桑吉安岛位于海峡东北口最窄处，是扼控海峡之要地。海峡西南口有 3 条航道：库朗半岛与帕奈坦岛间的航道，宽约 8km，水深 55～209m；帕奈坦岛与拉卡塔岛间的航道，宽约 44km，水深 47～391m，无障碍物，为最安全航道；塞贝西岛与塞布库岛间的航道，宽约 2.4km，水深 20～27m。海峡东北口有 2 条航道：桑吉安岛东航道宽约 10.4km，水深 23～207m；西航道宽约 7.4km，水深 33～111m。主航道靠近爪哇岛一侧，宽 4～391km，大部水深 46～391m。航道较窄，战时易于封锁。海峡东南岸地势较平坦，沿岸多礁，岸线较平直，无良好港湾；内陆中部为平原，南、北部地势较高，多山峰、密林。西北岸陆上山脉绵延，直逼海岸，密林遍布；岸线较曲折，大部分陡峻。

3.2.9.2 气候、水文

属热带雨林气候。年平均气温约 25℃，1 月最低，平均为 24.9℃，5 月最高，平均达 25.7℃，温差较小。年平均降水量 1770～1915mm，10 月至翌年 3 月为雨季，月平均降水 100～200mm。终年少雾，能见度较好。东南季风期常出现霾，以早晨较多，能见度差。海面水温较高，多为 25～29℃。盐度 30～34。透明度 30～50m。属混合潮，海、潮流多流向西南，流速 0.5～1.7kn，桑吉安岛西北、海峡东北口常有急流，西北季风时海流流速大。海浪较大，有时波高达 2.5～4m。

3.2.9.3 战略地位

巽他海峡为南海、爪哇海和印度洋的重要航道之一，来往于欧洲与香港、日本等地的船只常经此海峡。1942 年 3 月，日军在海峡东北口附近海域击败美、澳、荷等国海军后，于默拉克等地登陆，攻占爪哇岛。1977～1978 年，美军航空母舰编队先后 2 次从印度洋经此海峡返回西太平洋。沿岸有潘姜、默拉克等军、商港。海峡东北口东方约 90km 处有首都雅加达及其外港丹戎不碌海军基地，也是连接印尼国内各岛和国际航线的最大商港。

3.2.10 霍尔木兹海峡 (Strait of Hormuz)

阿拉伯半岛东北部吉巴勒角与伊朗拉里斯坦之间、连接波斯湾和阿曼湾的水道（见图 3-9）。东南以阿曼的利迈角到伊朗的库赫角连线与阿曼湾为界，西南至阿拉伯联合酋长国的舍阿姆与伊朗的格什姆岛西缘连线。为波斯湾通往印度洋的唯一出口，战略地位重要。主航道靠近南侧，宽约 3.3km，最浅水深 50m，在弯曲部通航船只分道航行，中央设有安全隔离带，宽 3.5～5.5km，可通航大型舰船。

3.2.10.1 地理形势

海峡由地壳断裂、海水侵入而成。呈"人"字型。长约 150km，宽 55～90km。一般水深 60～90m，平均水深 70m。北侧较浅，伊朗沿岸水深一般小于 10m，多珊瑚礁和沙滩；南侧水深，弯曲部最深处达 219m。海峡内岛屿较多，主要岛屿有格什姆、霍尔木兹岛、拉腊克岛、亨加姆岛、盖奈姆岛、穆桑代姆岛和大、小库因岛等。其中盖奈姆岛和大库因岛紧临主航道，为海峡之要塞。西南口附近的大、小通布岛和阿布穆萨岛素有"海峡三闸"之称。格什姆岛位于海峡西部，长 112km，宽 11～32km，面积 1336km^2，西南部沿岸有大片浅水区，水深不足 10m，岛上最高点海拔 406m，扼波斯湾出口，为伊朗阿巴斯港的天然屏障。海峡北岸伊朗海岸为狭窄的沿海平原，南岸多小半岛和海湾，南岸陆地山峦起伏，地势自北向南逐渐升高，大部沿岸陡深。

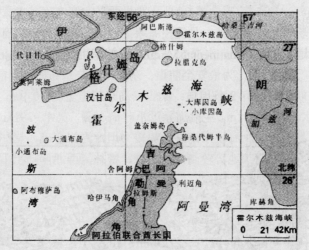

图 3-9 霍尔木兹海峡

3.2.10.2 气候、水文

海峡地处亚热带沙漠带，终年炎热干燥。平均表层水温 26.6℃，最热 8 月水温 31.6℃，最冷 2 月 21.8℃。盐度 37～38。海峡受波斯湾口地形影响，较少涨潮。海流夏季向东，冬季向西，流速 0.5～1.6kn，最大达 4.3kn。海水交流现象较明显，一般表层流向西，底层流向东。

3.2.10.3 战略地位

霍尔木兹海峡地处波斯湾东南口，自古以来就是交通、战略要地，为世界列强所觊觎。第二次世界大战期间，英国在南岸建立海军基地。海峡现为著名的"国际石油通道"，是波斯湾地区石油输往美国、日本、西欧和世界各地的唯一海上航线，为三大石油航线的咽喉。每天通过海峡的船只达 300 余艘，运往世界各地的石油达 400 万吨。随着波斯湾地区石油产量的增加，霍尔木兹海峡的战略地位日益重要，是强国争夺的重点地区之一。霍尔木兹海峡是 1986 年，美国海军宣布为要控制的全球 16 个海上航道咽喉之一。1991 年海湾战争期间，是以美国为首的多国部队舰船进入波斯湾的重要通道。海峡北岸的阿巴斯港是伊朗的重要商港和海军基地，与南岸阿曼的盖奈姆岛海军基地共扼波斯湾通往印度洋的门户。

3.3 海底地貌环境[3, 4]

3.3.1 海岸带

由于潮汐、风等因素引起的增水或减水作用，使陆地和海洋的分界线不断变化。海岸带（Costal Zone）是指那些水位升高时被淹没、水位降低时便又复现的海-陆相互作用区。世界上约有 2/3 的人口居住在沿海地带，因此，海岸带的地貌形态及其变化对人类生活和经济活动都有重要的影响。

海岸地貌是在波浪、潮汐和海流等共同作用下形成的。一般海岸带包括海岸（Beach）、海滩（Shore）和水下岸坡（Slop）三个部分。海岸是高潮线以上的陆地地带，也称为潮上带。海滩是高、低潮之间的地带，又称潮间带。潮下带则是水下岸线为低潮线以下直到波浪作用可及处的海底部分。

3.3.2　海底地形

海底主要由大陆边缘（Continental Margin）和大洋底（Ocean Bottle）两部分组成。见图 3-10。

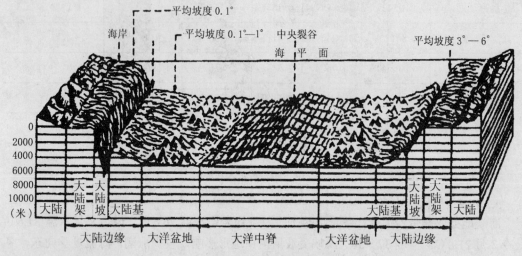

图 3-10　海底地貌示意图

3.3.2.1　大陆边缘

从大陆至洋底的过渡带称为大陆边缘。它是由大陆架（Continental Shelf）、大陆坡（Continental Slop）、大陆基（Continental Rise）、海沟（Trench）和岛弧（Island arch）所组成。

大陆架简称陆架或大陆浅滩。据国际海洋法会议上通过的《大陆架公约》，大陆架为"邻接海岸但在领海范围以外深度达 200m 或超过此限度而上覆水域的深度允许开采其自然资源的海底区域的海床和底土"以及"邻近岛屿与海岸的类似海底区域的海床与底土"。世界大陆架的面积为 $2.75 \times 10^7 km^2$，占海洋总面积的 7.6%。中国大陆架面积超过 100 万 km^2。近海陆架面积虽然仅占全球海洋面积的 7.6%，但却拥有全球海洋生物生产力的 38%和全球海洋渔获量的 90%，是人类生存环境的重要组成部分。

大陆架的水文要素季节变化显著，受风浪、潮流等的作用，海水混合比较充分，温、盐热力结构的变化也比较大。

大陆坡是大陆架陡倾的大斜坡。其上限是陆架外缘（陆架坡折），下界在坡度骤减的地方。世界上大陆坡的坡度随不同海区而变，平均坡度为 $4°17'$。大陆坡具有复杂的海底峡谷，横切于坡麓，深达数十至数百米。由于大陆坡海域远离大陆，水文状况一般比较稳定。

大陆基又称大陆隆，是从大陆坡下界向大洋底缓慢倾斜的过渡带。位于水深 2000～5000m 处。

海沟是由于板块俯冲作用而形成的深水（＞6000m）狭长洼地。海沟长 100～1000km，宽度仅为 1～10 km，横剖面呈不对称的"V"型，一般是向陆一侧坡陡而向洋方向坡缓。

太平洋及其周围为海沟分布最多的。其中世界上最深的海沟——马利亚纳海沟，最大水深10920m（据《海洋测绘》，1996，No.4）。世界上主要的海沟情况如表 3-2 所示。

表 3-2 大洋海沟情况一览

海沟名称	最大水深 /m	最深部的位置	海沟长度 /km	平均宽度 /km	毗邻岛弧或山弧
千岛-勘察加海沟	10542	44°15′N，150°34′E	2200	120	千岛群岛
日本海沟	8412	36°04′N，142°41′E	800	100	日本群岛
伊豆-小笠原海沟	10554	29°06′N，142°54′E	850	90	伊豆-小笠原群岛
雅浦（西加罗林）海沟	8527	8°33′N，138°03′E	700	40	西加罗林群岛
帕琉海沟	8138	7°42′N，135°05′E	4000	40	帕流群岛
琉球海沟	7881	26°20′N，129°40′E	1350	60	琉球群岛
菲律宾（棉兰老）海沟	10497	10°25′N，126°40′E	1400	60	菲律宾群岛
东美拉尼西亚（勇士）海沟	6150	10°27′S，170°17′E	550	60	东美拉尼西亚群岛
新不列颠海沟	8320	5°52S，152°21′E	750	40	新不列颠群岛
布干维尔（北所罗门）海沟	9140	6°35′S，153°56′E	500	50	北所罗门群岛
南赫布里底海沟	7570	20°37′S，168°37′W	1200	50	南赫布里底海域
汤加海沟	10882	23°15′S，174°45′W	1400	55	汤加海域
克马德克海沟	10047	31°53′S，177°21′W	1500	60	克马德克海域
阿留申海沟	7822	51°13′N，174°48′W	3700	50	阿留申海域
中美（危地马拉）海沟	6662	14°02′N，93°39′W	2800	40	中美马德雷山脉
智利海沟	8064	23°18′N，71°21′W	3400	100	安第斯山脉
波多黎各海沟	9218	19°38′N，66°69′W	1500	120	大安的列斯群岛
爪哇（印度尼西亚）海沟	7450	10°20′S，110°10′E	4500	80	印度尼西亚群岛

（注：括号内为别称或曾用名）

3.3.2.2 大洋底

大洋底由大洋中脊和大洋盆地组成。

1. 大洋中脊

大洋中脊又称中央海岭，是贯穿大洋底整块隆起的大洋中部海岭（Ridge）或大山脉系列，绵延长达 7 万 km，高约 3～4km，其面积约占大洋底面积的 32.8%。

各大洋中脊分布各据特色。在大西洋，中脊呈经向盘踞在大洋中部，并大致与东西两岸平行。印度洋中脊呈"人"字型分布在大洋中部。在太平洋，中脊分布在大洋中部偏东侧，高度小（1～2.5km）而宽度较大（2～3km），边坡平缓，故又称作太平洋海隆。

沿大洋中脊的轴部，发育形成有沿其走向延伸的断裂谷地，这类谷地是地壳伸张时形成的塌陷的地堑。大西洋和印度洋的裂谷规模较大，太平洋的裂谷不明显。一般情况下，沿裂谷带有广泛的火山活动。

2. 大洋盆地（Ocean Basin）

大洋盆地是指大陆边缘与洋中脊之间的广阔的洋底（又称海床或大洋床），约占世界海洋面积的 50%，大洋盆地深度从大陆隆起一直延伸到 6km，一般在 4～6km。

由于大洋中分布的一些带状海岭和轴状海底高原，即正向地形的分隔，大洋盆地又被分割成许多次级盆地，如海槽（Trough），破裂带（Fracture Zone）等。

在大洋盆地中还分布着众多的海底丘陵（高度低于 1km）和海山（高度在 1km 以上）。海山一般比较陡峭，也有顶部平坦的平顶海山。太平洋中、西部海盆是海山、海山群、平顶海山和珊瑚礁岛分布最密集的地区。

3.4　海洋沉积环境

海洋沉积（Marine Sediments）是指通过海流搬运、波浪和重力等动力搬运过程而沉积、覆盖、堆积在海底的泥、沙等无机物质和生物残骸等有机物的统称[5]。

研究沉积过程和沉积相不仅对海洋工程和海洋渔业生物资源开发有重要的意义，通过对沉积物分布规律和沉积物特性的分析，可以更好地掌握海底的粗糙度，从而对声纳作用距离预报、海底声传播损失估计，对潜艇触底、坐底的安全性评估以及海军登陆作战等都具有十分重要的作用。

3.4.1　海洋沉积物源及其输运[3，5，8]

3.4.1.1　沉积物的来源

海洋沉积物的来源分为陆源物质、生物源物质、化学沉淀物质、火山物质和大气源物质。

大陆上的碎屑和矿物经河流、雨水和风输入海洋，通过狭窄陆架时可快速输入深海；而通过宽阔陆架时，大部分物质会沉积在陆架上，至一定厚度时，形成浊流，输送到大洋中。这些碎屑和矿物是海洋沉积的主要组成部分。

生物源物质在大洋深海主要有钙、硅质浮游生物，在大陆架地区为珊瑚、贝类和藻类残骸。

化学沉积物资系海水中所含的大量复杂盐类，在适当条件下可直接从海水中沉淀下来，属于自生沉积物类。

海底火山喷发的岩浆以及陆地火山碎屑和火山灰，均可形成海洋沉积。大洋周围和大洋内部每年均有 3×10^{12} kg 的火山喷发物质输入海洋。另外，还有来自大气层的陨石灰、风沙、尘土等落入海中，形成沉积物。

3.4.1.2　沉积物颗粒度及其动力输运

1. 沉积物的粒度分类

沉积物颗粒度（Grain Size）是描述沉积物基本性质的参数，也是影响沉积物搬运和沉降的重要参数。沉积物粒径分类方法很多，我国采用 Wentworth 的 ϕ 标准等比制颗粒分类，即

$\phi = -\log 2^d$，d 为颗粒直径，单位为 mm。表 3-3 为 ϕ 标准沉积物粒级分类表。

表 3-3　ϕ 标准粒级分类表

粒组类型	粒级名称 （简分法）	粒径范围		$\phi = -\log 2^d$		代号
		mm	μm	d	ϕ	
岩块（R）	岩块	256	——	256	-8	R
砾石（G）	粗砾	256～64	——	128～64	-7～-6	CG
	中砾	64～8	——	32～8	-5～-3	MG
	细砾	8～2	——	4～2	-2～-1	FG
砂（S）	粗砂	2～0.5	2000～500	1～1/2	0～1	VCS/CS
	中砂	0.5～0.25	500～250	1/4	2	MS
	细纱	0.25～0.063	250～63	1/8～1/16	3～4	FS/VFS
粉砂（T）	粗粉砂	0.063～0.016	63～16	1/32～1/64	5～6	CT/MT
	细粉砂	0.016～0.004	16～4	1/128～1/256	7～8	FT/VFT
粘土（泥）（Y）	粗粘土	0.004～0.001	4～1	1/512～1/1024	9～10	CY
	细粘土	< 0.001	< 1	< 1/2048	< 11	FY

2. 沉积物的搬运

海流、海浪和重力是搬运沉积物的主要动力。

海流对沉积物的分布影响最大。海流即能够使沉积物保持悬浮状态输送，也能使沉积物沿海底滚动或跳动式被输送。大部分海洋沉积物的侵蚀、输送和沉积过程，都是在海底边界层内进行的，其输送范围主要与流速、海底物质的粒径和粗糙度有关。

波浪运动的随机过程使其对沉积物的影响远比海流运动复杂。波浪使沉积物产生各种的运动，它即使沉积物产生向岸和离岸的横向运移，同时又使它产生平行于海岸的纵向运移。在大陆架海域，波浪越大，影响的深度也越大。风暴潮大大加剧了沉积物的输运和海岸、河口的侵蚀过程。

另外，在重力作用下处于坡面的沉积物向下移动，大陆坡上部的大量沉积物资处于不稳定状态，会顺坡下移，沿着密度不连续面发生的内波及陆架水向陆坡的泻流（Cascading）等运动，也起到增加沉积物从大陆架向洋盆的输运作用。

3.4.2　海洋沉积物类型

不同的海底环境，沉积物的来源、组成成分和形成过程各不相同。

按照沉积物的来源划分，可分为陆源沉积（Terrigenous Sediment）、生物沉积(Biogenic Sediment)、火山沉积(Volcanic Sediment)、宇宙沉积(Cosmogenous Sediment)和自生沉积(Authigenic Sediment)等类型。按沉积物的组成成分，可分为岩、砾石、砂、粘土和各种类型的软泥等。按海域分布，又可分为浅海沉积（Neritic Sediment）、深海沉积（Deep Sea Sediment），或者分为大陆边缘沉积（Continental Margin Sediment）和远洋沉积（Pelagic Deposit）。

3.4.2.1 浅海沉积

此处浅海包括海滨近岸带、大陆架和大陆坡-陆隆的大陆边缘海域，海底沉积物以陆源沉积为主，其成分主要受邻近地质类型、气候和输运动力过程的影响。

1. 滨海海岸带沉积

滨海海岸带或近岸带的环境，受到海洋潮汐、波浪和海流等海洋过程以及河流径流等非海岸过程的相互作用，形成不同环境的沉积机理和沉积物。例如：河口湾地区主要成分为砂砾，系河流携带的沉积物和溶解成分经过有机和无机的聚集作用而形成。而在海滩潮间带，沉积物一般由江河冲积物、近海沉积物和海岸带岩石风化物等陆源物资所组成，主要包括泥、砂、砾石等。

2. 大陆边缘沉积

(1)大陆架沉积 大陆架的沉积作用和沉积相受海洋物理、化学、生物及地质作用过程的控制和影响，沉积物分布复杂。通常内陆架以现代沉积物为主，沉积物属性与沉积环境相一致，主要为陆源碎屑，一般由泥、砂组成。外陆架沉积物以残留沉积物（Relict Sediment）为主，是与现代水动力环境不相适应的沉积物，以砂为主。另外，大陆架沉积物中还分布着性质介于现代沉积和残留沉积之间的准残留沉积——即经受了现代陆架动力等过程改造后的残留沉积，大多是移去了较细颗粒物资后的残留砾石。

(2)大陆坡—陆隆沉积 大陆坡—陆隆环境中的沉积作用，除受地质、生物和海面变化等过程影响外，主要受到大型沉积物块体运动、大洋深层热盐环流及沉降等过程的控制。沉积物成分以陆源性砂质沉积为主，厚度可达 2～5km。

3.4.2.2 大洋沉积

大洋沉积由生物成分（钙质和硅质）及非生物成分（陆源、自生、火山和宇宙尘埃）组成。按照大洋沉积物的成因，可将其分为远洋粘土（Clay）、钙质生物、硅质生物、陆源碎屑和冰川海洋沉积(火山碎屑沉积)五种主要类型（见图 3-11）：

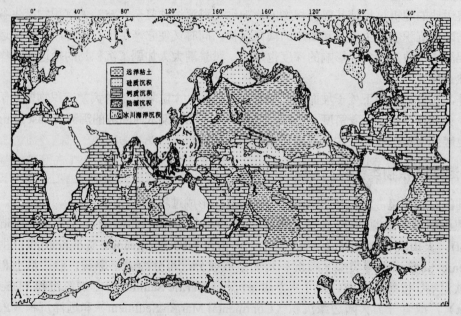

图 3-11 大洋沉积物主要类型及其分布

远洋粘土又称褐粘土，其泥质组分占 80%以上，结构致密。粘土是大洋沉积物中分布最广的陆源矿物。褐粘土主要由风运的各种粘土矿物、石英矿物，宇宙尘、火山灰以及自生源成分组成。褐粘土一般处于大洋 4500m 以深，其厚度在中太平洋平均为 200m，在大西洋和印度洋较薄。褐粘土占世界大洋面积的 28%，其中，占整个太平洋底面积的 49%，大西洋底面积的 8%和印度洋底面积的 18%。

钙质生物沉积是指 $CaCO_3$ 含量＞30%，而陆源粘土粉砂含量 < 30% 的远洋沉积物。其中钙质软泥占主体，分布也最广，覆盖大洋底总面积的约 50%。硅质生物沉积是指生物骨屑含量在 50%以上、硅质生物遗骸大于 30%的沉积物，其中以硅质软泥占主体。

大洋中沉积物的分布面积差异较大，以褐粘土、钙质软泥和硅质软泥这三种主要沉积物成分分布为例（见表 3-4），褐粘土分布率在太平洋最高，大西洋、印度洋次之；而钙质软泥是在大西洋分布最高，印度洋次之，太平洋最低。

表 3-4 褐粘土、钙质软泥和硅质软泥在三大洋中的分布频率（据文献 5）

沉积物类型	面积频率（%）			
	太平洋	大西洋	印度洋	总计
褐粘土	49.1	25.8	25.3	38.1
钙质软泥	36.3	67.5	54.3	47.7
硅质软泥	15.7	6.7	20.4	14.2
大洋面积（%）	53.4	23.0	23.6	100.0

3.5　中国近海地形与近海沉积

3.5.1　近海区划[4,6,7]

中国近海包括渤海、黄海、东海和南海。

3.5.1.1　渤海

渤海为中国内海，总面积为 7.7 万 km^2，海区平均水深进位 18m，最深处位于老铁山水道西侧，也仅有 83m，属近封闭形浅海。渤海的北、西和南三面均为陆地所包围，通过东面的渤海海峡于黄海相同；渤海海峡北起辽东半岛南端的老铁山角，南至山东半岛北端的蓬莱角（登州头），宽约 106km。

3.5.1.2　黄海

黄海位于中国大陆和朝鲜半岛之间，是一个半封闭的陆架浅海。西北边经渤海海峡与渤海沟通，南面以长江口北岸的启东嘴至济州岛西南角的连线与东海相接。东南面至济州海峡。习惯上以山东半岛的成山角（成山头）至朝鲜半岛的长山一线为界，将黄海分为南、北两部分。黄海总面积达 38.03 万 km^2，平均水深 44m。最深处 140m，位于济州岛北侧。

3.5.1.3　东海

东海位于中国岸线中部的东方，为西北太平洋的一个边缘海。其西部有广阔的大陆架，东有深海槽，因此兼有浅海和深海的特征。东海西邻沪、闽、浙二省一市，北接黄海，东北部经朝鲜海峡、对马海峡与日本海相通，东面以九州岛、琉球群岛和台湾岛连线为界，与太平洋相邻。南界至台湾海峡的南端。

东海的总面积为 77 万 km^2，平均水深为 370m。最深处达 2719m，位于台湾岛东北方的冲绳海槽中。

3.5.1.4　南海

南海位于中国大陆南方，其范围北以台湾海峡的南界与东海相连；东边界经巴士海峡、巴林塘海峡等众多海峡通道与印度洋相通。

南海面积为 350 万 km^2，相当于渤海、黄海和东海面积总和的 3 倍。南海平均水深为 1212m。最深处在马尼拉海沟南端，达 5377m。

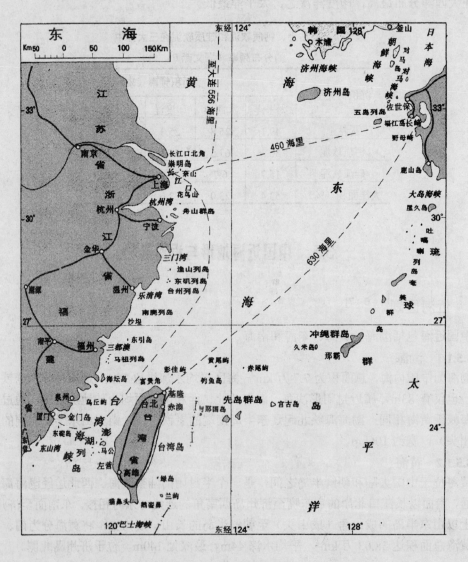

图 3-12　东海海区地形

3.5.2　海底地形

　　我国近海地形总体的分布趋势是从西北向东南倾斜，尤其是渤海、黄海和东海，海底地形等高线大致呈东北西南向。渤海和黄海为大陆架浅海，东海兼有浅海和深海的特征，而南海属于深海，陆架、陆坡和深海盆地等形态完全不同（见图3-12，图3-13）。

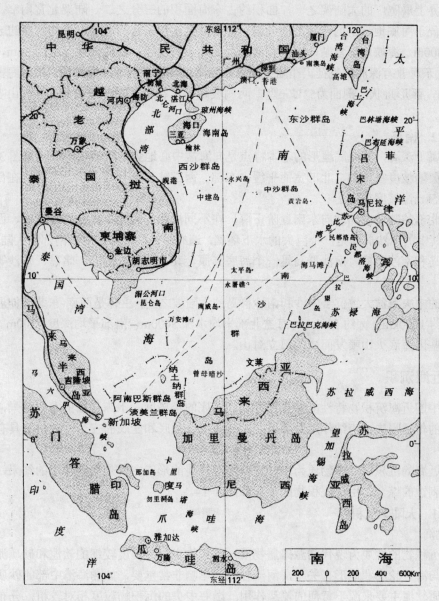

图3-13　南海海区地形

3.5.2.1　渤海、黄海和东海

　　渤海和黄海均属大陆架区，无大陆坡和深海区。其中渤海深度最浅，海底地势最为平坦，地形比较单调。而黄海地貌形态比黄海复杂。表现作为突出的特征是海槽、潮流脊和海底阶地。黄海海槽是自济洲岛经南黄海一直伸向北黄海的狭长的水下低洼地，深度为60~80m，

向北逐渐变浅。槽的东侧地势较陡，西侧较平缓。潮流脊是由于在潮差较大、潮流湍急的海域，海底沙滩受潮流不断冲刷，形成的平行于潮流的海底地貌形态。在南黄海存在大型的潮流脊群，其范围较大，南北跨度达 200km，东西宽约 90km。在 38°N 以南的黄海两侧，分布着宽广的阶地。

东海的海底地形兼有深海和浅海的特征，但以浅海特征为主，最突出的特征是浅海大陆架，为世界上最宽广的大陆架之一，面积约占东海面积的三分之二。陆架北宽南窄，最大宽度达 640km。海底地形呈向东南方向倾斜。位于陆架南部的台湾海峡，平均水深约 80m，最深可达 1400m。海峡地形复杂，中部有澎湖列岛和台湾浅滩，浅滩外缘深度约 36m，浅处仅 8m 左右。东海兼有深海的特征。在陆架的东南侧陆坡陡峭，直下冲绳海槽。冲绳海槽呈西南-东北走向，弧形舟状，剖面为"U"型，两侧坡陡峭，谷底平缓，海底存在因火山喷发而生成的海山。

3.5.2.2　南海

南海属于深海，其海底地形的基本特点是向海盆中心地势呈阶梯状降低（见图 3-13）。南海大陆架陆坡度在南部、北部宽而平缓；东部、西部陆架窄且陡，东部尤甚，在吕宋岛以西宽度仅 5km，坡度很大。

南海北部的陆坡由西北向东南逐阶下降，在不同深度的台阶上，分布着东沙、西沙和中沙群岛。其中的中沙群岛是一个巨大的水下环礁，遍布暗沙和浅滩。南海南部的大陆坡宽广，由南沙群岛和南沙海槽。南沙群岛是一个海底高原，其上岛屿、沙洲、暗礁、暗沙等星罗棋布。

南海的中央海盆大致位于中沙和南沙群岛的大陆坡之间，主体是西南-东北向伸展的深海平原，长约 1600km，宽约 530km。海盆北部平均水深 3400m，南部平均深度 4200m。深海平原上有一些因海底火山喷发而成的孤立海山。

3.5.3　近海沉积

研究中国近海沉积物特性能够更好地认识海底的粗糙度、水声传播的海底背景，对计算声在海底的传播损失、声纳作用距离以及潜艇暂栖、触底和坐底的安全性评估等具有重要的作用。

中国近海的沉积以陆源物质为主。这些陆源碎屑的形成主要是河流输送的结果，以及岛屿和海底剥蚀的综合作用。沉积物的分布如图 3-14。

3.5.3.1　大陆架沉积

1. 渤海

渤海沉积物的性质为现代陆源碎屑物质，沉积物主要为粒度较细的软泥和砂质泥。其分布特点除与海区轮廓和地形有关外，河流径流的影响非常重要，如渤海湾中部的砂质粘土软泥和粘土质软泥主要来源于黄河的输运作用。渤海中央的沉积物粒度相对较粗，分布成分为细粉砂、粗粉砂和细砂等。渤海的西北部，从辽东湾到渤海湾的岸边分布着一条砂质沉积带。

2. 黄海

黄海沉积物主要为现代陆源沉积物，大陆径流输入的泥沙和悬浮物质，成为黄海沉积物的主要来源，仅在渤海海峡附近和南黄海的东、西处有残留沉积存在。在黄海北部沉积物的分布呈不规则斑状，而在黄海的南部呈带状。黄海东部近岸海区为细砂和粗粉砂，西部多为淤泥和粘土质沉积物，沉积物颗粒有陆岸向外海由粗逐渐变细。在黄海中部为粘土质软泥。

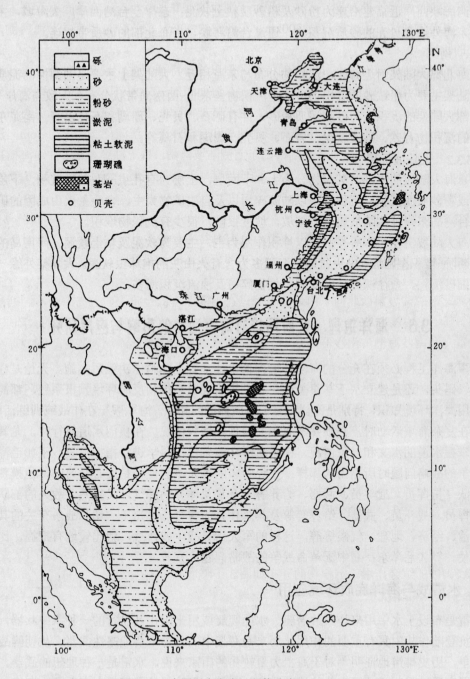

图 3-14　中国近海海底沉积物分布

 3.　东海

 东海沉积物与渤海、黄海差别较大，其成分以砂质沉积物为主。表面沉积自西向东形成与等深线并行的三个带：大致在 50m 等深线以西的内陆架区，是现代细粒沉积物分布带，主要为粉砂、粘土软泥及粉砂质粘土软泥；东部为外陆架残留粗颗粒沉积物分布带，主要有细砂、中砂、砾石；外海至琉球群岛附近为细粒沉积物带，细砂分布较广。冲绳海槽底部，沉积物为粘土质泥。

台湾海峡西岸近福建沿岸为粉砂及粉砂质粘土软泥；东岸至台湾西岸广大海域，主要为细砂。东海外缘含贝壳的砂质沉积物，通过台湾海峡与南海北部的砂质带相连。

4. 南海

南海北部大陆架附近海区，沉积物分布与东海相近。大陆架上主要是陆源性的泥质沉积物；外陆架主要为粗粒砂质沉积物。这些沉积物呈东北-西南向带状分布，大致与海岸平行。南海南部大陆架的沉积，为砂和泥质粉砂，并有砾石、贝壳、珊瑚和石枝藻等。南海东部岛屿附近的沉积物有砂、砂质软泥、岩石、贝壳、珊瑚和石藻等。

3.5.3.2 大陆坡沉积

在东海大陆坡的中部，沉积物分为上、下两层，上层为有孔虫-泥-粉砂沉积，下层为泥质粉砂或粉砂质泥沉积。沉积物中以陆源碎屑以及自生矿物为主，含少量火山成因的矿物组合。在台湾岛东岸外侧陆坡属基岩陆坡，坡度很陡，很少有沉积物堆积。

南海大陆坡沉积与东海类似，以堆积作用为主，主要为软泥及粘土软泥。海南岛的东南岸外为断阶-堆积型陆坡。中央盆地的沉积多为含有火山灰的抱球虫软泥。大陆架外缘一定深度上为细砂沉积。愈往深处粒度变细，生物碎屑及浊流沉积增多。

3.6 海洋地理、底质环境对海军活动的影响与应用研究

军事海洋工程必须在充分的海洋环境评估论证基础上，科学决策后实施。无论是建筑军事港口、码头，还是建立水下军事基地、布设水下观通系统和反潜环境预报系统，都需要掌握和利用海洋环境知识，特别是海洋地理、地质环境的知识。海军舰艇在作战或训练活动时，特别是在复杂海域活动时，必须熟悉海域的地理和地貌情况。在狭门水道航行时，尤其需要了解和掌握水道的水文和气象情况，根据海洋环境条件，科学进行指挥决策。正如毛泽东在论及战争的战略问题时所指出的那样："经验多的军人，假使他是虚心学习的，他摸熟了自己的部队（指挥员、战斗员、武器、给养等等及其总体）的脾气，又摸熟了敌人的部队（同样，指挥员、战斗员、武器、给养等等及其总体）的脾气，摸熟了一切和战争有关的其它条件如政治、经济、地理、气候等等，这样的军人指导战争或作战，就比较地有把握，比较地能打胜仗。"（毛泽东：《中国革命战争的战略问题》）

3.6.1 水雷战与海洋底质环境应用[9]

水雷是布设于水中用来炸毁敌潜艇、水面舰艇或用来阻止其航行的一种水中兵器，在反潜战和抗登陆作战中具有重要的作用，历来是海战中的一种重要战略性武器。从朝鲜战争到海湾战争，历史雄辩地证明"对于海上力量较弱的国家来说，水雷是一种理想的武器。使用水雷的国家通过限制或减慢舰队的运动速度从海军力量较强的国家手中夺得了制海权。"

水雷按其在水中的状态，可分为漂雷、锚雷、沉底雷三类。在水面或水中一定深处呈漂浮状态的水雷称为漂雷；布设于海底的水雷称为沉底雷；用锚链或雷索将雷体系住，通过雷锚将其固定在水中一定深度的水雷称为锚雷。按引信起爆方式，水雷分为触发水雷和非触发水雷。装有触角、触线等触发引信，依靠与目标撞击而爆炸的水雷称为触发水雷；装有非触发引信的水雷称为非触发水雷。非触发水雷按其引信作用的物理场不同可分为声引信水雷、

磁引信水雷、水压引信水雷或其他物理场引信水雷。按布设的水深可分为浅水、中等水深和深水水雷；按布放工具可分为水面舰艇布设、空投、潜布及人工布设水雷。布设水雷行动和水雷作战性能以及反水雷作战都不可避免地受海洋环境的影响。本节侧重介绍海洋底质环境对沉底雷作战使用的影响，其它海洋水文要素环境对水雷的影响将在相关章节中介绍。

沉底水雷撞击到海底后，可能会部分或全部插入海底。沉底水雷插入沉积物的过程分为初次插入和后续插入两阶段。初次插入能否发生取决于海底底质和水雷的冲击力。一般地，在岩石、砾石或沙质海底上不会出现初次插入；在细粒沉积物如粘土、泥沙和砂的混合体上会发生一定数量的插入。水雷冲击海底的速度取决于水雷质量、形态、布设工具和水深。水雷后续下陷是因塑性流或冲蚀和沉积造成的。塑性流是指沉积物在水雷质量的压迫下从水雷底下的流出，它可使水雷部分或全部插入。冲蚀是指把沉积物从海底物体周围移走的现象，它是由于水在物体周围流动时，水的速度增加引起的。在岩质海底上，水雷一般不会发生后续插入；在砾石或砂与砾石海底上，水雷没有或只有轻微后续插入，只有在强风暴条件下，波浪作用的影响才能产生强冲蚀，部分掩埋在砾石沉积物上的水雷，普通波浪作用仅影响发生在 9～12m 左右深度的冲蚀；在砂质海底上水雷的后续下陷是由海浪、波浪作用形成的冲蚀和沉积过强所至的。沉积物的冲蚀取决于海底水流速度与方向的变化快慢以及悬浮在水中泥沙或粘土的数量和沉积物微粒的物理特性等。在波浪较大的季节里，浅水区中大量的砂会被移动，使水雷插入速度加快，在风暴发生时，波浪作用所引起的砂运动可延伸到 30～45m 的深度，若碰到强的不定流，水雷可能完全插入海底。在细纱、泥沙和粘土混合的沉积物上，水雷后续插入较小。

水雷的插入对磁引信影响很小或几乎没有影响，但对声引信水雷、水压引信水雷影响却很大。声信号受水雷上覆盖的沉积物强烈衰减，可能对舰艇声信号不敏感，因而不会起爆，但泥土消散后，可能仍能起作用；水压引信水雷会因振动膜活动受阻碍而失去对舰艇水压信号产生反应的能力。

综上分析可知，在使用沉底水雷实施反潜或封锁作战时，必须充分掌握海区自然环境的情况，特别是布雷海域的底质和沉积物特性，才能因地制宜，科学决策，达到预期的军事目的。

3.6.2　潜艇战和反潜战与海底地形、底质环境应用

如何利用海洋水声环境是潜艇作战效能最佳发挥的根本保证之一。潜艇战在一定意义上就是使用声纳器材的水声对抗战。

声纳是目前进行水中搜索、探测的主要传感器。潜艇声纳主要用于探测水面及水下目标，并为鱼雷攻击提供各种目标参数；声纳传感器的工作性能依赖于声波在海洋环境中的传播特性。海洋环境对声波传播的影响主要表现在三个方面：海水对声波的折射、海洋对声波的衰减和海洋噪声。现代声纳除应用声波直接传播途径外，还应用深水声道和海底反射等传播途径，使声纳的有效距离大为增加。在声道上方和下方水层，由于几乎没有声线穿过而形成声影区，声源将探测不到位于声影区的目标，因此，潜艇、鱼雷可以利用声影区进行规避隐藏。所以，了解当时当地声波传播路径对于部署声纳系统和选择作战战术具有重要的指导意义。

声波在海水中传播损失是由于波阵面扩展和衰减引起的。声波衰减包括由海水及水中悬浮物、气泡以及生物对声波的吸收、散射所造成的损失和海面、海底对声波的反射所造成的

损失。在此我们主要探讨海洋地貌、沉积环境对声传播以及潜艇作战的影响。

海底对声波的影响表现在海底底质对声的散射和吸收作用。海底底质不同，对声波的反射造成的损失不同，泥质海底对声波的反射造成的损失比沙质、岩质海底大。图3-15是海洋沉积物的主要声学特性的示意图。实验研究表明[10]，在大洋底低频声反射系数可由沉积物的孔隙度、平均粒度等参数来确定，而对于103Hz的高频波，海底地形轮廓将起主导的作用。例如从海底非常粗糙的区域过度到深海平原上时，反射系数立即徒增。表3-5给出大西洋和印度洋的某些区域的反射系数值。

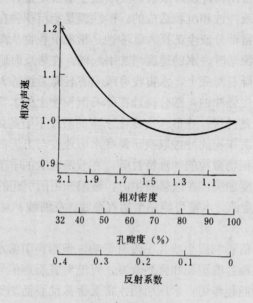

图3-15　水下沉积物的主要特性

表3-5　9.6kHz，垂直入射声反射系数的平均值

大西洋		
海区	海底粗糙程度	反射系数
中大西洋山脊	最大	0.06-0.09
百慕大海隆	中等	0.19-0.21
内尔斯深海平原	平整地貌	0.39-0.48
印度洋		
马尔代夫海脊	最大	0.09
中央盆地丘陵带	中等	0.31
孟加拉湾	平整地貌	0.44

海底环境对声纳系统影响的另一因素是海底混响噪声。由于海水中大量的浮游生物、气泡以及藻类、泥沙等悬浮物质、海面的随机起伏或海底粗糙不平对声波的散射而形成的对于

目标检测无用的声信号称为海水混响。由海底反向散射引起的混响称为海底混响。它取决于海底性质和海洋深度，在浅海区的声纳受其影响较大。在第二次世界大战期间，进行第一次测量时，发现珊瑚礁海底的混响最高，砂质海底混响次之，泥质海底的混响最低。后来的大量观测，发现后向散射强度与海底沉积物颗粒度有关，沉积物特性与后向散射的相关性得到重视和大量研究与应用。后向散射的知识在声学探雷中具有特别重要的意义，因为通过后向散射回波特性可以发现在海底上的细小目标体[12]。由于噪声对声纳系统检测目标起到干扰作用，因此了解海底的声学特性，对于潜艇指挥员正确地实施战术部署和战术选择具有极其重要的指导意义。有关海底声学特性的详尽知识，可参阅相关文献[10-13]。

海底地形、地貌特征的变化，同海洋水文环境要素的变化一样，都会改变声的传播规律。在潜艇战和反潜战中，利用海洋特殊的地理环境，既海洋中的"峰峦叠嶂"，隐蔽自己，先敌发现，并相应采取有效合理的作战战术。例如，利用浅海地形陡峭的海底区域，可以更好地提高潜艇的隐蔽性；利用浅海陆架、陆坡对声传播汇聚区的影响，能够进行合理机动并选择有利的阵位。

3.6.3 一次海上军事指挥决策中综合利用海洋环境知识的事例剖析[14]

海洋地理、地质环境对海上军事活动的影响，不仅表现在地理、地质条件自身条件对军事活动的作用的限制，特别是在特定的海洋综合环境条件下，全面分析和利用海洋环境知识，将当时当地的地理地质条件与水文环境和军事行动决策指挥有机结合，才能够更合理地利用环境知识，保障军事活动的安全、高效。

我实习舰在一次防台风决策过程中，遇到了十分困难、复杂的情况，但由于对当时海域的地理地质环境和水文气象环境做出了正确的分析、判断，最终保证了指挥决策的科学性，使实习舰得以顺利脱离险情，保证了实习任务的圆满完成。此事例从一个侧面说明了充分利用海洋环境知识的重要性。

1999 年 4 月在某部组织的一次海上远航实习期间，遭遇到当年第二号台风（T9902）外围风力的较强影响。该台风的源地位于南海西沙海域（其中心处在 12.5°N，112.5°E），并于4 月 28 日 14 时发展为热带风暴，风暴中心最大风力 35kn，中心位于 15.5°N，111.0°E。在我舰航渡台湾海峡北上期间，该热带气旋系统一直维持偏北移动路径，并在其后的 48h 内，迅速演变为强热带风暴和台风（TY9902），4 月 30 日 08 时台风中心气压为 965hPa，中心最大风力超过 12 级。由于受此灾害性天气系统的影响，加上台湾海峡特殊的地形狭管效应，我实习舰在台湾海峡航行时，始终受到大风浪的影响，29 日至 30 日东北风平均风力达 8～9 级，有 3～4m 的大浪（局部海域风浪高达 5m）。29 日 15 时，实习舰临时决定就近在福建草屿锚地抛锚防台。此时此地抛锚，出于两点基本考虑：其一是当时海区的海况比较恶劣；二是舰员在大风浪中航行多日，已高度疲劳。因此就近选择草屿抛锚，一可躲避风浪，舰员得以休整；二则以静制动，规避台风可能带来的危害。抛锚时发现舵首右锚已被海浪打掉。此时此地抛锚防台，海域的地理、地貌环境并不十分理想。第一，就海区地理环境而言，由于受周围草屿岛、塘屿岛以及海坛岛的地形作用，限制了风区长度，因此，此处风浪和海况虽比外部海域明显减小（当时海况仅 4～5 级），但地形对风力的减弱影响并不十分显著。如果台风逼近，仍将面临严峻的防台形势。第二，由于锚况特殊，而实习舰的受风面积较大，并且该海域海底沉积以粉砂和粘土软泥为主，锚抓力有限，一旦发生走锚，在此狭小锚地机动避台的选择余地不大，容易造成不良后果。因此，实习舰抛锚后，首长指示密切掌握台风动态，及时做好预报保障工作。根据观测实况和收到的气象传真图分析，预报我舰未来受台风势力的影响还将加剧。实习舰首长和指挥员在听取了海洋水文气象预报后，认真分析了我情、海情，果断决定起锚继续北上，航行中机动避台影响。实习舰于 30 日 12 时起锚离开草屿，当时海面风力达 8～9 级，浪高 4～5m。随着我实习舰离开台湾海峡继续北上，逐渐脱离了暴风、恶浪肆虐的海区，成功避开了也在加强北上的第二号台风可能带来的灾害性影响，并安全顺利地完成了预定的实习任务。

附：世界上各大洋一些主要海峡情况简介[据文献 15]，见表 3-6～表 3-9

表 3-6　太平洋上的主要海峡

名称	地理位置	沟通海域	长度/km	宽度/km	深度/m
白令海峡	前苏联楚科奇半岛与美国阿拉斯加间	楚科奇海与太平洋白令海	60	35～86	30～50
鞑靼海峡	前苏联远东区大陆与库叶岛间	鄂霍次克海与日本海	633	40～342	30～230
宗谷海峡	日本北海道与前苏联库叶岛间	日本海与鄂霍次克海	101	43(最窄)	50～118
津轻海峡	日本本州岛和北海道间	日本海与太平洋	110	18.5～78	131～521
朝鲜海峡	朝鲜半岛和日本九州岛之间	黄海、东海、日本海	390	180～200	80～230
对马海峡	日本对马岛和噎岐岛间	日本海与东海	222	46(最窄)	92～129
根宝海峡	日本北海道东岸与国后岛间	鄂霍次克海与太平洋	100	35～70	5～30
关门海峡	日本本州岛与九州岛间	日本海与濑户内海	24	0.7	13～20
大隅海峡	日本九州岛与种子岛间	东海与太平洋	50	28(最窄)	<117
济州海峡	朝鲜半岛南端与济州岛间	黄海与朝鲜海峡	130	100～130	<140
渤海海峡	中国辽东半岛和山东半岛间	渤海与黄海	115	105.6	30～74
台湾海峡	中国福建省与台湾省间	东海与南海	380	130～280	40～1680
琼州海峡	中国雷州半岛与海南岛间	南海与北部湾	70	18(最窄)	<100
巴士海峡	中国台湾省南与菲律宾巴坦群岛间	南海与太平洋	150	95(最窄)	2～5.1km
巴林塘海峡	菲律宾巴布延群岛和巴坦群岛间	南海与太平洋	1560	82(最窄)	50～200
巴布延海峡	菲律宾吕宋岛与巴布延群岛间	南海与太平洋	217	28～40	>200
苏里高海峡	菲棉兰老岛与迪纳加特岛和莱特岛间	太平洋与苏禄海	50	18(最窄)	
新加坡海峡	马来半岛南端与印尼苏门答腊岛间	南海与马六甲海峡	110	4.6～37	22～157
巽他海峡	印尼苏门答腊岛与爪哇岛间	爪哇海与印度洋	120	22～105	50～1080
巴厘海峡	印尼爪哇岛与巴厘岛间	巴厘海与印度洋	100	3～20	
龙目海峡	印尼巴厘岛与龙目岛间	巴厘海与印度洋	80	32～64	164～1360
阿拉斯海峡	印尼龙目岛与松巴哇岛间	巴厘海与印度洋	56	7～13	90～180
松巴海峡	印尼松巴哇岛与佛罗勒斯岛及松巴岛	萨武海与印度洋	150	48～88	
卡里马塔海峡	印尼加里曼丹岛与勿里洞岛间	南海与爪哇海		210～250	<36
望加锡海峡	印尼苏拉威西岛和加曼丹岛间	苏拉威西岛与爪哇岛	500	130～200	50～2458

续表

名称	地理位置	沟通海域	长度/km	宽度/km	深度/m
托雷斯海峡	澳洲北部约克角半岛与新几内亚岛间	珊瑚海与阿拉弗拉海	130	59～170	14～50
巴斯海峡	澳大利亚大陆与塔斯马尼亚岛间	塔斯曼海与太平洋	317	128～224	50～97
库克海峡	新西兰北岛与南岛间	塔斯曼海与太平洋	205	23～150	71～457
福沃海峡	新西兰南岛与斯图尔特岛间	塔斯曼海与太平洋	100	32(最窄)	
马六甲海峡	马亚半岛与印尼苏门答蜡岛间	南海与印度洋安达曼海	1080	37～370	25～151
胡安德富海峡	温哥华岛与华盛顿州间	普吉特湾与太平洋	160	18～32	>70
金门海峡	美国西海岸旧金山沿岸	旧金山湾与太平洋	8	1.6～3	

表 3-7　大西洋上的主要海峡航道情况

名　称	地　理　位　置	沟　通　海　域	长度/km	宽度/km	深度/m
戴维斯海峡	格陵兰岛与加拿大巴芬岛间	巴芬湾与北大西洋		330（最窄）	<446
哈得孙海峡	加拿大巴芬岛与拉布拉多半岛间	哈得孙湾与北大西洋	800	110～240	200～704
丹麦海峡	格陵兰岛与冰岛间	格陵兰海同北大西洋	520	260～450	227～1600
斯卡格拉克海峡	丹麦日德兰半岛与挪威南端间	北海与波罗的海	300	110～130	100～809
卡特加特海峡	丹麦日德兰半岛与瑞典间	北海与波罗的海	200	60～122	10～124
利姆海峡	日德兰半岛北部与丹麦境内	卡特加特海峡与北海	180	24（最窄）	>3～5
厄勒海峡	丹麦西兰岛与瑞典间	北海与波罗的海	110	3.4～24	12～28
大贝尔特海峡	丹麦菲英岛同西兰岛间	北海与波罗的海	115	10.5～25	12～58
小贝尔特海峡	丹麦日德兰半岛与菲英岛间	北海与波罗的海	123	0.6～15	10～80
费马恩海峡	联邦德国费恩岛与丹麦洛兰岛间	北海与波罗的海		18（最窄）	<30
卡尔马海峡	瑞典大陆东南厄兰岛间	波罗的海	140	3～22	
伊尔别海峡	前苏联拉脱维亚与萨烈马岛间	里加与波罗的海	65	33（最窄）	10～20
穆胡海峡	前苏联爱沙尼亚与希乌马岛间	里加与芬兰湾	83	16～27	>3.8
北克伐尔肯海峡	瑞典、芬兰间	波的尼亚湾南、北部		75	6～29
北明奇海峡	英国外赫布里底群岛与苏格兰间	北海与大西洋		40～70	
小明奇海峡	英国内、外赫布里底群岛间	北海与西洋		20～40	
北海峡	英国英格兰与北爱尔兰间	爱尔兰海与大西洋	170	20（最窄）	<272
圣乔治海峡	英国英格兰与爱尔兰间	爱尔兰海与大西洋	160	80～153	55～113
英吉利海峡	英国和法国间	北海与大西洋	520	32～180	35～172
多佛尔海峡	英国和法国间	北海与英吉利海峡	56	33	27～64
直布罗陀海峡	欧洲伊比利亚半岛与北非摩洛哥间	地中海与大西洋	90	14～43	301～1181
博尼法乔海峡	法国科西嘉岛与意大利撒丁岛间	第勒尼安海与西地中海	19	12～16	<69
墨西拿海峡	意大利亚平宁半岛与西西里半岛间	第勒尼安海与爱奥尼亚海	40	3.5～2.2	8.5～1240
突尼斯海峡	北非突尼斯与意大利西西里岛	地中海东、西部	200	148（最窄）	300～1305

续表

名　　称	地　理　位　置	沟　通　海　域	长度/km	宽度/km	深度/m
马耳他海峡	意大利西西里岛与马耳他岛间	地中海东、西部		93（最窄）	
奥特朗托海峡	南欧亚平宁半岛与尔干半岛	亚得西亚海与爱奥尼亚海	120	76	115～978
科孚海峡	阿尔巴尼亚南部与希腊克基拉岛间	亚得西亚海与爱奥尼亚海	48	2.4～27	
基西拉海峡	希腊伯罗奔尼撒半岛与克里特岛间	爱琴海与地中海		100	
卡尔帕托海峡	希腊卡尔凰托斯岛与罗得岛间	爱琴海与地中海		42	
达达尼尔海峡	小亚细亚半岛与巴尔干半岛间	爱琴海与马尔马拉海	65	1.3～6.4	53～106
博斯普鲁斯 海峡	小亚细亚半岛与巴尔干半岛间	黑海与马尔马拉海	30	0.72～3.6	27.5～80
刻赤海峡	前苏联克里木半岛和北高索间	黑海与亚速海	41	4～15	5～15
贝尔岛海峡	加东南部拉布拉多半岛与纽芬兰岛间	圣劳伦斯湾与大西洋	56	12～24	44～146
卡博特海峡	加拿大东南部布雷顿角岛与纽芬兰岛间	圣劳伦斯湾与大西洋	90	50～161	380～529
佛罗里达海峡	美国佛罗里达半岛与古巴间	墨西哥湾与大西洋	480	80～240	110～1490
尤卡坦海峡	墨西哥尤卡坦半岛与古巴间	墨西哥湾与加勒比海	270	216（最窄）	90～2202
向风海峡	古巴岛和海地岛间	加勒比海与大西洋	230	80（最窄）	290～1700
莫纳海峡	海地岛与波多各岛间	加勒比海与大西洋	110	105（最窄）	60～1570
牙买加海峡	牙买加岛与海地岛间	加勒比海		187	
阿内加达海峡	英属维尔京群岛与小安的列斯群岛间	加勒比海与大西洋		60	<1800
多米尼加海峡	多米尼加岛与瓜德罗普岛间	加勒比海与大西洋		30～40	
瓜德罗普海峡	瓜德罗普岛与安提瓜岛间	加勒比海与大西洋		55	
圣卢西亚海峡	马提尼克岛与圣卢西亚岛间	加勒比海与大西洋		31.5	
圣文森特海峡	圣文森特岛与圣卢西亚岛间	加勒比海与大西洋		约40	
麦哲伦海峡	南美大陆与火地岛间	南大西洋与南太平洋	590	3.3～33	20～1170
德雷克海峡	南美洲火地岛与南极半岛间	南大西洋与南太平洋	300	900～950	2.8～5.8

表 3-8　印度洋的主要海峡情况

名称	地理位置	沟通海域	长度/km	宽度/km	深度/m
十度海峡	印度小安达曼群岛与卡尔～尼科巴群岛间	安达曼海与孟加拉湾	50	125	730
保克海峡	印度半岛与斯里兰卡间	孟加拉湾与印度洋	137	55～137	2～9
八度海峡	印度米尼科伊岛与马尔代夫群岛间	印度洋与阿拉伯海	50	200	702
一度半海峡	马尔代夫群岛的冈岛与尼兰杜岛降	印度洋东、西部分	50	90	161～1000
明达威海峡	印度苏门答腊岛与明达威群岛间	印度洋不同海域间	300	90～137	
霍尔木兹海峡	伊朗南部与阿拉伯半岛间	波斯湾与阿拉伯海	150	56～125	10.5～219
曼德海峡	阿拉伯半岛西南断与非洲大陆间	红海与阿拉伯海	50	26～43	30～323
莫桑比克海峡	非大陆东岸莫桑比克与马达加斯加岛间	南、北印度洋	1670	386～960	2.1～3.5
奔巴海峡桑给	坦桑尼亚沿岸与奔巴岛间	印度洋不同海域间		57	
巴尔海峡	坦桑尼亚沿岸与桑给巴尔岛间	印度洋不同海域间		36	

表 3-9　北冰洋的主要海峡情况

名称	地理位置	沟通海域	长度/km	宽度/km	深度/m
喀拉海峡	前苏联北冰洋瓦加奇岛与新地岛间	巴伦支海与喀拉海	33	45～58	50～119
尤戈尔斯基沙尔海峡	前苏联北部沿岸与瓦加奇岛间	巴伦支海与喀拉海	39	2.5～12	15～36
马托奇金沙尔海峡	前苏联新地岛南、北岛	巴伦支海与喀拉海	98	0.6～2	12～150
拉普捷夫海峡	前苏东北部北冰洋沿岸与大利亚霍夫岛	拉普捷夫海与东西伯利亚海	150	50～63	10～14
朗加海峡	前苏联东北部北冰洋沿岸与旦兰格尔岛	东西伯利亚海与楚科奇海	95	125～165	40～44

参考文献

[1]　中国海军百科全书编审委员会.中国海军百科全书（上）.北京：海潮出版社 1998

[2]　海军航保部. 全球海洋重要航道水文气象情况概况. 海军航保部, 1993

[3]　李学伦主编. 海洋地质学. 青岛：青岛海洋大学出版社, 1997

[4]　冯士筰, 李凤岐, 李少菁 主编. 海洋科学导论. 北京：高等教育出版社, 1999

[5]　王崎, 朱而勤. 海洋沉积学. 北京：科学出版社, 1989

[6]　中国大百科全书编辑委员会. 中国大百科全书. 大气科学、海洋科学、水文科学. 北京：中国大百科全书出版社, 1987

[7]　孙湘平. 我国的海洋. 北京：商务印书馆, 1985

[8]　叶安乐、李凤岐编著. 物理海洋学.青岛：青岛海洋大学出版社, 1992

[9]　中国人民解放军总参谋部气象局. 大气环境与高技术战争. 北京：解放军出版社, 1999

[10]　T. Akal. Acoustical characteristics of the sea floor. In physics of sound in marine sediments. Ed. by L. Hampton. Research center: La Spezia. Italy. 1974

[11]　列. 布列霍夫斯基赫 著.海洋声学基础. 朱博贤,金国亮译. 北京：海洋出版社, 1985

[12]　R. J. 尤立克著. 海洋中的声传播. 陈泽卿译. 北京：海洋出版社, 1990

[13]　R. J. Uric. Principles of underwater sound. 2ed. MCGraw-Hill. NewYork. 1975:243～251

[14]　李磊. 99 年 2 号台风对我实习舰的影响及防台保障决策分析. 潜艇学术研究, 1999：No.4

[15]　王路. 琼州海峡中水交换及其动力机制研究. 青岛海洋大学博士论文（1998）

第四章 海洋水体环境与军事应用

我们所研究的海洋水体环境，主要包括海水的基本物理特性、海洋的热力学、动力学特征，以及发生在海洋水体中的各种主要的物理现象。由于海洋水体环境和海上大气环境之间存在耦合和相互作用，因此，当我们研究海上军事活动与海洋环境的相互关系时，通常是对海洋水体和海洋大气的共同影响加以研究。为便于问题的阐述，本章主要探讨海洋水体环境与军事应用研究中的基本问题。海洋大气环境及其对海上军事活动的影响和应用问题，在第五章中讨论。

海洋水体环境是军事海洋学和海洋战场环境研究中最重要的内容之一。海洋水体环境不仅影响舰船、潜艇的航行安全，还影响各种武器系统的使用性能和作战性能。例如，潜入水下的潜艇需要精确的海流资料，以便计算海流对舰位的影响、准确地推算和修正舰位，及时到达目的地；声纳探测系统的最佳使用，更是离不开海洋水体环境的精确参数数据。此外，海军两栖登陆作战、水雷敷设以及其它海上军事活动，也都必须获取足够的海洋环境学资料，才能有效保证军事行动的成功。

4.1 海洋水体的基本物理特性

海水状态及其物理特性的变化影响和制约着海洋水体环境的变化。对海洋战场环境参数化的描述，也首先需要了解海洋水体的基本物理学特性。本节侧重介绍与军事海洋学密切相关的海洋水体的热力学特性、海洋声学特性、光学特性以及电磁特性知识。

4.1.1 海水的热力学特性[1~4]

4.1.1.1 海水的主要热力学特性

1. 热容和比热容

海水因吸收热量而使温度升高，海水温度升高 1K 或 1℃时所吸收的热量，称为海水的热容（单位为 J/K 或 J/℃）。单位质量的海水的热容称为比热容，一般分为定压比热容和定容比热容，符号分别记为 C_P 和 C_V。

海水的比热容和海水自身的性质有关，是海水温度、盐度和压力的函数。C_P 和 C_V 参数在海洋学研究中有重要作用，其值对海洋中声速的计算影响很大。

海洋学研究中，习惯使用定压比热容 C_P，即在一定压力下测得的比热容。其值随压力的增大而减小，而且当盐度相同时，低温海水的值随压力的变化比高温海水更显著；而当温度相同时，压力对低盐海水值的影响较高盐海水更大一些。

以海水比热容 $3.70 \times 10^3 \text{Jkg}^{-1}$ ℃$^{-1}$、密度 1025.129kgm^{-3} 计算，1m^3 海水降低 1℃时所放

出的热量与 3100 m³ 空气降低 1℃时所放出的热量相当。由此可见海洋对气候的巨大影响力。

2. 压缩性

单位体积的海水，当压力增加 1Pa 时，其体积的负增量称为压缩系数。温、盐不变时压缩系数值为 $\beta_t = -\frac{1}{\alpha}(\frac{\partial \alpha}{\partial p})s \cdot t$　　　　　　　　　　　　　　　　　　　　　　(4.1)

式中，α 为海水比容，β_t 单位为 Pa⁻¹。

一般在海洋动力学研究中，海水常被看作不可压缩流体，因为 β_t 的数量级仅为 10^{-10}（Pa^{-1}）。在海洋声学研究中，压缩系数是一个十分重要的参数，声场的计算必须考虑海水压缩性的变化。

3. 比蒸发潜热

单位质量的海水化为同温度的蒸汽时所需要的热量，称为比蒸发潜热，以 L 表示，单位为 J/kg。

海洋所获得的净辐射能量，约有 90%以蒸发潜热的形式释放到大气中。因此，海洋对气候的调节作用十分巨大。海洋的这种"热机"作用——向大气释放凝结潜热，也是海上灾害性天气系统——台风形成和维持的主要能量来源。

海水的比蒸发潜热与纯水相近，主要受温度影响，其经验计算公式为（Dietraid,1980）

$$L = (2502.9 - 2.72t) \times 10^3 \ \text{J/kg}　　　　　　　　　　(4.2)$$

（t 在 0~30℃范围内）

4. 海水的粘滞性

海水的粘滞性是对海水分子粘性摩擦应力或者海水湍流摩擦应力的描述。当海水流体之间有动量传递或存在速度差异时，摩擦应力或者说粘滞性就会产生。

分层海水运动界面上的应力大小为：

$$\tau = \mu \frac{\partial u}{\partial n}　　　　　　　　　　(4.3)$$

式中 u 为流速，n 为海水界面法向方向，μ 称为动力学粘性系数，单位是帕·秒，记为 Pa·s；

海水的湍涡粘滞系数远远大于其分子运动粘滞系数，并且只与海水的运动状态有关。由于流体湍流运动物理机制的复杂性，在海洋动力学研究中，涡动粘滞系数的确定（湍封闭项）具有重要的理论和应用价值，也是一项极具挑战性的工作[32]。

4.1.1.2 海水的基本热力状态参数

1. 海水的温度

海水温度简称海温，是海水最基本的热力学参数之一。海温的高低，取决于辐射过程和海–气之间的热量交换等因素。在海洋大洋环流研究中，为了比较和跟踪深层水团，常用位温 θ（℃）表示海水的温度。海水位温是指水块绝热地位移到海面时具有的温度，它消除了海水可压缩性对海水温度的影响。位温是对绝热变化过程具有守恒性质的参量。在 1000m 以浅的深度，海水位温与现场温度相差很小，可认为相等。实际位温是现场温度、盐度和压力的函数。

海水温度场或海洋热结构的研究及预报是海洋学研究的一项重要内容[19]。由于温度场—质量场—动力场之间存在密切的相互影响和制约关系，海洋温度场是研究大洋环流的不可缺少的指标；水团的划分主要依据海水温度、盐度；海洋温度及其层结决定了海洋声学的特性；海温与海军舰艇特别是潜艇航海和作战活动等关系密切。因此，海温分析与预报是海洋学研究的重要内容，也是军事海洋学研究中特别重视的课题。

2. 海水的盐度

海水盐度（Salinity）是海水中含盐量的一个标度。海洋中的许多现象和过程都与盐度有关。

最初盐度是以氯离子（Cl）浓度为基础，采用硝酸银（$AgNO_3$）滴定来确定。这种方法有很大的局限性。1969 年国际海洋学常用表和标准联合专家小组（JPOTS）根据 Cox.R.A 等人（1967 年）的工作，利用海水电导率随盐度而改变的性质，重新定义了盐度。为克服盐度计算方法上的不足，JPOTS 又建立了 1978 年实用盐标。采用实用盐标后，盐度成为独立参数。实用盐度为无量纲量，记为 S（旧盐度为 S‰）。

我国于 1984 年 1 月 1 日起开始使用 1978 盐标（PSS78）。

3. 海水的密度（ρ）

海水密度是单位体积海水的质量，单位为 kgm^{-3}，海水密度的倒数称为海水的比容（α）。

海水密度是盐度、温度和压力的函数，$\rho = (S, t, P)$，浅海或者 1000m 以上的海洋上层，海水密度主要受海水温度和盐度变化的影响，一般可以直接测量得到。深海处的密度无法直接测量，可以利用国际海水状态方程 EOS80 计算[1]。

海水密度的微小变化，能够引起海洋异乎寻常的响应，产生显著的影响。海洋水体密度的分布和变化，对潜艇水下操纵影响非常大，是海洋水体环境的重要参数之一。

4.1.2　海洋环境声学特性[2, 5~7]

海洋环境的声学特性，主要是声能在海洋水体中的传播特性。海洋环境声场研究对声纳系统的作战使用至关重要。海洋（包括水体、海面和海底）环境对声传播的影响非常显著，也非常复杂。目前，水下测距、通信、定位以及海底遥感探测等，仍然主要依赖声波和水声技术，因此，海洋环境的声学特性研究，对潜艇战和反潜战意义非常重大。

4.1.2.1　海洋中的声速及声传播损失

1. 声速及声速剖面

海洋中水声传播的速度表达式为：

$$c = \left(\frac{\partial p}{\partial \rho} \right)_s = \frac{1}{\rho \beta_s} \tag{4.4}$$

其中 p 为声压，ρ 为海水密度，β_s 是海水的绝热压缩系数，因 ρ，β_s 都是海水温度、盐度和静压力的函数，因此，声速值也主要由这些水文要素值决定。β_s 随温度的增加而减小，因此，不计密度的变化时，温度升高时声速将增大，事实上，在温度、盐度和静压力三者中，温度对声速的影响最大。

声波的传播规律与速度有关，因此，了解声速的变化规律是十分重要的。海洋的层化特性，即水文要素的水平变化远远小于垂直方向上的变化，反映在声速的分布上，为不同的声速断面分布。图 4-1 给出一组典型的浅海声速断面。冬季由于混合充分，浅海典型的声速断面是等温层；夏季在无风、平静的海况下形成负梯度跃层，从而出现浅海声道。在东海黑潮流域，也容易形成不太稳定的浅海水下声道。

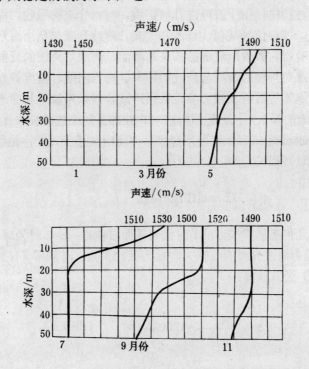

图 4-1 典型的浅海声速断面

典型的深海声速断面如图 4-2 所示。声速极小值（声速轴）大约在 1000m。

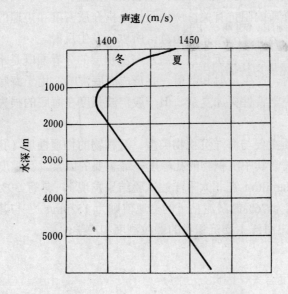

图 4-2 典型的深海声速断面图

2. 海洋中的声传播损失

声速在海洋传播过程中，由于波阵面几何扩展，海水介质的吸收，海面以及海底过程引起的声能损失或衰减，使声信号减弱、延迟和失真。声波衰减包括由海水及水中悬浮物、气泡以及生物对声波的吸收、散射所造成的损失和海面、海底对声波的反射所造成的损失。在无限均匀海水中，海水对声波的衰减与声波的频率、海水温度、盐度等有关；在非均匀海水中，声波还受海流、涡流等散射衰减影响。低频声波较高频声波更易穿透涡流。海底底质不同，对声波的反射造成的损失不同，泥质海底对声波的反射造成的损失比沙质、岩质海底大。

声传播损失（Transmission Loss）是声源级与声场中某接受点处声强级之差，是声波的波阵面几何损失与传播衰减损失之和。公式为：

$$TL = n(10\lg r) + \alpha r + L \qquad (4.5)$$

式中第一项是波阵面几何扩展损失，n=1 时代表柱面波传播；n=2 时为球面波传播。

（4.5）式第二项为海水介质吸收损失。α 为吸收系数，与频率 f 有关。当 $f \leqslant 10\mathrm{kHz}$ 时，α 值由梅伦（Mellon）公式计算：

$$\alpha = \frac{Af^2}{1+\beta f^2} + 0.0035 f^2 \qquad (\mathrm{dB/km}) \qquad (4.6)$$

由（4.6）可见吸收系数随频率升高而增大，这是现代远程声纳普遍采用低声频工作的主要原因。

（4.5）式最后一项代表海面和海底的声学特性产生的声能损失。

海面是水声信道的界面之一，到达海面的声波会发生反射、透射和折射现象。其中反射的特性与海水和空气两种介质的阻抗有关，所谓阻抗是指介质密度和声速的乘积。对于理想平静的海面，介质阻抗之比 $\rho_w c_w / \rho_a c_a = 3000:1$，所以会发生反射。

同样，在海底的地壳上面，存在沉积层，海水与沉积层的分界面既是水声学中的海底界面。声波在到达海底界面时，产生反射和散射，并形成海底混响。由于海底地形、底质结构及其分布的变化，海底的声学特性更加复杂，但一般声波强度在海底的损失小于海面声强损失。

海底沉积物的声学性质主要与海洋沉积物类型、沉积物的物理性质（孔隙度、密度）以及沉积物的颗粒度特性有关。其中沉积物的孔隙度是最重要的因素。孔隙度是海水在沉积混合物中体积浓度的标度。Hamilton 在北太平洋的试验结果发现[9]，具有 39%孔隙度的粗砂，其声速为 1836m/s；孔隙度为 76%的淤泥粘土的声速值则为 1529m/s， 与其水下声速值（约 1564m/s）相当。表 4-1 给出海洋主要沉积物的颗粒测度和声学性质。

表 4-1　海洋沉积物的颗粒测度和声学性质

沉积物类型（考虑到海洋区特点）	样品数目	颗粒直径/mm 平均值	沉积物含量（%）			孔隙度		声速		频段/kHz	F=10kHz 时的吸收系数/（dB/km）
			砂	淤泥	粘土	平均值	均方偏差	平均值	均方偏差		
（大陆斜坡和大陆架）											
粗砂	2	0.530	100.0	——	——	38.6	——	1836	——		
细砂	9	0.153	88.1	6.3	7.1	43.9	1.29	1742	10	0.1～1.0	4.0～4.9
砂性淤泥	11	0.073	65.0	21.6	13.4	52.8	1.55	1677	9	7.5～16	6.2～10.4
砂泥粘土	17	0.018	32.6	41.2	26.1	67.5	1.66	1578	9	7.5～16	1.6～2.7
粘土砂泥	40	0.006	6.1	59.2	34.8	75.0	0.87	1535	3	5～50	1.6～5.6
砂性粘土	17	0.003	5.3	41.5	53.6	76.0	0.74	1519	3	4.5	0.7～1.1
（深海平原）											
砂性淤泥	1	0.017	19.4	65.0	15.6	56.5		1622			
淤泥	1	0.016	7.2	79.5	13.3	6..6		1634		4～50	0.67
粘土淤泥	15	0.005	7.6	50.3	42.1	78.6	1.53	1535	2		
淤泥粘土	35	0.002	2.9	36.1	61.3	85.8	0.49	1521	2		
粘土	2	0.001	0.1	20.3	79.6	85.8		1505		4.5	0.7～1.1
（深海高原）											
粘土淤泥	3	0.0035	3.3	50.0	46.7	76.4		1531			
淤泥粘土	32	0.0026	2.6	32.9	65.2	79.4	0.77	1507	2		——
粘土	6	0.0015	0.6	20.7	78.98	77.5	1.35	1549	1.4	4.5	0.7～1.1

4.1.2.2　海洋的变异性及其水声环境

海洋中的海流、中尺度涡旋以及内波造成海洋环境的变异，因此会改变海洋声场的传播特征，例如使声波在时间和空间上产生较大的起伏变化。了解海洋的变异性及其对水声环境的影响，对海军战术水声应用具有重要的意义。

在大尺度海流——黑潮和墨西哥湾流的边界附近，存在着物理性质差异较大的海洋锋。锋面内的温度、盐度、密度和声度变化强烈。图 4-3 是湾流区远程声传播的试验结果。由图可见声源位置在湾流边界微小的偏移，引起水听器接受到的声强声级的较大变化（6～10dB）。这是因为锋区两侧水温场差异使声速轴深度改变而引起的。因此海洋锋在水声对抗中具有重大的意义。

在黑潮和湾流的边界附近，会产生中尺度的海洋涡旋，其直径在 50~200km，涡旋中的最大流速可达 100~200cm/s。由于涡旋中心水团与涡外部水团性质存在较大的差异，因此，涡旋对水声场产生相当大的扰动。图 4-4 给出在与涡旋环垂直相切的剖面内的声速分布情况。由图可见，在涡旋中心声速的垂直梯度显著地增大。

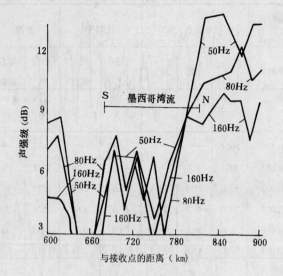

图 4-3   湾流锋取对声传播的影响

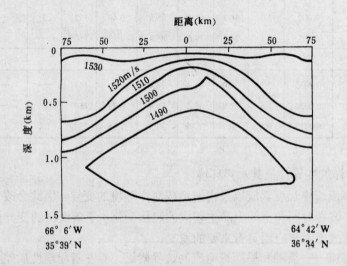

图 4-4   在涡旋环的垂直剖面上的等声速线分布

　　海洋内波形成水文要素的变异分布引起声波强度和相位较大的起伏。图 4-5 给出相距 1318km，声波振幅图 4-5a）位相图 4-5b）由于内波影响随时间的变化情况。计算表明，当在季节性温跃层内存在振幅足够大，而波长相对的小的第一号简正模式时，在第一会聚区上将出现一组附加的焦散线。这些焦散线将在内波波峰从声源附近通过时出现，而当波谷通过时消失[5]。内波能够造成声波在内波波峰上折射并形成会聚区，同时还会造成显著的声线水平折射，改变声线在水平面上的传播方向。

　　此外，海洋中的小尺度湍流，海水空化以及大洋浮标及生物群体产生的深水声散射等，都会引起声场的起伏。

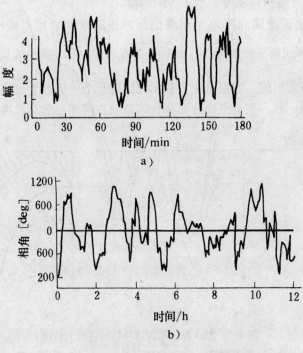

图 4-5　内波对声速传播的影响

a）声波振幅　　　　b）位相

4.1.2.3　海洋中的声传播声道现象 [5, 11]

1. 表面声道（弱正声速梯度）型声波的传播

当出现海温随深度增加而增大的逆温现象时，声速也随深度增加，即正声速梯度（$g=\dfrac{\partial c}{\partial z}>0$）分布的情况，此时声线将向上弯曲，水下声源发出的声线弯向海面，经海面反射后，声线将重又逐渐向上弯曲，如此反复，形成海洋声波的波导传播路径，如图 4-6 所示。在冬季，尤其是高纬海域经常出现这种传播现象，称为海面声道传播。秋、冬季我国渤海、

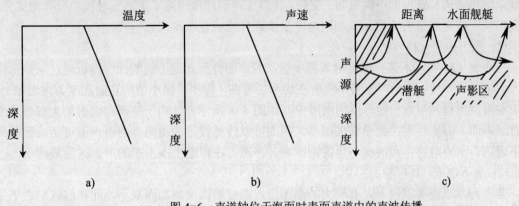

图 4-6　声道轴位于海面时表面声道中的声波传播

a）温深廓线　　　b）声速剖面　　　c）声线轨迹

黄海和东海海域基本呈表面声道型分布[11]。

2. 表面反声道（负声速梯度）型声波的传播

当浅海海域海水温度随深度增加而降低，声速随水深增加而减小即出现负声速梯度（$g = \dfrac{\partial c}{\partial z} < 0$）时，声线向下折射弯曲（如图4-7所示），形成声线的反声道传播路径。此种现象在夏季低纬海域常出现，特别是在炎热无风的晴天下午更易于出现。夏季我国海域基本为表面反声道型分布，秋、冬季主要分布在台湾海峡东南部，台湾浅滩以东的海域[11]。

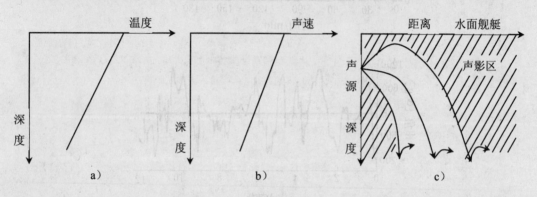

图4-7　海水温度随深度降低时声波的传播

a）温深廓线　　　b）声速剖面　　　c）声线轨迹

3. 声速垂直均匀型声波的传播

在热带和温带海域的海面浅水层，由于风浪引起的涡动或湍流混合作用，常会出现几十米甚至上百米厚的等温层。在海水静压力和盐度的影响可以忽略时，声速呈均匀分布，声速梯度为零，此时声线呈直线传播。冬季，我国福建近岸浅水区和山东半岛南部、黄海北部近海也会出现声速均匀型分布[11]。

4. 水下声道/反声道型水声传播

海水声速主要取决于海水温度、水深（海水静压）和盐度，海洋特别是大洋深水区，海水复杂的热结构和跃层的不同分布、变化，使得水声剖面曲线除了上述三种简单分布型式外，还会出现一些更复杂的变化，并相应地产生水声传播的复杂形式。

（1）水下声道（Ⅰ）型

当声速 $C(z)$ 在水下某一深度达到极小值，若声源位于此最小值的深度附近时，从声源向各方向辐射的声线，将向声速极小值所在的水层弯曲（称水声极小值所在的深度为声道轴），声束被限制声道轴附近一定厚度的水层中（如图4-8所示）。由于从声源辐射的大部分声线没有经海面、海底反射，能量损失很小，因而可以传播较远的距离。利用声道可达成远距离水下通信、水声对抗；而潜艇与鱼雷则应避开声道，在声道上下水层的声影区隐蔽活动。

（2）水下声道（Ⅱ）型

若在海水表面等温层下，有较大的温跃层，温度随深度增加而减小，而在温跃层之下又是等温层，则在海表层的等温层内，声线呈直线传播，通过温跃层时，声线向下弯曲，开始发散，跃层对声线起到部分的屏障作用，如图4-9所示。

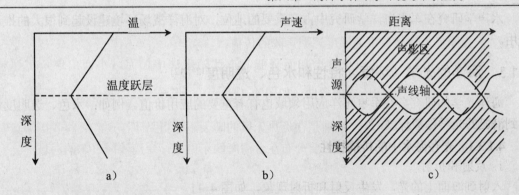

图 4-8　声波在温跃层中传播（I）

a）温深廓线　　b）声速剖面　　c）声线轨迹

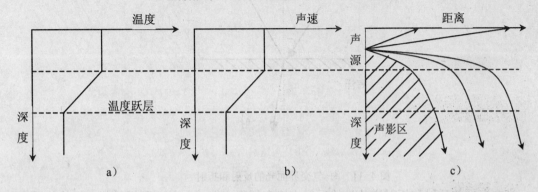

图 4-9　声波在温跃层中传播（II）

a）温深廓线　　b）声速剖面　　c）声线轨迹

（3）反声道型

当海洋上层为一等温混合层或弱的逆温层，下层出现温跃层（正温度梯度）时，在海水温跃层处形成声跃层。在温跃层上确界或等温层的下确界，即声速分布由正梯度变为负梯度处，声线束发生分裂，辐射声线分别向上、向下弯曲、发散，声强减弱，且产生声影区，如图 4-10 所示。冬季，在我国东海陆架坡折区和冲绳海槽之间黑潮流经的海域，声速垂直分布类型为水下反声道型。

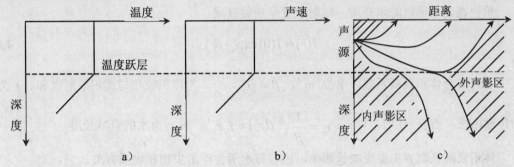

图 4-10　声波在温跃层中传播（III）

a）温深廓线　　b）声速剖面　　c）声线轨迹

水声学研究在军事海洋学研究中占有重要的地位，对海洋战场环境建设起到很大的推进作用。

4.1.3 海洋的光学（环境）特性和水色、透明度[2，12]

海洋光学的研究，在军事海洋应用领域也有着重要的应用价值。例如：水色、透明度影响到潜艇的光学隐蔽深度。

4.1.3.1 光在海水中的传播特性

1. 反射和折射

入射到海面上的光，发生反射和折射现象，如图 4-11。

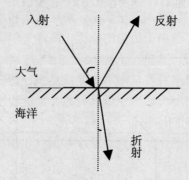

图 4-11   海-气交界面光的反射和折射

光在海面的反射和折射遵从光的反射定律和折射定律，入射角和折射角之间的关系为：

$$n_a \sin\theta_a = n_w \sin\theta_w \qquad (4.7)$$

式中 n_a, n_w 分别为大气和海水的折射率。海水折射率随海水盐度、温度略有变化，近似为 1.34。光通过平静的海面进入水体后，被压缩成 48.3° 的锥形光束。当入射光束的立体角较小时，由于光束立体角的压缩，致使进入水体后的辐射亮度增强。

2．吸收和散射

海水吸收和散射是引起光衰减的主要物理过程。

单色直光束通过海水介质，辐射能量呈指数衰减：

$$I(r) = I(0)\exp(-\beta r) \qquad (4.8)$$

式中 β 为混合体积衰减系数，单位 m^{-1}，$\beta = \beta_a + \beta_s$，为体积吸收与体积散射之和。$r$ 为光的传输路径。当 $\beta r = 1$ 时，即 $r = r_c = \dfrac{1}{\beta}$，$I(r_c) = I_0 e^{-1}$，称 r_c 为水的衰减长度。

体积衰减系数 β 主要受波长影响，也与海水所含浮游生物和物质有关。

通常沿岸海水的光谱透射窗口为 0.520μm，其衰减长度约为 1.2~5m。大洋海水光谱透射窗口为 0.480μm，衰减长度为 20m。

4.1.3.2　水色和透明度

海水透明度（Transparency）是表征海洋水体透明程度的物理量。海洋光学研究中，海水透明度（τ）定义为

$$1K = I/I_0 = \exp(-\beta z) \tag{4.9}$$

式中 β 为衰减系数。显然，透明度与衰减系数 β 有关。

海水的颜色简称水色（Water Color），是由水分子及悬浮物质的散射和反射光学性质决定的，它是由海面正上方（最大限度地减少反射光—白光的成分）所看到的海水颜色。而海色（Sea Color）则是指海洋观测现场水体所呈现的表现颜色，是以反射、散射等多种光谱从海面映射出来的色彩。海色与太阳高度、天空状况、海底地质和水文条件等有密切关系。尽管水色和海色是两个不同的概念，但由于历史的原因，海洋光学研究中，仍沿用水色代替海色。

水色与透明度取决于海水的光学特性。海水中光线愈强，透明度愈大，反之，则愈小。一般而言，水色高（蓝色），透明度大，水色低（褐色），透明度小。

4.1.3.3　水色透明度的分布和变化

决定水色和透明度分布、变化的主要因素是悬浮物质（包括浮游生物），同时与海水成分、受污染情况以及海流等有关。

浅海水色比大洋低，等水色线在近海一般与大陆平行。通常低纬带水色高，热带大洋多为蓝色，黑潮暖流为深蓝色。温带及寒带水色较低，亲潮寒流近绿色。

透明度的分布也相同，越靠近大陆透明度越低。近岸河口区仅 1～2m，大洋可超过 50m。大西洋马尾藻海的透明度高达 66m（南极威得尔海曾实测到最大透明度达 80m）。一般而言，低纬海区透明度大于高纬，暖流的透明度大于寒流，如黑潮的透明度 25~30m，有时可达 40m，亲潮只有 10~15m。水色和透明度还随季节而变化，它取决于海洋生物和大陆径流的季节变化。

4.1.4　海洋中的电磁场特性[12]

由于海水的电介质特性，它对电磁波的衰减作用极大，致使电磁波用于海中通信比较困难。但随着现代电子技术的发展，海洋电磁波的研究与应用也在不断发展。了解海水特别是海洋表面上的电磁波传播特性，具有较重要的军事意义。

4.1.4.1　海水中的电磁场

在电磁场的传输过程中，介质的电特性，如导电率、磁电率和介电常数等，与电磁场的反射、折射、透射及衰减等有直接的关系。

1. 海面电磁波的反射和折射

电磁波由空间向海水辐射或由海水向空间辐射时，会发生反射和折射，即形成反射波和透射波。透射波能量的大小随两种介质的固有阻抗而变化。当两种介质的固有阻抗相近时，透射波达到极大，反射波极小；当两种介质的阻抗相差很大时，透射波将衰减至极小。由于海水与空气两种介质的固有阻抗之比约为 63∶1，因此，电磁波的透射波很小，约为 3%。

2. 海水中电磁场的衰减

从海面进入海水中的透射波在传播过程中产生衰减。衰减量随频率而变。

在海水中的电磁波传播单位距离（1m）的衰减量（α）与频率（f）的关系式为：

$$\alpha = 345 \times 10^{-2} \sqrt{f}$$

（4.10）

式中频率 f 的单位为赫兹（Hz）。

由于低频波进入海水中数字件相对较小，因此海水中发射波长较长的低频波比较有利于水下接受、通信。高频波则不利水下通信。

4.1.4.2　海面电磁波导[12, 27]

海洋大气层，特别是低层大气，由于受海-气界面过程的影响，会产生复杂的电磁波传播分布、变化，例如甚高频以上的电磁波的传播路径就仅限于大气层中的对流层底和海表面，而且在传播过程中路径产生变异现象。

当大气折射指数随高度减小，即出现超折射情况时，以一定仰角发射的电磁波被捕获在一定厚度的大气层内，经不断反射和折射，传播到远方。这种现象称为电磁波的大气波导传播（Ducts Transmission）。

当暖空气流经寒冷海面上，并在一定环境形势下形成逆温层和上层暖湿、下层干冷的层结分布时，海面容易出现超折射和大气波导。

海洋上的大气波导主要有三种类型：表面波导（一般在300m以下）、蒸发波导（6~30m）和悬空波导（一般在3km以下常见）。我国东海、南海大部海域大气波导的发生频率在50%以上，全球海域波导的分布如图4-12所示：

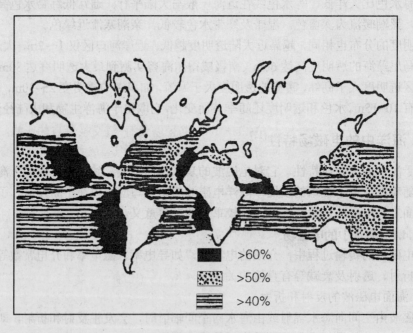

图4-12　全球海域波导发生概率

虽然大气波导主要取决于海洋大气折射率，但与海洋水体环境有关，并且大气波导是海洋战场的重要因素之一，海上作战侦察和指挥，必须充分考虑海上大气波导的影响。有关的详细内容，放在第五章介绍。

4.2　海洋水体的热力环境

　　海洋运动是地球物理流体在一定规律支配下的运动；复杂变化着的海洋，无论是大洋中的环流，周期性的潮波运动，还是海洋中的锋、内波以及中尺度涡旋，它们在一定程度上又是有组织、有结构的；即便是湍流随机过程，仍然存在统计上的规律性和系统性。海洋水团以及海洋层化现象的存在，说明海洋水体是有结构的。描述海洋物理特性的热力学、动力学参数在水平和垂直空间分布具备特点，研究这些海洋系统的分布和变化，以及各种运动的现象和规律，有助于我们认清复杂海洋水体环境中的"结构"，犹如透明的海洋一样，能够利用隐藏于水体之中的"峰峦叠嶂"，这对海军舰艇航行安全和武器系统的有效发挥，特别是潜艇战、反潜战无疑是非常重要的。

　　海洋水体环境的研究与应用，是军事海洋学研究的核心重要内容。

　　海洋中的热力过程与动力过程是相互耦合在一起的，但就海洋环境的特征而言，海洋的热力结构特征（水团、水文要素的分布、密度层化与跃层现象等）与动力结构特征（海流、潮波运动与海浪等）各具特色。本节主要讨论海洋的热力学环境—水团和海洋的跃层现象。

4.2.1　水团[14]

4.2.1.1　水团的定义及其成因

　　海洋学中的水团是指源地和形成机制相近，具有相对均匀的物理、化学和生物特征及大体一致的变化趋势，而与周围海水存在明显差异的宏大水体

　　水团分析是研究物理海洋环境的重要内容之一。水团不仅和跃层、海洋锋、中尺度涡等重要海洋现象相联系，也和海流运动有密切的联系。因此，水团的分布，运动和变性，对水面和水下军事活动产生重要的影响。

　　世界各大洋及不同海区的水团特征不同。水团初始特征的形成，受到太阳辐射、海陆分布和环流特征、降水与蒸发、结冰与融冰、路径以及海-气交换特点的影响，并主要有源地的上述地理环境和气候状况条件制约。水团形成之后，在运动过程中受环境变化的影响或与周围海水交换混合，发生变化，即水团变性。水团的变性既有外部热交换的原因，也有内部水团之间热、盐交换及扩散、混合的过程。

　　由于大洋次表层以深的水团变性纯属混合变性，因此，了解海水混合过程对验测海洋水团变性和海洋温、盐、密结构是必要的。

4.2.1.2　海水混合形式

　　海水的混合形式主要有三种：

　　1.　分子混合

　　通过分子的随机运动与相邻海水进行特性交换。这种形式的交换强度很小，且只与海水的性质有关。

　　2.　对流混合

　　由于热盐作用使水团层结不稳定时，产生对流运动使水体发生交换。

　　3.　湍流混合

　　海水微团的湍流随机运动引起的海水混合，是海洋中海水混合的主要形式，其交换强度

远远大于分子混合形式，湍流运动是海洋运动的最普遍现象，其形成是由于平均运动剪切和海水层结不稳定。湍流运动的直观表现为涡的运动。涡包括各种大尺度和脉动频率，最大的涡与低频脉动相关，其空间尺度与流动区域同量级，最小的涡则与高频脉动相关，为粘性力所决定。

4.2.1.3 海洋混合效应

1. 海洋上层混合

海-气界面和海洋上层是海水混合最强烈的区域。动力因子引起的涡动混合与热力因子引起的对流混合能够达到数百米的深度，大风作用在浅海使混合作用直达海底。混合作用的结果是在一定深度以上形成水文特性均匀相对混合层，在混合层的下界将出现一个水文特性梯度较大的过渡层即跃层，跃层以下的分布基本不变。

2. 海洋底层混合

主要由潮流、海流等动力因子引起，在底摩擦作用下，产生湍流混合。在浅海或近岸海域，下混合层可与上混合层贯通，从而导致水文要素的物理性质在垂直方向分布趋于均匀。

3. 海洋内部混合

主要由海洋内波引起。海洋内波引起的振幅变化以及波致流流速切变，以及内波本身的破碎，都会造成海洋内部的强烈混合。

此外，海洋内部还存在完全由热量与盐量通过分子扩散而引起的"双扩散"混合现象。

海水的混合作用，不仅使水团变性加快，也改变了水团原有的层结结构和要素分布，进而对海洋的运动也产生间接的影响。

4.2.2 海洋水体的热力学状态[1,2,15]

海洋表面的能量和物质交换，主要是热通量、淡水通量和动量通量，基本决定着海洋温、盐、密热力学状态和海流运动状态的时空分布与变化（海洋地理和地形边界条件的影响可以认为是常定的）。这些通量的地理分布和时间变化特征，代表了海洋的基本热力学特征。

4.2.2.1 海洋表面的能量和物质交换

1. 海洋表面的热通量

通过海面向下的净热通量 Q，可以写作

$$Q = Q_S - Q_B - Q_H - Q_E \tag{4.11}$$

其中 Q_S 是向下的太阳辐射通量，Q_B 是净向上的长波辐射通量，Q_H 和 Q_E 是向上的感热和潜热通量。

(1) 通过海面向下的净辐射通量（$Q_S - Q_B$） 通过海面向下的有效太阳辐射值 Q_S，主要取决于到达大气顶水平面上的太阳辐射、大气的吸收和散射、云和海面的反射。净向上长波辐射 Q_B 则主要决定于海表水温、云量、海面之上的大气湿度和海气温差。穿过海面向下的净辐射通量的分布型式和高低中心位置与 Q_S 相近。1 月在 40°N 以北通量为负值，7 月 40°S 以南为负值。1 月位于北太平洋和北大西洋 40°N 附近的通量零线略呈西南—东北向，而 7 月在 40°S 之南的通量零线基本与纬圈平行，说明北半球受海陆分布不均的影响较大。

(2) 感热和潜热通量 感热通量 Q_H 主要取决于海-气温差和风速。Q_H 一般在冬半球的中纬度海洋最大，在热带海洋比较小，这与海-气温差分布很相似。潜热通量 Q_E 主要取决于海表大气的水汽饱和程度和风速，数值上一般比感热大得多。1 月最大值区位于副热带北太

平洋和北大西洋，而赤道印度洋、赤道东太平洋和赤道大西洋为相对低值区。7 月份高值区分别出现在南印度洋、南北太平洋和大西洋的副热带区域。

(3) 海面向下的净热通量　通过海面向下的净热通量 Q 的气候分布如图 4-13 所示。1 月 (图 4-13 上)的主要特征是：北半球大部分海洋 Q 为负值，海洋向大气输送热量，在 $30°$ N～$40°$ N 的西太平洋和中、高纬度大西洋西部热通量最大，达 $-150\text{W}/\text{m}^2$ 以上；南半球 Q 为正值，且从热带向中纬度增加，高值区在中纬度南大西洋和 $40°$ S～$50°$ S 的西南印度样和西南太平洋。7 月(图 4-13 下)与 1 月 Q 的分布型式相反，在 $5°$ S～$10°$ S 以南为负值，大部分在 -50～$-150\text{W}/\text{m}^2$，而北半球大部分为正值，其中以 $20°$ N 以北的北大西洋和 $40°$ N 附近的西太平洋最大，达 $100\text{W}/\text{m}^2$ 以上。

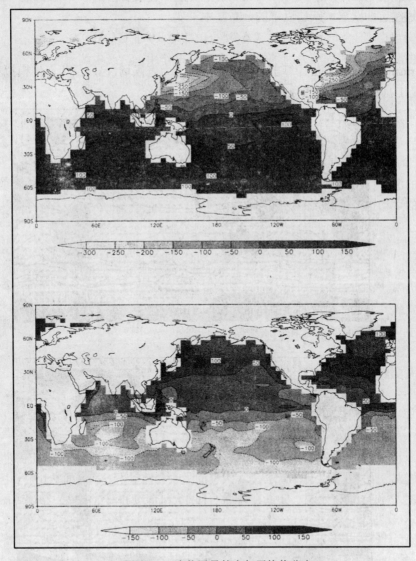

图 4-13　净热通量的多年平均值分布

2. 动量通量交换

海表动量的垂直通量，即海表风应力 $\vec{\tau}$，其值：

$$\bar{\tau} = \rho C_D \vec{V} |\vec{V}| \tag{4.12}$$

其中 ρ 为空气密度；C_D 为拖曳系数，主要与风速和稳定度有关；$|\vec{V}|$ 为海表风速。

Hellennan 和 Rosenstein 根据近百年世界海洋表面的风速观测资料计算了世界海洋月平均风应力。C_D 取为风速（$|\vec{V}| = (u^2+v^2)^{1/2}$ 和海表气温与海温差 $\Delta T = T_a - T_s$ 的函数。计算公式为二阶多项式

$$C_D\,(|\vec{V}|,\,\Delta T) = 0.934 \times 10^{-3} + 0.788 \times 10^{-4}|\vec{V}| + 0.868 \times 10^{-4}\Delta T - 0.616 |\vec{V}|^2$$

$$-1.20 \times 10^{-5}\,(\Delta T)^2 - 0.214 \times 10^{-5}|\vec{V}|\,(\Delta T) \tag{4.13}$$

Hellerman 和 Rosenstein 计算出的世界海洋风应力气候场，已广泛为海洋模拟和分析应用。图 4-14 是 1 月和 7 月的海表风应力矢量图。

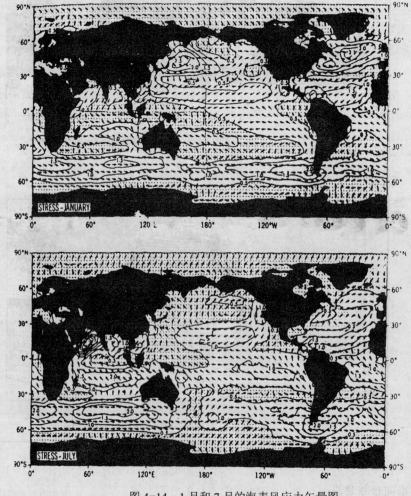

图 4-14 1 月和 7 月的海表风应力矢量图

3. 淡水量交换

忽略陆地与海洋之间的径流，通过海面大气与海洋之间的水交换，为降水量减去蒸发量($P-E$)（一般称作海面淡水通量），它直接影响上层海洋盐度的分布和变化，淡水通量为正值区域盐度低，为负值区域盐度高。

淡水通量分布的主要特征是：在近赤道的热带为正值，主要中心在热带西太平洋和中印度洋；副热带区域为负值，冬季负值最大。在西太平洋，1月主要正中心在赤道以南(10°S，170°E附近)，副热带北太平洋的负区范围最广，强度最大，在西部可达150~200mm／月。到7月主要正中心移向西北达5°N，140°E，在北太平洋西部包括副热带全变成正值区。

海表淡水通量与降水分布型式相当接近，淡水通量的主要正值区域对应主要雨带，淡水通量的季节变化对应雨带的季节性移动，季风区域雨带季节变化最大，淡水通量的分布变化也最大。

4.2.2.2　海水温度的分布和变化

为了比较和跟踪深层水团，常用对绝热位移具有守恒性质的位温表示海水温度，海水位温定义为一水块绝热地位移到海面时具有的温度，它消除了海水可压缩性对温度的影响。位温比现场温度略低，在海水深度不超过1000m时，位温与现场温度相差很小，可认为相等。

1. 年平均海温分布

全球海表年平均位温 (图4-15)基本上是纬向分布的，热带海洋温度在20~30℃之间，极地海洋降至0~1℃。等温线在中纬度(40°S和40°N附近)最密集，南北温度梯度最大，尤其以太平洋和大西洋的西岸附近最显著。纬向不对称的特征主要表现在赤道和热带区域，在太平洋和大西洋都是西部暖，东部冷。热带西太平洋是全球最大的暖水区，通称"暖池"，暖池中心温度接近30℃。热带东太平洋冷水区从秘鲁海岸向西北伸至赤道，然后沿赤道向西伸，通称"冷舌"，秘鲁海岸附近海温最低，约在20℃以下。

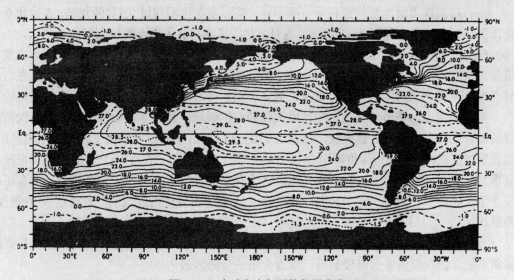

图4-15　全球海表年平均位温分布

海温随深度和纬度有明显变化，从纬向年平均位温随深度的分布图(图4-16)可见，在海洋上层温度随深度变化较大。垂直温度梯度最大在热带海洋，深度为100m左右，即是所谓的"温跃层"。在中高纬度，海温的垂直变化较小，但经向梯度很大。60°S附近等温线最密集。

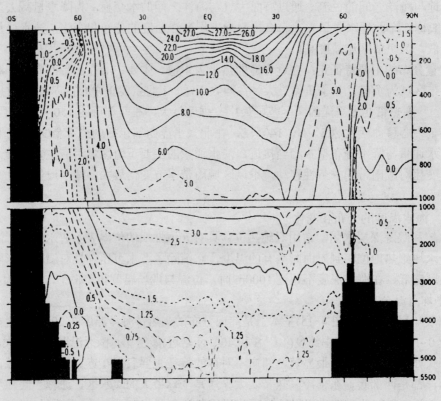

图 4-16　纬向年平均位温随深度的分布图

2. 混合层和温跃层

混合层的深度随地理位置和季节而不同。按温度变化不超过 0.5℃的判据，3 月和 9 月的全球混合层深度分布如图 4-17 所示。3 月，北太平洋和北大西洋的混合层深度最大，一般为 100~500m。热带地区混合层深度较浅约为 20~75m。在南半球 60°S 附近有一相对的深度极大值带，深度为 75~100m 。9 月，南半球中高纬度混合层深度最深，也为 100~500 m 左右，这时北太平洋和北大西洋的混合层变浅。热带和副热带海区的混合层深度随季节的变化较小。

混合层深度随季节的变化在中纬度大洋西岸的暖流区最显著，如黑潮和大西洋的湾流区域的混合层在冬末 3 月达到最深，分别为 170m 和 250m 左右。其后由于表层太阳辐射加热，混合层深度陡减，5 月份深度降至 30m 以内；整个夏半年(5~10 月)混合层的深度都很浅，从夏季到冬季混合层加深的过程比较平缓，不像春季的过渡那么剧烈。在副热带，混合层的深度季节变化较小，北太平洋和北大西洋 25.5° N 的逐月变化曲线表明，混合层 1 月最深，6 月最浅。

在海表混合层与深层海洋之间存在一个厚度较小垂直温度梯度极大的过渡层，称作温跃层或斜温层。温跃层的垂直温度梯度，以近赤道热带海区最大。

在中高纬度海洋，春季以后海表显著加热，在永久性温跃层(或称主温跃层)之上会出现季节性的垂直温度梯度大的区域，称作季节性温跃层，到了秋季以后海洋上层冷却，风的垂直混合作用加强，季节性温跃层消失。在冬季，主温跃层通过所谓温跃层通风过程与大气直接交换信息。通风过程发生在海表风应力旋度为负值的区域，海水辐合引起垂直下沉运动，使海表的信息(动量和密度等性质)传到主温跃层。它与海盆尺度的温盐环流变化关系密切，典型的时间尺度为几十年。

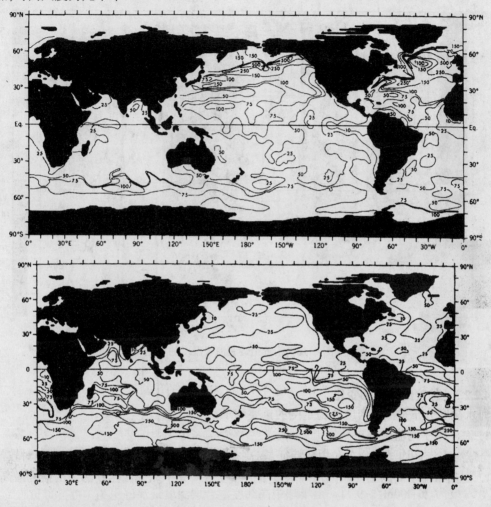

图 4-17　全球混合层深度分布图

3. 海表温度的季节变化

海表温度(SST)是海洋影响大气和其它气候子系统的最重要的物理量，它的季节变化、年际变化及更长时间的变化对气候系统的变化都很重要。

图 4-18 表示沿赤道逐月海表温度的变化，它基本代表了各大洋热带赤道区域的季节变化特征。由图可见，以 155°E 为中心的西太平洋暖池区，全年温度都在 29℃以上，温度季节变化的振幅较小，温度季节变化的振幅较小。在 4～6 月和 10～12 月两段时间，29℃以上区域东西范围最宽，温度相对较高，其中以 4～6 月最高，在 7～9 月温度最低。

对于赤道大西洋大部区域，7～8 月温度最低为 23～24℃，3～4 月最高达 28℃以上，而在赤道大西洋西部靠近南美大陆区域温度在 4～6 月最高，与西太平洋相似。

印度洋的变化与前述两大洋的季节变化情况差别较大，突出了季风环流特点。大部分区域大于 20℃的高温时期为 3 月中到 5 月，高温区随季节推移有明显的从西向东传的倾向。

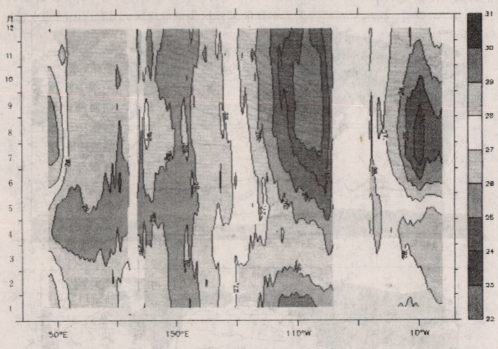

图 4-18　沿赤道逐月海表温度的变化

4.2.2.3　盐度的分布和变化

海水盐度分布是决定密度和稳定度的重要因子。

1. 海洋年平均盐度分布

全球海表年平均盐度分布的主要特征是：副热带最高，高纬近极地最低，热带相对较低(图4-19)。副热带盐度高的主要原因是降水量小于蒸发量，其中北大西洋副热带的盐度最高达

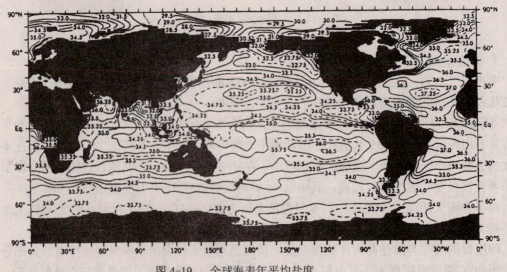

图 4-19　全球海表年平均盐度

37.5。副热带北太平洋和北大西洋高盐度中心位于 $25^{\circ}N \sim 30^{\circ}N$，南太平洋和南大西洋的高中心位于 $25^{\circ}S$ 附近。值得指出的是，副热带南太平洋的盐度分布是纬向不对称，高盐度中心偏东，位于 $120^{\circ}W$ 附近，热带和副热带西太平洋的暖池区为低盐度区，因为这里的降水量很大。北印度洋的盐度分布也是纬向不对称的，西部的阿拉伯海为高盐度区，东部的孟加拉湾附近为低盐度区，我国南海的盐度约为 33 左右，比同纬度的世界其它海洋低。

2. 盐度随纬度和深度的变化

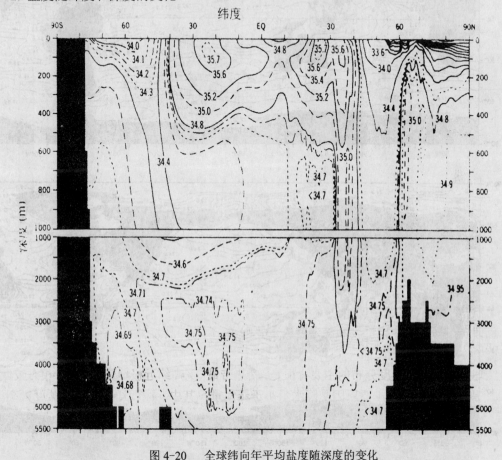

图 4-20　　全球纬向年平均盐度随深度的变化

图 4-20 是纬向平均盐度随深度的变化。在 60°S 附近有一明显的低盐度舌，从海表向下向北伸，到 $40^{\circ}S$ 左右此低盐舌的下界达 1000～2000m。在副热带海面或近海面层盐度最高，这代表了南北太平洋和大西洋及南印度洋副热带高盐区的平均情况。在 $10^{\circ}N$ 附近的表层水有一盐度极小值区，它大致与北太平洋和北大西洋热带辐合区的位置相应，这里降水大于蒸发。关于北半球高纬度，在 $50^{\circ}N$ 附近副极地区域为盐度极小值区。在 $60^{\circ}N \sim 70^{\circ}N$，200～1000m 处还有一相对的盐度极大值出现，该处等盐度线近垂直，这是北大西洋区域通量交换强烈的表现。

4.2.2.4　海水密度的分布

海水密度是表示海洋热力学状态的另一重要物理量。它的空间分布与稳定度和三维速度场有密切关系。

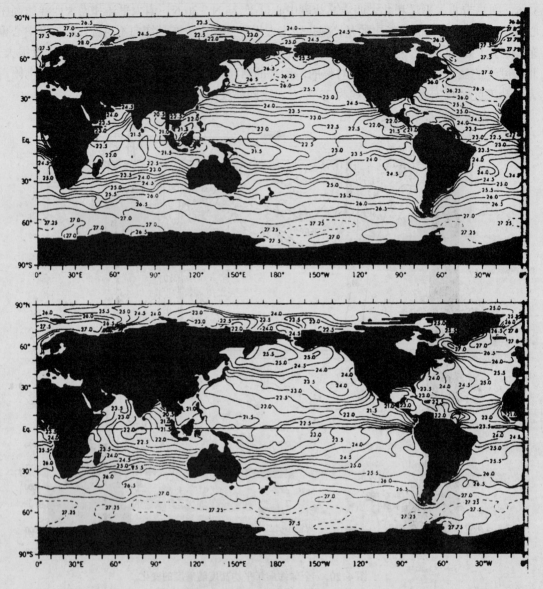

图 4-21　海表位势密度分布

图 4-21 是 2～4 月和 8～10 月的海表位势密度分布,分别代表北半球冬季和夏季的特征。一般来说,密度从低纬向高纬增加,最大密度区在温度低、盐度较高的北大西洋和南大洋,最低在西太平洋暖水区和孟加拉湾。在北半球冬季(图 4-21 上)北大西洋的位势密度可达 27.5($\times 10^{-3}$kg/m³)以上,极大值出现在巴伦文海和格陵兰南方海域。在北半球夏季(图 4-21 下)南极大陆附近的威德尔海和罗斯海密度达最大,也超过 27.5。这些海域的海水是最不稳定的,也是主要的深水形成区。

图 4-22 是全球纬向年平均的位势密度随深度的分布。密度一般随深度增加。在热带表层 200m 以内,密度随深度增加最快,是最稳定的区域。在 $60°～70°$ 的高纬区域,等密度线近于垂直是最不稳定易发生垂直对流的区域。由于海洋中的混合过程主要是沿等密进行的,对于等密度面与水平面差别大的区域,对混合过程的分析需特别注意。

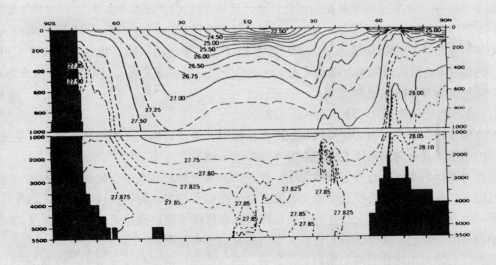

图 4-22　全球纬向平均位势密度随深度的分布

4.2.2.5　海冰

海冰一般为海洋上海水冻结而成，也包括流入海洋中的能源性淡水冰。海冰是高纬、极地海域最突出的水文现象，中纬度海区冬季也常出现。全球海洋面积的 7%为海冰所覆盖着。海冰不仅对全球大气环流和气候系统产生重要的影响，对海军舰艇和海上作战也有较大的影响。

1.海冰的形成过程

海冰因含有盐类物质，其结冰过程与纯水结冰不同。纯水在 4℃时密度最大，而海水随最大密度时的温度（t_{gmax}）以及海水的冰点温度（t_f）都随盐度而变。当盐度 S=24.69 时，t_{gmax}=t_f=-1.33℃；而当 S>24.69 时，t_{gmax}<t_f。因此，在海水结冰之前，随着温度不断降低，表面海水密度不断增大而下沉，这种对流运动一直持续到整个混合层的温度到达冰点并结冰为止。

由于海水的结冰主要是纯水的冻结，结冰时大部分盐度都被排除在冰晶之外，使冰下海水的盐度增大，冰点进一步降低，加强了冰下海水的对流，这对冰下海水的冻结速度起减缓作用。

2.　海冰的分类及其地理分布

(1)分类　海冰按其运动状态分为固定冰和流冰（浮冰）两大类。固定冰与海岸、岛屿或海底相连，不能平移，但可随海面升降。海面上高于 2m 的固定冰称为冰架，而滞留在海岸上狭窄的冰带称为冰脚。流冰（浮冰）漂浮在海面，随风和海流移动。漂浮在海中的巨大冰块（高出海面 5m 以上）称为冰山。

(2)地理分布　海冰的分布有很大的季节变化和年际变化。南半球海冰的面积在 $4×10^6$~$2×10^7 km^2$，占南半球海洋面积的 2.5%～13%。其中，南极大陆是世界上最大的天然冰库，周围海域终年被冰覆盖，南极大陆周围为固定冰架。南太平洋和南印度洋的浮冰冰界分别在南纬 50°～55°和南纬 45°～55°之间。南大西洋在南纬 43°～55°。

(3)季节变化　北半球海冰面积的变化较小，夏季在 $8 \times 10^6 \text{km}^2$ ，冬季为 $15 \times 10^6 \text{km}^2$ ，占北半球海洋面积的 10%。其中，北冰洋几乎终年为海冰覆盖，中央覆盖的坚冰区称极冠，极冠上常有宽窄不同的冰隙或水道。流冰主要绕洋盆边缘运动，冰界线的平均位置大约在 $58°\text{N}$。在北冰洋边缘的附属海，以及北太平洋的白令海、鄂霍茨克海、日本海和中国的渤海、黄海，每年冬季都有海冰出现。

3．海冰的运动及其对海洋水文状况的影响

冰山和流冰的漂移方向主要受风和流的共同影响。静风时冰山与海流同向漂移；单纯由风引起的漂移，其移向偏向风去向的右方（北半球）或左方（南半球）。

海冰对海洋水文状况有多方面的影响，也是影响大气环流和气候变化的一个因素。海水冻结过程中强对流混合作用使海洋水文要素垂直分布趋于均匀，特别在浅海水域，这种作用更显著。而当海冰融化时，又会在海洋表层形成高温低盐水层，致使密度随海水深度加深急剧增加，出现密跃层，从而影响其它水文要素的垂直分布情况。

另外，海冰对潮波和海浪的影响非常显著。海冰使潮汐涨落和流速减小，波高变小，并阻碍潮波、海浪的传播。

海冰能对军事活动和军事设施直接产生影响。例如，大量的海冰能封锁航道和港口，破坏港口设施；流冰会切割、碰撞和挟持舰船，威胁舰船的航海安全。1912 年 4 月 14 日英国 4600t 的"泰坦尼克"号巨型豪华客轮，在北大西洋被冰山撞沉，造成 1513 人丧生和数亿美元的损失。

为了使在北极海域的潜艇能够浮出水面或进行通信，必须能够预报出冰群裂缝（水道和冰隙）的发生。冰情的观测，监测和预报，是军事海洋学的应用课题之一。

4.2.3 海洋中的跃层[3，14，16]

海洋要素在垂直方向上出现急剧变化的水层，称为跃层（Spring layer）。依环境参变量的情况，分为温跃层、盐跃层、密跃层和声跃层

4.2.3.1 跃层的形成

1．温跃层

温跃层的形成原因有二：一是由于外界热力动力强迫（如太阳辐射加热上层海水与风扰动混合）形成，此类跃层称为第一跃层；由于季节性变化在海洋上层形成的季节性跃层，也可归于此类；亦有学者划为第三类跃层。二是由于不同性质的水层叠置所致，此类跃层称为第二跃层。在春、夏季，太阳辐射强，气温高的海域；于海面下不深的均匀层下界容易形成第一跃层，通常存在时间不长，称为浅跃层。第二跃层一般出现在较深的海区或大洋，一般深度较深，也称为深跃层。通常全年存在，又称永久性跃层。

2．盐跃层

盐跃层的形成是由于温跃层的影响或者盐度差异较大的不同水团的叠置。

当温跃层形成后，海水稳定度的增大阻碍了上、下水层之间的盐量交换，当上层水层降水大于蒸发或陆地径流显著增加时，将使上层盐度减小，从而形成盐跃层。

同样，盐度性质相异的水团叠置时，在其铅直向边界处盐度梯度加大，形成盐跃层。

3．密跃层

海水密度是温度、盐度和压力的函数，对于浅海或大洋上层，仅考虑温、盐的影响也可

得到很好的近似。因此，从实用的角度，可根据温、盐跃层的成因分析密度跃层的形成。

　　需要注意的是，水温和盐度的升降对海水密度的影响是反向的，因此，具体情况需要具体分析。例如，中国黄、东海夏季上层海水 $\Delta T/\Delta z>0,\Delta S/\Delta z<0,(z$ 向上为正)，因此，海水层结稳定，有利密跃层形成。在黄海南部和东海西北部海域，在春末夏初会出现"冷中间层"，其下方当高温的台湾暖流下层水团。此时有 $\Delta T/\Delta z<0$，呈逆温分布，但层结仍为稳定层结，因为高盐水形成的强正盐度跃层补偿了温度跃层的影响。

　　4. 声跃层

　　由于水声声速是海水温、盐和压力的函数，并且受温度的影响最大，因此，声跃层主要受温跃层的影响。

4.2.3.2　跃层强度、深度和厚度

　　跃层特性是通过跃层的强度、深度和厚度参数值来表征的。

　　如图 4-23 所示，A,B 为某水文要素在垂直分布曲线上曲率最大两个点（拐点）Z_A,Z_B 分别代表跃层的顶界和底界深度。$\Delta Z=Z_B-Z_A$ 即为跃层厚度；$g=\dfrac{\Delta x}{\Delta z}$ 为跃层的强度。

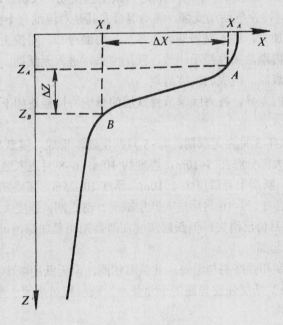

图 4-23　跃层表示图

　　Δx 为跃层顶界和底界处要素值之差。也称跃层的差度。为了海洋要素分布的正、逆方向一致，规定正分布时差度为正，逆分布时差度为负。即水温的差度应是上界水温减下界水温，而盐度的差度则为下界盐度减上界盐度。

4.2.3.3　跃层强度的最低标准

　　中国国家技术监督局 1992 年规定并颁布的中国海洋调查规范中，给出的跃层强度的最低标准如表 4-2。

表 4-2   跃层强度的最低标准

跃 层	水深	
	$z \leq 200m$	$z > 200m$
温跃层强度/(℃m^{-1})	0.2	0.05
盐跃层强度/(m^{-1})	0.1	0.01
密跃层强度/(kgm^{-4})	0.1	0.015
声跃层强度/(S^{-1})	0.5	0.20

4.2.4   中国近海跃层概况[11，14]

中国近海包括渤海、黄海、东海和南海，海域纵跨温带和热带，海洋气候和海域地理情况复杂，其中东海兼有浅海和深海特征。因此跃层情况也是复杂多变。一般在初夏，随海面增温、降盐，开始形成跃层，强度较弱，称为跃层成长期。随着太阳直射点北移，日辐射增强，海表面温度升高，同时，降水径流增多，温、盐垂直梯度也进一步加大。上层海水的扰动混合使跃层厚度减小，强度进一步增大，进入跃层强盛期。入秋后，太阳高度角逐渐减小，辐射减弱，气温下降，冷空气活动变强，涡动混合尤其是对流混合十分充分，混合深度加深，致使跃层减弱，深度加大，进入减弱期。入冬后，海面冷却，对流更加充分，混合作用使对流层深度较浅的水层内温盐属性趋于一致，跃层消失，进入无跃期，直至次年春季，开始新的一轮生成、强盛、衰减、消失的发展周期。

因海域自然环境的差异，各海区季节性跃层的季变特征描述如下

(1)渤海及北黄海

一般在 11 月至次年 3 月为无跃期，4~5 月跃层逐渐形成，温跃层强度在 0.4~1.0℃/m之间，水温跃层上界大部分海在 5~10m，厚度约 10m；6~8 月进入强盛期，大部分海域强度在 0.8~1.0℃/m 以上。跃层上界深度大于 10m，厚度 10~25m。强盛期跃层范围扩至最大，除近岸区外，跃层普遍存在。9~10 月后进入跃层减弱、消亡期，强度大于 1.0℃/m 的区域 9 月份变得很小一块，10 月份已消失，但跃层深度在消衰期明显加深，可达 30~40m。

(2)南黄海、东西北部

浅海区跃层生成期和强盛期与渤海、北黄海相同，但无跃期减少（为 1~3 月份），消衰期延长（为 9~12 月份）跃层强度普遍弱于北黄海，跃层相对浅薄，厚度一般仅为 10~20m。

(3)东海南部及南海

浅海区在 2 月份进入无跃期，维持时间仅为 1 个月，进入 4 月份跃层快速成长，5 月份已较强。6~9 月为强盛期，11 月到翌年 1 月进入消衰期。季节性跃层主要分布于陆架海域以及深水海域上层。在深水海域的季节性跃层之下，也有永久性跃层的存在。

季节性跃层的强度比渤海、黄海明显偏弱，尤其南海海域最弱。东海跃层厚度，由成长期到强盛期逐渐增大，跃层上界随水深加大而加深。南海温跃层上界深度和跃层厚度，一般随水深增加而增加。季节变化规律是由春夏到秋冬，上界深度逐渐加大，但厚度变薄。

4.3　海洋的动力环境

海洋中的潮汐、海流、海浪运动以及海洋锋、内波和中尺度涡等物理海洋现象，既是海洋水体运动的主要表现形式，也是海水温、盐等热量及物质输送、转移及分布变化的重要动力机制。海洋动力环境与热力环境的耦合决定和构成了海洋的基本物理形态、特征及其变化规律。从海洋战场环境研究的角度，海洋的动力环境不仅影响舰艇、潜艇等水上和水下载运平台安全使用性能以及影响水中兵器（如鱼雷、潜射导弹等）发射和命中精度，也是海上作战、战役兵力使用和指挥过程中影响决策的重要因素。

4.3.1　海洋潮汐[17, 18]

海洋潮汐与人类的活动关系密切，潮汐对军事的影响非常大，军港建造、舰艇航行、登陆作战以及水雷布设等都要充分考虑到潮汐的作用。

4.3.1.1　潮汐现象和类型

1. 潮汐概念

潮汐是指海水在天体引潮力的作用下所产生的周期性运动，海面铅直向涨落称为潮汐，海水水平方向的流动称为潮流。潮汐和潮流又统称为潮波。

在潮汐涨落的一个周期内，水位上涨到最高点时称为高潮；水位下降到最低点称为低潮。

潮汐使海水在海面上涨落，根据多年的观测记录，得到海面升降的平均高度，称为平均海面。为描述潮汐高低潮的水面高度，需确定一个潮高基准面，潮高基准面到高潮面的高度称为高潮高，潮高基准面到低潮面的高度称为低潮高。相邻的高潮高与低潮高之差叫潮差。

2. 潮汐分类

根据潮汐涨落的周期和潮差的情况，潮汐可分为：半日潮、全日潮、混合潮。

（1）半日潮：在一个太阴日内，有两次高潮和两次低潮，从高潮到低潮和从低潮到高潮的潮差几乎相等，涨落潮时也几乎相等，此种潮汐叫半日潮，又叫正规半日潮。

（2）全日潮：在一个太阴日内只有一次高潮和一次低潮，涨落潮时也相等，此种潮汐叫全日潮，又叫正规全日潮。

（3）混合潮：可分为不正规半日潮和不正规全日潮。

不正规半日潮是在一个朔望月中的大多数日子里，每个太阴日内一般可有两次高潮和两次低潮；但有少数日子（当月赤纬较大的时候），第二次高潮很小，半日潮的特征就不显著，故称为不正规半日潮。

不正规全日潮是在一个朔望月中的大多数日子里具有日潮型特征，但有少数日子（当月赤纬接近零的时候），则具有半日潮的特征。

4.3.1.2　潮汐形成和变化

潮汐是海水在天体引潮力作用下形成的，引潮力就是指月球对地球上海水的万有引力和地球绕地月公共质心旋转产生的惯性离心力的合力。潮汐现象与天体的运动密切相关的，下面先以月球为例分析。

1.引潮力的计算

(1)月球引力

地球上的任一质点受到月球引力大小为：

$$f_m = \frac{KM}{D^2}$$

(4.14)

其中 K 是万有引力常数，M 为月球的质量，D 为地球上任一质点到月心的距离。方向都指向月心。

(2)惯性离心力

在地-月系中，地球除了自转外，还绕着地-月公共质心公转。这种公转为平动，因此，地球上各质点都受到大小相等、方向相同的公共惯性离心力的作用。惯性离心力的大小为：

$$f_c = \frac{KM}{R^2}$$

(4.15)

其中，R 为地月中心距离。方向是由月球中心指向地球中心。

图（4-24）定性的给出月球引力和惯性离心力合成即引潮力的情况。

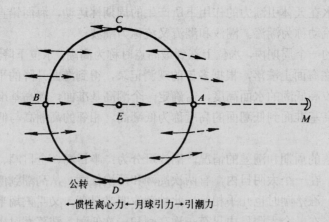

←惯性离心力 ←月球引力 →引潮力

图 4-24　引潮力合成

月球引潮力两个分量分别为：

水平分量：

$$F_h = \frac{3}{2} g \cdot \frac{Mr^3}{ER^3} \sin^2 \theta$$

(4.16)

铅直分量：

$$F_v = \frac{gMr^3}{ER^3} \left(3\cos^2 \theta - 1\right)$$

(4.17)

式中 r 为地球半径，E 为地球质量，θ 为月亮天顶距。

根据公式（4.16）和（4.17）可计算出地球上不同点所受到的引潮力大小（如图4-25）。

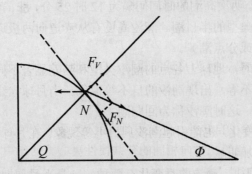

图 4-25　月球对地球各部分的引潮力

　　在月球引潮力的作用下，形成了一个潮汐椭球体，如图 4-25 中虚线所示。

　　其它天体对地球的引潮力作用，其机理是一样的，我们可据（4.16）和（4.17）两式求出其它天体对地球上海水的引潮力。把各个参数代入引潮力公式，可得到太阳对地球上海水的引潮力：

　　水平分量

$$F'_h = \frac{3}{2} g \cdot \frac{Sr^3}{ER'^3} \sin^2 \theta' \tag{4.18}$$

　　铅直分量

$$F'_v = \frac{gSr^3}{ER'^3} \left(3\cos^2 \theta' - 1\right) \tag{4.19}$$

上两式中，S 为太阳的质量，R' 为日地距离，θ' 为太阳天顶距。据太阳、月球与地球之间质量、距离关系，$S=333400E$，$E=81.5M$，$R'=389R$，$R=60.3r$，当 $\theta=\theta'=0$ 时，

$$\frac{F_v}{F'_v} = \frac{M}{S} \cdot \frac{R'^3}{R^3} = 2.17$$

　　太阳对地球引潮力与月球对地球的引潮力相比，还不到月球引潮力的一半。

　　由引潮力公式可知，引潮力的大小与天体的质量成正比，与天体到地球距离三次方成反比。对于其余天体来说，虽然质量较大，但由于距离地球太远，其对地球的引潮力很小，可忽略不计。因此，海洋中的潮汐现象，主要是由月球引起的，潮汐的变化规律与月球运行规律有关。

　　2．潮汐变化

　　（1）日周期变化　月球运动轨道（白道）和地球的运动轨道（黄道）有 5°09' 的交角，黄道和赤道面又有 23°27' 的交角。这使得潮汐椭球体的长轴方向不断变化。在一个太阴日内，随着地球自转一周，地球上各点海面的潮汐也随之产生周期性的变化。

　　当月球赤纬为零时，即月球在天球赤道上时，地球上各点的海面，在一个太阴日内，将

发生两次高潮和两次低潮。两次高潮的时间间隔为 12 时 25 分，涨、落潮时间各为 6 小时 12.5 分，而且潮差相等，形成典型的半日潮。潮汐高度有从赤道向两极递减的趋势，并与赤道相对称，因此称为赤道潮（或分点潮）。

当月球赤纬不等于零时，地球上各点的潮汐类型和潮差显著不同。在一个太阴日两个潮的潮差不等，涨落潮时也不等，出现潮汐的日不等现象。当月球赤纬增大到回归线附近时，潮汐周日不等现象最显著，这时潮汐称为回归潮。

同样，由于太阳赤纬变化，也能引起潮汐周日不等现象。在月球和太阳的赤纬都增大时，潮汐的周日不等现象就更加明显。

（2）潮汐的月变化规律   潮汐的月变化有两种：一是半月周期潮，一是月周期潮。

半月周期潮是由月、日、地三者所处位置的不同而产生的。当朔、望日时，月球和太阳的引潮力迭加，所合成的引潮力达到最大，潮汐现象特别明显，高潮特高、低潮最低，潮差最大，故称为大潮。当月相处于上、下弦时，月、日的引潮力相互抵消一部分，这时合成的引潮力最小，形成月当中的小潮。大潮和小潮的变化周期都是半个月，故称为半月周期潮。

月周期潮是由于月球绕地球旋转而产生的。当月球运行到近地点时，引潮力要大一些，因此潮差也要大一些，产生所谓的近地潮；当月球运行到远地点时，引潮力和潮差都要小一些，产生所谓的远地潮。它们的变化周期为一个月，故称为月周期潮。

（3）潮汐的年变和多年变化   地球绕太阳公转，当地球运行到近日点时所产生的潮汐，要比地球运行到远日点时所产生潮汐大，约大 10% 左右。它的变化周期为一年。月球的轨道在其长轴方向上不断地变化着，近地点也在不停地向东移，其周期约为 8.85 年，因此潮汐也有 8.85 年的长周期变化。此外，由于黄白交点的不断移动，其周期约为 18.61 年，故潮汐还有 18.61 年的长周期变化。

除了天文因素对潮汐的变化的影响，各地的潮汐现象还受到自然地理条件的影响。从潮汐动力学的观点，海洋潮汐实际上是海水在水平引潮力作用下的潮波运动。因此，实际潮汐的变化，除了受引潮力作用外，还受到海陆分布、海岸地形、海水深度、地转偏向力和摩擦力等因素的影响。因此，高低潮时刻一般比理论上时刻要延迟到达，总是在月中天后若干时间才出现。我们把从月中天时刻到其后发生第一次高潮的时间间隔称为高潮间隙，而把从月中天时刻到其后发生第一次低潮的时间间隔称为低潮间隙。在一个太阴日内高低潮间隙的平均值，称为平均高、低潮间隙。同样的原因，也会使大、小潮延迟到来，把大、小潮落后于朔、望和上、下弦的时间段称为潮龄。各海区的潮龄大约为 1~3 天，且各不相等。

4.3.1.3 潮流

潮流和潮汐是潮波传播过程中水质点在水平方向上的运动和垂直方向上的运动。二者运动周期相同。

地球上的海水潮流现象，除受天体引潮力的作用外，还受到地转偏向力、海水粘滞性、地形摩擦等因素影响。在不同的地区，潮流表现形式不一样。按不同海区潮流表现，可分为回转式潮流和往复式潮流。

1.回转式潮流

在外海和广阔海区，海水在受到引潮力作用的同时，还受到科氏力的作用，这时的潮流流向在地转偏向力作用下处于不断变化之中，我们把这种顺时针（北半球）或反时针（南半球）方向不断变化着的潮流称为回转式潮流。

回转式潮流的产生主要是受潮波的干涉和地转偏向力作用的结果。在北半球，回转方向是顺时针；在南半球则相反。在一个潮汐周期中，潮流流向变化 360°，至于回转次数，由潮汐类型所决定，半日周期潮流在一个太阴日内回转两次；全日潮流则回转一次。回转式潮流的流速也在不断变化，从最大流速变为最小流速，从最小流速再变为最大流速。

在广阔海区，潮流与海流相比，相对较小，对舰艇航行影响不大，一般很少考虑。

2.往复式潮流

在海峡、狭窄海湾和沿岸处，因受地形条件的限制，只能作往复流动，我们把这种流向只能作近似于 180° 变化的潮流称为往复式潮流。

往复式潮流又可分为涨潮流和落潮流。涨潮流是指涨潮过程中由外海向沿海港湾流动的潮流；落潮流是指落潮过程中由沿海港湾向外海流动的潮流。往复式潮流的涨落潮流向近于相反。其流向改变的时刻叫转流时间，这时的流称为憩流或转流，其流速为零。往复式潮流转流次数与潮汐类型相对应，半日潮对应的潮流一个太阴日内转流四次，全日潮转流两次。

半日周期的往复式潮流流速有如下近似的变化特点：

$$
\left.
\begin{array}{l}
\text{转流时，流速为零,} \\[2mm]
\text{转流后一、六小时流速} = \dfrac{1}{3} \times \text{该日最大流速,} \\[2mm]
\text{转流的二、五小时流速} = \dfrac{2}{3} \times \text{该日最大流速,} \\[2mm]
\text{转流后三、四小时流速} = \text{该日最大流速,}
\end{array}
\right\} \tag{4.20}
$$

以上所述的转流后第几小时流速，是指转流后这一小时内的平均流速。

半个月中大、小潮流速变化有如下近似的变化特点：

$$
\begin{array}{l}
\text{大潮日流速} = 2 \times \text{小潮日流速,} \\[2mm]
\text{平均流速} = \dfrac{1}{2}（\text{大潮日流速} + \text{小潮日流速}） \\[2mm]
\qquad\qquad = \dfrac{3}{4} \times \text{大潮日流速} = \dfrac{3}{2} \times \text{小潮日流速}
\end{array} \tag{4.21}
$$

转流是往复式潮流特有的现象。从涨落潮流的定义出发，一般认为高、低潮时即为转流时间。实际情况并非如此，由于海区形状、海底地形等的不同，各海区的高、低潮时和转流时间之间的关系也随之不同。它可以发生在高、低潮时的中间时刻；也可以发生在高、低潮时前后附近。

往复式潮流是我们研究的重点，因在狭窄水道，潮流很强，掌握其涨、落潮流的类型和转流时间，对舰艇的航行、离靠码头有重要意义。

4.3.1.4 中国沿海潮汐潮流概况

1. 潮汐概况

中国沿海的潮振动是由两部分合成：太平洋潮波向我国沿海传播引起的协振动及天体引潮力在我国沿海直接引起的独立潮。由于渤、黄、东、南海体积远比太平洋小得多，独立潮相对较小。所以中国近海潮汐主要是由太平洋传入的潮波所引起的。太平洋潮波经日本九州至我国台湾之间的水道进入东海后,其中一小部分进入台湾海峡,绝大部分向西北方向传播,从而形成了渤、黄、东海的潮振动;南海的潮振动主要是由巴士海峡传入的潮波引起的。

潮波在运动过程中,因受到地转偏向力和复杂的海底地形以及曲折岸线的影响,致使中国沿岸潮汐类型复杂,潮差变化显著。

2. 中国沿岸潮汐类型

中国沿岸潮汐类型分布总的特点:渤海沿岸多属不正规半日潮,黄、东海沿岸多属正规半日潮,南海沿岸较复杂,正规日潮,不正规日潮和不正规半日潮都有。

渤海沿岸:自辽东半岛南端的羊头洼至辽东湾西岸的团山角、渤海湾的大清河至塘沽及大口河口至莱洲湾的龙口等沿岸都属不正规半日潮,而新立屯至秦皇岛沿岸则为正规日潮。塘沽以南至大口河口以西、龙口至蓬莱及渤海海峡一带沿岸则属正规日潮。

黄海沿岸:绝大部分属正规半日潮,但由威海经成山头至靖海岛一带沿岸都为不正规半日潮。

东海沿岸:除舟山岛西南的定海附近,镇海至穿山及福建南部的古雷头以南一带沿岸属不正规半日潮外,其余皆为正规半日潮。

台湾省沿岸:自西岸的淡水至新港一带海岸及吉贝岛附近沿岸为正规半日潮外,其余皆为不正规半日潮。

南海沿岸:潮汐类型较复杂。自南澳向西经雷州半岛东岸至海南岛铜鼓咀为不正规半日潮。其中海门湾至三洲澳为不正规日潮(包括东沙),神泉港至甲子港为正规日潮。海南岛铜鼓咀以南至感恩为不正规日潮,感恩以北沿北部湾东北岸至北仑河口属正规日潮,而琼州海峡的海口、海安附近沿岸及北部湾顶的铁山附近沿岸又为不正规日潮。西沙、南沙群岛一带也属不正规日潮。

3. 潮差

(1)地理分布　我国沿岸平均潮差分布的总趋势是东海较大,渤海、黄海次之,南海较小。

渤海沿岸:以辽东湾顶端的平均潮差最大,渤海湾顶端次之。由于地形等因素的影响,一般平均潮差从湾口往湾里越来越大,如辽东湾口的秦皇岛平均潮差只有 0.8m,葫芦岛为 2.1m,而到湾顶的营口达 2.7m。龙口的平均潮差为 0.9m,渤海海峡在 1m 左右。

黄海沿岸:大连以东到鸭绿江口一带辽南沿岸的平均潮差自西向东逐渐增大,如大连为 2.1m,海洋岛为 2.6m,而赵氏沟可达 3.9m,山东半岛北部的烟台为 1.7m;成山头至石岛一带沿岸平均潮差较小,如成山头为 0.7m,石岛为 1.5m。山东半岛南部沿岸向南平均潮差逐渐增大,如乳山口为 2.4m,石臼所为 2.8m,海州湾顶的连云港达 3.4m,苏北沿岸在 2.5～3.0m 之间。

东海沿岸:长江口至石浦一带(除杭州湾外)沿岸平均潮差在 2.4～3.5m 之间,而杭州湾的澉浦、尖山等皆在 5.0m 以上。其余浙、闽沿岸(除南部的厦门和东山分别为 3.9 和 2.3m 外)都在 4.0m 以上。

台湾省沿岸:平均潮差西岸较大,东岸次之,南、北两端最小。西岸自淡水至新港一带平均潮差均在 2m 以上,如后龙为 3.3m,线西为 3.0m,大城为 2.9m,新港为 2.3m。新港以南平均潮差逐渐减小,如布袋为 1.2m,至车港只有 0.4m。马公一带平均潮差在 2m 左右。台湾东岸平均潮差在 1m 左右。如苏澳为 0.9m,成功为 1.0m,台东为 0.9m,兰屿为 0.9m。南北两端平均潮差在 0.4m 左右。

南海沿岸：本海区沿岸平均潮差较小。除湛江和北部湾顶的平均潮差大于 2m 外，其余沿岸均在 1.0m 左右.西沙群岛平均潮差为 0.9m 左右，南沙群岛的平均潮差在 0.6～1.5m 之间.

(2)季节变化　渤海、黄海沿岸：本海区沿岸平均潮差的季节变化不明显。位于渤海湾顶的塘沽和辽东湾顶的营口平均潮差的季节变化较明显。季节变幅分别为 0.55m 和 0.31m，其他各站都在 0.2m 之内。

东海沿岸：平均潮差的季节变化比较显著。金山嘴及东山的平均潮差从 2～9 月逐渐增大，10 月开始减小，1 月达最小。沈家门是 3 月最大，7 月最小。石浦至厦门一带沿岸以 9 月最大，12 月或 1 月最小。

南海沿岸：平均潮差的季节变化较其他沿岸地区复杂。海口、涠洲、榆林和东方（八所）平均潮差的季节变化趋势大致相似，冬、夏季大，春、秋季小，季节变化明显。如涠洲平均潮差的季节变幅为 0.51m。另外某些沿岸地区的平均潮差几乎无季节变化，如汕头的平均潮差季节变幅仅为 0.05m，而湛江的季节变幅也只有 0.12m。

4. 潮流概况

潮流的分布与潮波的传播是相对应的，流速的大小与潮汐振幅密切相关：潮差大的地方潮流也大，反之则小。从中国海区潮汐概况可以知道，近岸潮差大，潮流也大，再加上岛屿地形等的影响，在海峡、河口或航门、水道这些地方的潮流就更加显著了。我国东海海区岛屿最多，所以东海岛礁区潮流流速最强，且流向复杂。其次是台湾海峡，渤海海峡和琼州海峡这些海区。从海区来说，东海、黄海的潮流较显著，渤海和南海潮流较弱。从种类来说，近岸、河口、岛礁区多为往复式潮流，开阔海区多为回转式潮流。

在渤海、黄海，因水浅海流弱，潮流显得较重要。渤海大部分地区潮流类型为不规则半日潮流。其流速一般在 2kn 以内，但在渤海海峡及辽东湾湾顶，潮流很强，有时达 5kn 左右。渤海海峡附近全日潮流大于半日潮流，所以常有全日潮流类型。黄海为中国近海潮流较强的海区，其潮流类型大致以东经 124° 划界，以东为半日潮流，以西为不规则半日潮流。在烟台外海有一小块区域为不规则全日潮流。黄海潮流的流速分布，东部强，西部次之，中央弱。最大值出现在朝鲜沿岸的海湾顶端，如仁川港外，潮流为 2～3kn，有的水道甚至达 10kn。成山角至长山串一带，是黄海另一强潮流区，成山角附近一般为 2kn，长山串附近达 5kn，黄海西部潮流一般为 2kn 左右，黄海中央较弱，约 1kn。黄海潮流大部分地区为回转式潮流，长轴与岸线或等深线趋势一致，尤以近岸最明显。

东海海区潮流最大，潮流类型分布也比较简单。除西部浙、闽沿岸属正规半日潮流外，其余皆属不规则半日潮流。近岸多往复流，外海多回转流，但长江口、佘山附近也为回转流。浙、闽沿岸，一般涨潮流向北，落潮流向南，特别是杭州湾，潮流湍急，最大流速达 8kn。琉球群岛一带，潮流复杂，奄美大岛附近，最大潮流达 3kn；久米岛附近可达 3.5kn。九州西岸潮流较强，个别水道可达 7kn。台湾海峡地区大部分潮流类型为半日潮流；但海峡东岸后龙一带为不规则半日潮流；台湾东南端为不规则全日潮流。海峡地区潮流流速 1～2kn，最大 3kn，澎湖水道达 3kn 以上。台湾海峡南部和北部潮流流向相反，北部涨潮流向南，落潮流向北；南部涨潮流向北，落潮流向南或西南。海峡中部为辐合和辐散带。

南海潮流较弱，除大陆沿岸较强外，大部分地区流速在 1kn 以内；像北部湾等强潮流区也不过 2kn；只有琼州海峡潮流很强，出现 5kn 左右。除广东沿岸为不规则半日潮流外，大部分地区以全日潮流占优势。

4.3.2　海洋环流[1~3, 15, 19]

4.3.2.1　海流与环流

通常将大规模海水相对稳定的水平方向的流动称为海流。海流的形成主要是海面风力驱动或在海水压力梯度力与地球自转偏向力作用的结果。

海洋环流的定义远比海流复杂，其基本含义是指某一海域海流的总的结构，即海区中各种海流的分布、变化以及构成海区海水综合流动循环的形态；海洋环流通常是指海洋中平均的"气候式"（准）定常流动。例如北太平洋表层海洋环流，通常指包括了北赤道流、黑潮、西风漂流和加利福尼亚流组成的循环流系。

海流和环流不仅影响水团和形成和海洋内部的热量交换，与海洋科学其它领域的研究密切相关，还直接影响海运交通和海上军事活动。

4.3.2.2　基本方程组及其简化解析解

1. 基本方程组

由物理学基本定律可以推导出支配海水运动的基本方程组。在局地直角坐标系中，基本方程组如下：

由动量守恒定律，得到运动方程：

$$\frac{\mathrm{d}\boldsymbol{v}}{\mathrm{d}t} + 2\Omega \times \boldsymbol{v} = -\frac{1}{\rho}\nabla P - \nabla\Phi + A_h\nabla_h^2\boldsymbol{v}_h + \frac{\partial}{\partial z}\left(A_v\frac{\partial\boldsymbol{v}_h}{\partial z}\right) \tag{4.22}$$

式中 $\boldsymbol{v} = (\boldsymbol{v}_h, w) = (u, v, w)$ 为三维流速矢量，$\bar{\Omega}$ 为地球角速度矢量，P 为海水压力，$\Phi = gz$ 为重力势，g 为重力加速度，A_h，A_v 分别为水平方向和垂直方向的湍流、涡动粘滞系数，

$$\nabla_h^2 = \left(\frac{\partial^2}{\partial x^2} + \frac{\partial^2}{\partial y^2}\right), \quad \boldsymbol{v}_h = (u, v)$$

由海水质量守恒方程，可得连续性性方程：

$$\frac{\mathrm{d}\rho}{\mathrm{d}t} + \rho\nabla\cdot\boldsymbol{v} = 0 \tag{4.23}$$

海水一般认为是不可压缩的，故又有：

$$\nabla\cdot\boldsymbol{v} = 0 \tag{4.24}$$

类似，海水的温度、盐度热力学方程为：

$$\frac{\mathrm{d}\theta}{\mathrm{d}t} = k_h\nabla_h^2\theta + \frac{\partial}{\partial z}k_v\frac{\partial\theta}{\partial z} \tag{4.25}$$

$$\frac{\mathrm{d}s}{\mathrm{d}t} = k_h\nabla_h^2 s + \frac{\partial}{\partial z}k_v\frac{\partial s}{\partial z} \tag{4.26}$$

其中 k_h, k_v 为水平方向和垂直方向的湍扩散系数。

上述方程组结合适当的边界条件、初始条件以及湍封闭条件，原则上可以确定运动的唯一解。但实际上，由于方程组系多维非线性偏微分方程组，加之海洋地形的不规则性，解析解不可求，仅有数值解。

2. 简化方程的解析解

(1) 地转流（$\boldsymbol{v}_g$）

当不计海水的湍流应力，仅考虑水平压强梯度力作用下大尺度海水的定常水平运动称为地转流。由水平运动方程在上述条件下可得：

$$2\Omega \times \boldsymbol{v}_g = -\frac{1}{\rho}\nabla_h P \tag{4.27}$$

即：
$$\boldsymbol{v}_g = -\frac{1}{\rho f}\nabla_h P \times \boldsymbol{k} \tag{4.28}$$

写成分量形式为：

$$u_g = -\frac{1}{f\rho}\frac{\partial P}{\partial y} \tag{4.29}$$

$$v_g = \frac{1}{f\rho}\frac{\partial P}{\partial x} \tag{4.30}$$

式中，$f = 2\Omega\sin\varphi$ 为科氏参数，φ 为纬度。

地转流（u_g, v_g）是水平压强梯度力和科氏力相平衡的结果，是海洋中最基本的流动形式之一。

2. 风海流

仅考虑定常风场作用下的定常海水流动，通常称为风海流或 Ekman 漂流。此种情况下，运动方程简化为：

$$2\Omega \times \boldsymbol{v}_h = A_v \frac{\partial^2 \boldsymbol{v}_h}{\partial z^2} \tag{4.31}$$

或：
$$fv + A_z \frac{\partial^2 u}{\partial z^2} = 0$$

$$-fu + A_z \frac{\partial^2 v}{\partial z^2} = 0 \tag{4.32}$$

设风仅沿 y 轴方向吹，即 $\tau_y = \frac{1}{\rho}k_z\frac{\partial v}{\partial z}$，$\tau_x = 0$，无限深处 $u=0$，$v=0$，可得方程的解为：

$$u = v_0 \exp(az)\cos(45° + az)$$
$$v = v_0 \exp(az)\sin(45° + az) \tag{4.33}$$

式中 $a = \sqrt{\dfrac{\omega \sin \varphi}{A_z}}$，$v_0 = \sqrt{u^2 + v^2} = \dfrac{\tau_y}{\sqrt{2a\rho A_z}}$

由解析式不难讨论解的如下特征：

风海流的流速随深度增大而呈指数减小，流向相对于风矢量逐渐向右偏（北半球）。在海面 $z=0$ 处，表层流的流速与风应力成正比，流向偏于风矢右侧 $45°$。在 $z = -\dfrac{\pi}{a}$ 处，流速大小为 $v_0 e^{-\pi} = 0.043v_0$，仅为表面流速的 4.3%；流向为（$45° + az$）$= 45° - 180° = -135°$，恰好与表面流反方向，此深度称为摩擦深度（D_0）。

对有限深海的漂流情况，解的性质与水深 h 有关，水深越深，与无限漂流的性质越相似，水深越浅，流速随深度增加偏移的角度越小。

4.3.2.3　上层大洋环流

大洋表层环流与低层大气环流有相似之处，例如，在北太平洋的东北信风带，洋流向东。但也有两个显著的例外，一是海洋环流 在海盆西部显著地增强；二是在北半球热带海洋的北赤道逆流与大气热带辐合带（ITCZ）附近的风向相反。

全球主要的洋流系统如图 4-26 所示

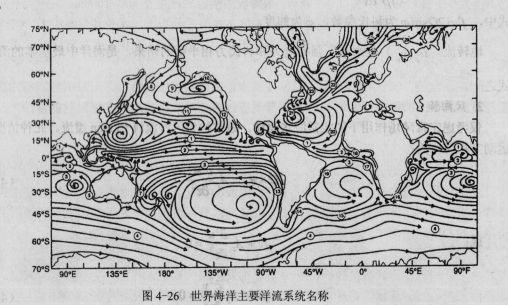

图 4-26　世界海洋主要洋流系统名称

其中，北太平洋的黑潮与北大西洋的湾流，为世界上最瞩目的两大海流。黑潮是中国近海海洋环流的主要驱动力之一，对黄海、东海及南海北部环流有着重要的影响。

黑潮源于巴士海峡以东海域，是北太平洋赤道洋流的延续，它从菲律宾群岛以东向北流，一直从巴士海峡进入南海，主要越过台湾岛东北部和与那国岛之间的水道进入东海，沿大陆架向东北方向流动，流至日本群岛东侧，在北纬 $35°$ 附近，一分支继续向东北流，主支转向东[20]

（如图 4-27 所示）：

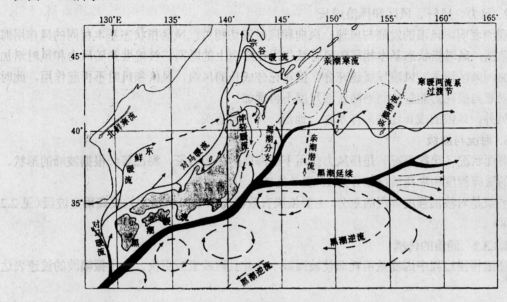

图 4-27　黑潮环流示意图

黑潮流轴强度位置都会发生不同，黑潮最强的流轴宽度为 40~50n mile，在吕宋岛东流速达 50~100cm·s^{-1}，流量为 20~30Sv（1Sv = 10^6 m^3/s）。黑潮流速和流量都随季节变化。一般是春季（3 月）最强，秋季（11）月最弱。东海段黑潮流轴厚度在 800~1000m，流速为 1.5kn[21]。

黑潮为斜压性很强的高速度流，两侧密度和温度差异很大，水位相差也很大，可达 1m。黑潮上还会出现周期性扰动和时间尺度为数年至十年以上的大弯曲现象。黑潮扰动较强时，两侧会出现"流环"。

黑潮大流速、窄流幅，高温高盐以及高水色和高透明度的特点，对海军舰艇特别是潜艇战斗航渡有很大的影响，舰艇和潜艇在黑潮流域活动时，必须准确掌握黑潮资料。

4.3.3　海浪[1~4.22]

当海水质点受到外力的作用离开其平衡位置作周期或准周期的运动时，波动产生并在海洋介质中传播。海浪是风力直接作用下海面的波动状况。涌浪则是海面上由其它海区传来的或者风力作用海区的风力迅速减小、平息或风向改变后海面以下的波动，通常所说的海浪机由风浪和涌浪共同组成。

风浪和涌浪是海面上最常见的运动现象，也是影响水面舰艇和潜艇航行安全的重要水文要素之一。海浪在近岸区波速、波形、波高都发生极大变化，往往产生更恶劣的海况，对登陆作战和水雷战、反水雷战影响极大，对海上搜索援潜救生以及海岸、岛礁军事工程影响更加突出。

4.3.3.1　风浪的特性

1. 风浪的成长与消衰

风浪的生成、发展和消衰，主要取决于能量的摄取和消耗。波动能量增加时，风浪发展，反之，则趋于消衰。风浪最初是从风扰动下海面毛细波（涟漪、波纹），风对波面质点做功并输送能量，波动得到不断发展，与此同时，海水湍涡耗散和海底摩擦损耗以及波的破碎，可使波动能量损耗，直至能量损耗殆尽，波浪消失。

2. 风力、风时、风区和风浪成长

观测表明，风浪的发展与风速、风向和风时密切相关。风区指状态基本相同的风作用海域的范围；风时指状态基本相同的风持续作用在海面上的时间。波浪要素随风力和风时增加而增加，风区越大，风浪发展越充分。但对充分成长的风浪，风区和风时不再起作用，此时风浪摄取与损耗的能量达到平衡波浪尺度不再增加。

另外，风浪的成长还与海洋水深、地形、岸形等有关。

3. 海况与波级

海面状况（简称海况）是指风力作用下的海面的外貌特征，海况等级根据波峰的形状、峰顶的破碎程度和浪花情况划分为 10 级（见 2.2 表 2-6）。

波级是对波浪强度等级的划分，主要依照有效波高和 1/10 大波平均波高确定波级（见 2.2 表 2-8）。

4.3.3.2 涌浪的传播

涌浪传播过程中因能量消耗而使波高减小，并且短波衰减更快。由小振幅波的波速表达式：

$$C^2 = \frac{g\lambda}{2\pi} \tan h\left(2\pi \frac{h}{\lambda}\right) \tag{4.34}$$

式中 λ 为波长，h 为水深，可知波速正比于波长的平方根，即波长越长，波速越快。因此，涌浪传播过程中，由于波的弥散和频散机制，波长、周期逐渐变大，波速加快，波高降低。

由于涌浪传播的速度很快，常在风暴系统到来之前先行到达，称为先行波。有时在风暴来临几天之前涌浪就会出现。

4.3.3.3 浅海和近岸海浪

由小振幅波速公式，对浅水波$\left(\frac{h}{\lambda} < \frac{1}{20}时\right)$，

$\tanh\left(2\pi \frac{h}{\lambda}\right)$ 近似为 $2\pi \frac{h}{\lambda}$，得出 $c = \sqrt{gh}$

因此，进入浅水区海浪波速将随水深变浅而变小。

另外，波浪传入浅水后，由于波速和地形的影响，波向发生了折射，波向线与等深线交角 α 的变化与波速 C 变化之间满足：

$$\frac{\sin \alpha_1}{\sin \alpha_2} = \frac{c_1}{c_2} \tag{4.35}$$

因为 $c_1 > c_2$，也就是波在向浅水区传播过程中，波向线与等深线趋于垂直。

因此，在海底凸出的海岬处，波向线产生辐合，波能集中，波浪增大；而在凹进的海岸处，波向线辐散，波浪相对较小。

4.3.3.4 波浪的破碎

海浪波高（H）与波长（λ）的比值 $\frac{H}{\lambda}$ 称为波陡（δ），观测以及理论都证实，波陡临

界值为 1/7,当波陡接近临界值时,波浪开始破碎。当波浪传播到浅水区后,波长减小,波高增大,使波陡也变大,同时由于海底摩擦的影响,波峰处相速大于波谷处,致使波面变形,波浪破碎。尤其当波峰前的坡度很大时,发生倒卷现象,在岸边形成拍岸浪。有时海洋中的浅滩、暗礁区,常常出现波浪破碎现象,舰艇航行时应特别留意。

另外,破碎浪会形成离岸流,流速可高达 1.5m/s 以上。范围可波及远岸处 200~300m 以外。

4.3.3.5　大洋及中国近海的波浪[2,18]

海浪的形成,发展与消失,主要视风的盛衰;浅海风浪的大小,主要取决于风速、风时、风区和水深。因此,海浪的分布与风的特征基本上是对应的。

1. 浪向的地理分布

浪向是指浪的来向,主要有风浪浪向和涌浪浪向,因两者的分布有许多相似之处,故仅就风浪浪向作一说明。

中国近海及毗邻海域处于东亚季风气候区域内,风向具有明显的季风特征:冬季盛行偏北风;夏季盛行偏南风;春、秋盛行风向不稳定。与此相应的风浪浪向,冬季盛行偏北浪;夏季盛行偏南浪;春、秋季浪向多变,盛行浪向不明显。冬季偏北季风约在 9 月至翌年 4 月,各海区出现的时间不一,是由北向南逐步推移的。偏北浪也是如此。9 月,偏北浪首先在渤海及黄海出现;10 月,遍及东海、台湾以东海域、南海北部和中部,11 月才南伸到暹罗湾及南部。

1 月是冬季风最盛时期,浪向多自西北向东北方向偏转,渤海及北黄海以西北浪及北浪为主,频率约 30%。南黄海及东海北部,西北浪频率减少,北浪成分增加,频率为 30%。到北纬 28°附近,北浪频率达最高,约 45%。北纬 28°以南,盛行的北浪被东北浪代替。如东海南部及台湾以东海域,东北浪频率为 40%;台湾海峡地区,因地形影响,东北浪频率高达 70%。整个南海,以东北浪占优势,其次是北浪。其中,北海北部,东北浪频率为 50%左右;北部湾,东北浪频率为 40%; 特别是西沙群岛至南沙群岛一带,东北浪频率最高,达 60%~70%。唯有暹罗湾,东北浪频率较低,约 30%;但东浪频率有的地方可达 40%。南海南部,东北浪和北浪频率几乎相等,各占 40%左右。

偏北浪在各海区持续的时间是不等的:渤海及北黄海,9 月到翌年 4 月,以西浪和北浪为主。南黄海及东海,在同一时期内,以北浪为主,其次是西北浪及东北浪。台湾海峡地区,因狭管效应,东北浪盛行时间最长,始于 9 月,终于次年 4 月,长达 9 个月之久。台湾以东海域,东北浪盛行期为 9 月至翌年 3 月。南海北部及北部湾,9 月至翌年 3 月,以东北浪为主,其次为北浪和东浪。暹罗湾有些特殊,湾口与湾顶不同,前者自 11 月至翌年 4 月以东浪为主,后者只有 11 月至翌年 1 月才以东北浪居多。南海南部盛行东北浪时间最短,11 月到翌年 3 月,约 5 个月。

夏季,中国近海及毗邻海域主要受东南和西南两股季风气流的影响,因此,夏季盛行偏南浪。它始于 6 月,终于 9 月。偏南浪向多表现为由西南向东南偏转的趋势。与冬季相反,偏南浪首先在南部海域出现,然后逐渐向北推进。5 月,南海南部最早出现南浪;6 月,随着西南风的兴起,西南浪普及整个南海;7 月向北伸展到渤海。到了 9 月,偏南浪撤回到台湾以南海域。10 月,又开始出现偏北浪。

7 月是偏南浪最盛时期,南海大致以北纬 15°为界:以南海域盛行西南浪,频率约 30%,

其次为西浪和南浪略多。以北，西南浪成份减小，南浪频率增加，占30%左右；其次为东南浪和西南浪。台湾以东海域以南浪占优势，频率为30%，其次为东南浪。东海和南黄海以南浪占优势，频率约30%。北黄海和渤海，南浪成份减弱，东南浪增强并盛行。偏南浪持续时间也随海区而异。南海南部，偏南浪始于5月，终于9月，前后共5个月，频率30%～50%。南海中部，西南浪始于5月，9月结束，频率20%～50%。南海北部，6～8月盛行偏南浪，频率约40%。台湾海峡，只有7、8两月盛行西南浪。台湾以东海域，东海及南黄海，6～8月盛行南浪，频率30%～40%。北黄海及渤海，只有7、8两月以东南浪及南浪占优势。

2.波高分布

波峰到相邻波谷的垂直距离叫波高。波高除有地区差异外，也随时间而变。南海、东海及台湾以东海域，因海域辽阔，风向又比较稳定，有利于海浪的成长，风大、浪大、涌也大，以涌浪为主；而黄海及渤海，由于风区受到限制，风浪和涌浪都比较小，海浪中以风浪占优势。在中国海，冬季大浪浪高常在5级左右，如受寒潮影响，则常常可达6级以上，有时可观测到8级大浪。夏季浪高一般3级左右，偶尔也会出现5级以上大浪。由于台风影响，可出现8级特大狂涛。

冬季，因偏北风持续时间长，风力大，影响范围广，大浪、大涌（指波高≥2m）频率都较高。除南海南部及暹罗湾外，大浪、大涌频率均在20%以上。特别是济州岛以南、东海东部、台湾周围海域以及东沙、西沙至南沙群岛一带，成东北——西南向的大浪、大涌带，频率在30%以上，并出现济州岛以南、台湾以东及吕宋东北三个大浪中心。

夏季，偏南季风风力弱，持续时间短，大浪、大涌频率较低，一般在15%以下。但在台风发展和经过的海域，大浪、大涌频率增大，尤以南海中部和台湾以东海域，各自都形成一个大浪、大涌中心，频率为20%左右。

渤海，年平均波高0.5～1.0m。冬季常受寒潮的侵袭，风浪为全年最大，平均波高1.5～1.7m，最大3～5m。其他季节风浪较小，如夏季，平均波高为0.7～0.8m；春、秋季为1.0～1.3m。

黄海南部和北部的海浪有些差异，前者以涌浪居多，波高较大；后者以风浪为主，波高较小。冬季，黄海波高1.6m；当寒潮侵袭时，黄海最大波高可达5～6m。夏季，黄海北部平均波高0.8～0.9m，黄海南部约1.2m，但当台风过境时，最大波高可达6～7m。黄海有两个大浪区，一是在成山角以东海面，另一个在黄东海交界的济州岛附近。

东海海域北较开阔，风浪、涌浪都较大。在寒潮和台风期间，可观察到7～8m的涌浪波高。东海年平均波高约1.3m，冬季为1.2～2m，夏季1.1m，春、秋季分别为1.2m和1.5m。除济州岛附近为一大浪区外，长江口、嵊泗列岛附近，冬季风浪也较大，浙、闽交界处也易出现大浪。台湾海峡地区，大风、大浪多见，年平均波高1.3m，冬季平均波高1.7m，最大7m，为东海南部东北浪频率最高的地区。

南海，除广东沿岸、北部湾、暹罗湾及南部靠赤道附近海浪较小外，大浪、大涌经常出现在南海北部和中部，且涌浪波高大于风浪波高。南海北部，年平均风浪波高1.4m，涌浪波高2m。在台风和寒潮影响下，巴士海峡、巴林塘海峡及吕宋以西海域，最大波高达8～10m。南海中部，年平均波高1.3m，涌浪波高1.7m，台风入侵时，最大波高可达7～8m。南海南部，年平均风浪波高1.0m，涌浪波高1.3m。暹罗湾是南海海浪最小的区域，年平均风浪波高仅0.8m，涌浪波高1.1m。至于北部湾，因四周几乎被陆地、岛屿环抱，涌少，海浪以风浪为主。

年平均风浪波高为 1.2m，最大 3～4m。该湾南部海浪大于北部，西部比东部略大。5～6 月和 9～10 月，为南海海浪最小时期，海面比较平静。

4.3.4　海洋锋

在气象上，锋是一类重要的天气系统。海洋中也存在着与天气锋相类似的系统—海洋锋。海洋锋锋区内、外环境参数存在显著的差异，水文要素空间分布变化较大，流场以及声场分布都存在较大的变异特性。因此，对潜艇活动，水声对抗以及导弹和鱼、水雷等水中兵器的使用会产生很大的影响。研究海洋锋的分布和变化规律，对海军潜艇战、反潜战具有重要的意义。

4.3.4.1　海洋锋的定义及其特征

海洋锋是特性明显不同的水体之间的狭窄过渡带。着眼于空间分布出现跃变的环境参数的不同，可分为温度锋、盐度锋、密度锋、水色锋以及声速锋等。美国海军出于海军作战的需要，将海洋锋定义为能够对水声发射和传播产生显著影响的任意水文要素的不连续面[14]。

海洋锋的成因与海洋环流、海气相互作用、流的汇合与切变、海水的湍流混合、内波以及潮间作用等多种因素有关，不同振动力或锋生因素形成的锋的生命期和尺度大小也不一样。短者数小时，长者可达数月或更长，分布也从数千米至数千千米，深度从海面至大洋深层都可存在。

海洋锋的强度主要是以环境参数的梯度表征的，但不同海域，不同研究目的锋的强弱标准不一。国内外现有研究中提出的确定锋的标准中，都是针对某一特定海域情况下给出的。例如，Colton（1974）给出的马尾藻海海洋锋的均值指标为：温度：1.33℃/10 n mile，盐度 0.03/10 n mile；声速 0.4ms^{-1}/n mile；锋的铅直尺度 200~400m；厚度 5m；标准时间数月，美国海军根据潜艇战、反潜战的需要，提出的湾流锋的相对标准如表 4-3 所示。

表 4-3　美国海军湾流声速锋的相对标准

强度	垂直锋面的声速改变量 /($\Delta c / m \cdot s^{-1}$)	声层深度改变量 /($\Delta g / m$)	深度 /($\Delta z / m$)	特征时间
强	>3	>152	>914	全年
中	15~30	30~152	91~914	全年
弱	<15	<30	<91	个别季节

综合我国学者提出的海洋锋的标准，黄海南部和东海海区，温度梯度介于 0.05~0.1 ℃/ n mile；盐度梯度 0.002~0.033s/n mile 声速梯度 0.33 ms^{-1}/n mile。

4.3.4.2　海洋锋的分布

大洋上主要海洋锋的平均分布如图 4-28 所示。海洋锋主要分布在北半球，强锋都在北半球以西边界海区。锋区长度以太平洋无风带盐度锋和南半球亚热带辐合带锋和南极锋为最。

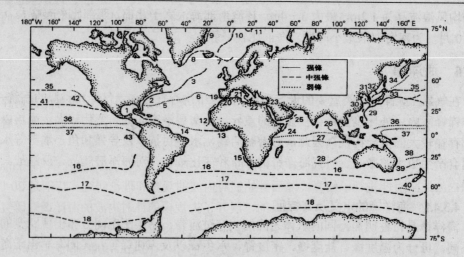

图 4-28　世界大洋主要锋系分析

　　中国近海由于陆架环流变化较大，地形复杂，海洋锋的类型及变化也较复杂。其中，在渤海和黄海陆架附近存在潮生浅海陆架锋，东海和南海主要为上升流锋和强西边界流锋，沿岸流锋在各海区径流入海口附近均可出现。图 4-29 给出勃、黄、东海冬季主要海洋锋的分

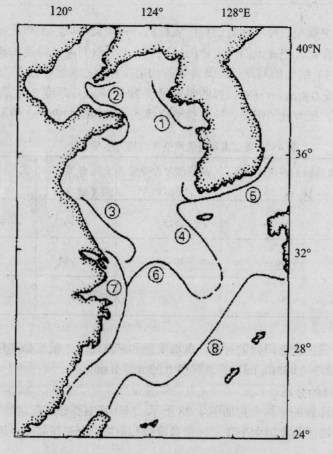

图 4-29　勃、黄、东海冬季海洋锋分布情况

布情况。夏季由于河口径流增强，河口锋强度变强，位置偏向外海一侧。黑潮锋的位置也较冬季偏东。

4.3.5　内波[1,23]

海洋铅直方向上，海水密度、温度和盐度的分布是不均匀的，即海洋普遍存在垂向层结。在一个稳定的层结海洋中，浮力使离开平衡位置的海水质点返回初始平衡位置，并产生周期性的振荡。海洋内部的这种波动现象，称为海洋内波。

1902 年挪威探险家 F. Nansen 在北极探险时发现了"死水"现象。海洋学家 Ekman 在 1904 年用内波波阻对此进行了解释。随后开始针对内波的观察和理论研究。特别是 20 世纪 50 年代，美国海军和前苏联出于军事的目的，展开了大规模的针对内波的海洋调查研究。在此基础上，促使海洋内波的理论研究在 20 世纪 80 年代获得较大的进展。

海洋内波的波要素分布较宽：低频内波波长在 $10^1 \sim 10^3$ km，传播速度达 10^2 cm/s；小尺度内波周期从 5~10min 至 2~5h 不等，波长为 $10^2 \sim 10^3$ m，传播速度则为 10cm/s。低频内波的振幅可达 100m，甚至更大；短周期内波振幅也仅 10~20m。图 4-30 为直布罗陀海峡 150m 深度处观测到的内波情况，其振幅在 100m 左右。

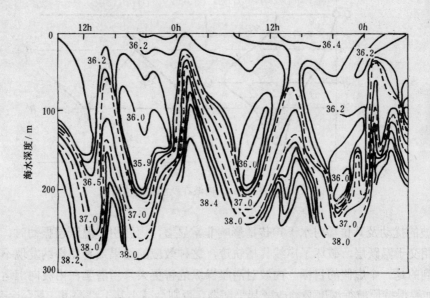

图 4-30　直布罗陀海峡内波产生的盐度振荡

海洋内波在发展、传播及消衰过程中，引起海洋水体水平和垂直交换，使海洋中温、盐、密、声以及流速等物理属性要素发生较大的分布变化，因此，对水下潜艇的安全以及声纳的使用产生特别大的影响。此外，由于潜艇在水下运动而引起海水介质扰动生成的表面波波系、内波波系以及内部尾流的表面特征，已成为近年潜艇目标卫星遥感识别的依据之一。

海洋内波形成的原因是多种多样的，例如，大气压力的随机振荡引起的共振强迫响应、表面风的作用；在空间非均匀风场的条件下，表面风场作用于海洋 Ekman 边界层的上层，将引起下层海水垂向流并因此导致海洋内波的生成；密度场变形等局部初始扰动以及由运动的局部和非局部扰动源生成的内波。

内波的频率又介于惯性频率 $f = 2\omega\sin\varphi$ 与布伦特-维塞拉（Brunt-Vaisala）频率

$$N = \left(-\frac{g}{\rho}\frac{\mathrm{d}\rho}{\mathrm{d}z} - \frac{g^2}{c_0^2} \right)^{\frac{1}{2}}$$ 之间，即 $f < \delta < N$。

内波形成后传播方向与其频率有关，波向与水平方向的夹角 α 为 δ 的函数，即：

$$\tan\alpha = \left(\frac{N^2 - \delta^2}{\delta^2 - f^2} \right)^{\frac{1}{2}} \tag{4.36}$$

δ 较大或波从 N 较大的水层向 N 较小的水层传播时，α 变小，即传播接近水平方向；反之，当频率较低或波从 N 较小的水层向 N 较大的水层传播时，α 变大，即传播方向较陡。

此外，内波的群速与相速垂直，即内波的能量输送方向与波动方向传播方向垂直。因此，在密度跃层内内波的传播由于反射作用，将形成类似"波导管"的现象。见图 4-31。

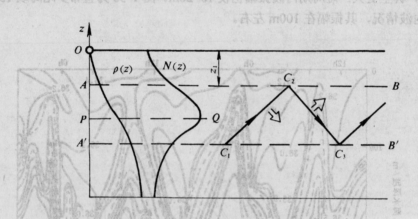

图 4-31　内波在跃层中的传播

内波的扰动及其传播对水下声传播影响非常显著，内波引起温跃层振动时，声波以不同的角度相交于温跃层，破坏了声线传播轨迹，这种效应的结果或是使声纳发现不到目标，或是探测到的是一个虚假的目标。内波对潜艇操纵危害更大，当潜艇在内波向上运动的区域通过时，如要保持原航行深度必须改变其平衡器，否则会减小其下潜深度，甚至会暴露出水面。而当潜艇在内波向下运动的区域通过时，则潜艇会增加下潜深度。

4.3.6　中尺度涡[2,14,16]

中尺度涡是迭加在海洋平均流场上的涡旋，水平尺度在数百千米，垂直尺度可达海底，存在时间则从数周到 2~3 年不等。

中尺度涡的发现，改变了早期对大洋环流的气候学研究观点，加深了对浅海水团和环流的天气变化的理解。前苏联 1970 年在北大西洋实施的"多边形-70"调查、美国进行的中大洋动力学试验（MODE，1971，DODE Group 1978）等均获得了中尺度涡的大量现场观测资，其后关于各大洋中尺度涡的发现和分析报告陆续出现，证实中尺度涡是世界大洋范围的普遍现象。

4.3.6.1　中尺度涡的分类

按照中尺度涡的起源及特点，一般分为两类。

1. 锋区中尺度涡

这类中尺度涡起源于大洋西边界强化流的流环。当黑潮和湾流不稳定发展，主轴偏离其平均位置出现波状扰动，湾流两侧分别产生气旋式（右侧）和反气旋式（左侧）涡旋，流环和周围海水的温盐性质差别明显，右侧的气旋式流环中心为来自大陆架的冷水，深达 4.5km 的海底；左侧的反气旋涡旋，中心为来自大洋的暖水，深度较浅，仅为 1500m 左右。黑潮两侧也能形成冷涡和暖涡。根据 1988~1992 年"中日黑潮合作调查研究"观测调查资料，黑潮锋面涡旋的结构特征及演变主要有以下几点[20]：

(1) 东海是黑潮锋区涡旋，以春季出现最为频繁，尤其是九州西南海域陆架坡折处，涡旋强度最强。涡的发生周期约为 10 天，水平尺度为数百千米。

(2) 锋涡的结构特征　大致在 30°~31°N，128°~129°E 之间，黑潮两侧伸出一股逆时针的暖水舌，构成涡的外围，在暖水舌与黑潮两侧锋面之间出现冷水核。该冷水舌是指沿陆架坡涌升的冷水，构成涡的内核（要素示意图见图 4-32）。

(3) 在屋欠岛两侧的海域，是黑潮锋面涡发育较为典型的区域。

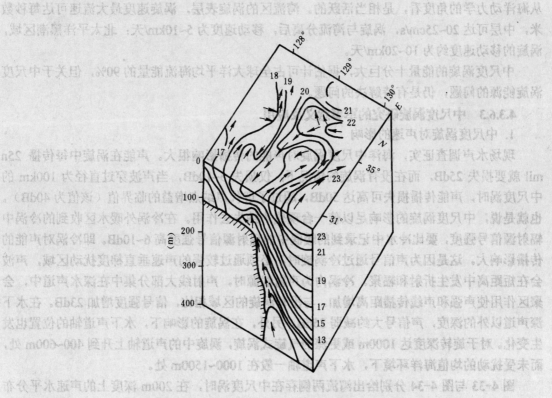

图 4-32　东海黑潮锋面涡旋的结构特征示意图

2. 外海中尺度涡

外海中大洋远离大洋西边界，不受大洋西边界强化流的影响，早期大洋环流理论认为这里的海流非常微弱。在 60~70 年代，卫星遥感和大盐调查发现这儿普遍存在中尺度涡旋。这类涡旋的水平尺度一般为 100km 左右，范围约为锋区涡旋的 2 倍，当涡流速度较小，约为 5~50cm/s，存在时间为几周至几个月。与西边界流环相比，外海中尺度涡不具备"水团"的特征。

太平洋、印度洋和大西洋都有这类中尺度涡。这些中尺度涡具有很大的动能，对海洋动力学、热力学、海洋环流和水团的影响很大。

4.3.6.2　中尺度涡的基本特性

中尺度涡旋是大洋上普遍存在的海洋现象。但分布不均主要在北太平洋西部和北大西洋西部湾流区。大洋中的中尺度涡旋和大气中的涡旋类似，也分为气旋式和反气旋式两种类型。

气旋式涡旋，水体按逆时针方向旋转，下层冷水上升，进入表层，是冷水涡（CE），而反气旋涡旋恰恰相反，水体呈顺时针方向旋转，表层暖水下沉，进入深层，为暖水涡（WE）。在大西洋湾流左侧的涡旋，湾流向东北方向移动，呈反气旋型，由马尾藻暖海水组成，周围为沿岸陆架低涡水，是暖水涡。湾流右侧则有陆架冷水组成。呈气旋型，为冷水涡，但湾流向西南方向移动，在北太平洋黑潮区域，反气旋型涡旋向北和东北方向移动，系从黑潮孤立出来的暖水涡；而向南和西南方向移动的气旋型涡旋，则为大陆架处的涌升冷水，核，为冷涡。

大洋中尺度涡与大气中的气旋和反气旋类似，携带大量的海洋能量。中尺度涡的运动，从海洋动力学的角度看，是相当活跃的。湾流区的涡旋表层，涡旋速度最大流速可达每秒数米，中层可达 20~25cm/s，涡旋与湾流分离后，移动速度为 5~10km/天；北太平洋黑潮区域，涡旋的移动速度约为 10~20km/天。

中尺度涡旋的能量十分巨大，据估计可占全球大洋平均海流能量的 90%，但关于中尺度涡旋能源的问题，仍是有待解决的问题。

4.3.6.3　中尺度涡旋研究的军事意义及应用

1. 中尺度涡旋对声速的影响

现场水声调查证实，海洋中尺度涡旋对声能的传播影响很大。声能在涡旋中每传播 25n mil 就要损失 25dB，而在没有涡旋的情况下，仅损失 5~10dB，当声波穿过直径为 100km 的中尺度涡时，声能传播损失可高达 50dB，超过了现代声纳点增益的临界值（该值为 40dB）。也就是说，中尺度涡旋的影响足以使一台现代声纳失去作用。在冷涡外暖水区收到的冷涡中辐射源信号强度，要比冷水中记录到的暖涡中的辐射源信号强度高 6~10dB。即冷涡对声能的传播影响大。这是因为声信号通过冷涡旋时，必须通过较强的声速垂直梯度扰动区域，声波会在短距离中发生折射和辐聚。冷涡内为声射线源时，声射线大部分集中在深水声道中，会聚区作用使声强和声线传播距离增加。与没有涡旋的区域相比，信号强度增加 23dB。在水下深声道以外的深度，声信号大约减弱 25dB。另外，在涡旋的影响下，水下声道轴的位置也发生变化。对于旋转深度达 1000m 或更深的气旋式涡旋，涡旋中的声道轴上升到 400~600m 处，而未受扰动的均值海洋环境下，水下声道轴一般在 1000~1500m 处。

图 4-33 与图 4-34 分别给出湾流两侧存在中尺度涡时，在 200m 深度上的声速水平分布变化。由图比较可以发现冷涡和暖涡对海洋声场的影响是非常显著的，并且冷、暖涡对声速分布影响的差异显著。因此，中尺度涡对潜艇战、反潜战中的影响将是非常重要的。

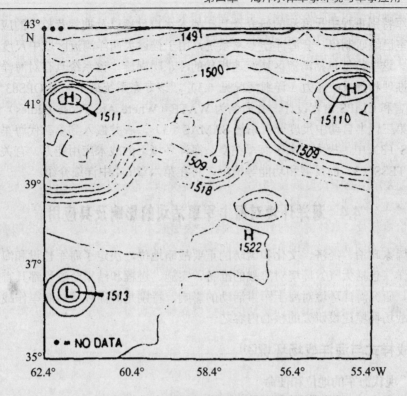

图 4-33　在 200m 深度上声速的水平分布等值线

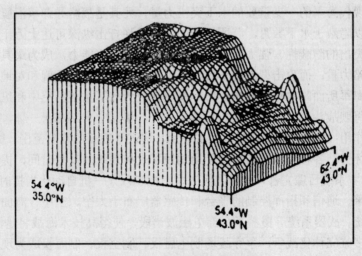

图 4-34　声速分布的三维特征

2. 中尺度涡旋对海流等水文要素的影响

中尺度涡移动时，相当于在海洋气候背景场中迭加上海洋"天气学"扰动，并且破坏了海洋上原有的水体运动学体系和结构。中尺度涡旋中水体的显著涡旋运动对水面舰艇特别是潜艇航海产生严重的影响，因为一般海图或航海航路指南中无法反映出涡旋及其流的状况。

由于涡旋大多发生在海流（如黑潮和湾流）的海洋锋区，在一定条件下，发展形成为一种大振幅内波，对通过的潜艇造成较大的危害。

美国海军特别重视中尺度涡的研究及其在战术水声反潜以及搜索营救中的应用。美国海军研究实验室已经研制出一套海洋学专家系统，用于描述大西洋湾流区域中尺度特性的发展演变过程[26]。这些特征包括湾流区域流速相异的冷、暖涡旋。该系统具有对海洋涡旋的特征进行解释、推理和预报的能力（详细情况见 6.3）。该专家系统最早采用 OPS83 语言，后重新采用 C 语言和 CLIPS 语言设计，并命名为 WATE（Where Are Those Eddies）。WATE 系统和研制的第三代半自动中尺度分析系统 SAMAS（3），一并嵌入到第三代海军战术环境保障系统 TESS（3）中，极大提高了海军在复杂海洋环境下的战术应用能力。有关美军战术环境保障系统 TESS（3）的发展和功能等情况，将在第六章 6.4 中详细介绍。

4.4　海洋环境对海上军事活动的影响及其应用

海洋在国家政治、经济、文化和国防的重要战略地位，决定了海军建设和海上战争的重要性；而海洋（包括大气）环境对海战的准备、实施、进程和结果全过程都具有不可低估的影响。因此，研究海洋环境对海上军事活动的影响，特别是海洋环境对海军作战的影响与应用，是海洋战场环境建设研究的核心内容之一。

4.4.1　海战样式与海洋战场环境[21]

4.4.1.1　现代海军的地位和使命

第二次世界大战以后，随着科学技术的突飞猛进和全球性的海洋战略发展，极大地促进了海军的发展。海军已发展成为一支装备先进、高技术密集并拥有众多兵种的现代化军队。其中，潜艇是现代海军的一支重要的水下突击力量，尤其是战略导弹核潜艇，不仅可以高速深潜，而且可以隐蔽于水下数月，其所携带的弹道导弹打击纵深可达上万千米。战略导弹核潜艇所具备的突出的隐蔽性、强大的突防能力和核战略打击能力，成为最具核威慑能力的一支国防军事战略力量；而攻击型潜艇不仅具有反潜能力，还具有反舰和对地攻击能力。反潜战已成为现代海军所面临的重要问题；海军航空兵成为海军重要的空中和纵深突击力量；特别是现代航空母舰战斗群，融海空兵力兵器于一身，集制空、制海于一体，在现代海战中具有举足轻重的作用；此外，精确制导武器的使用，增大了舰艇的攻防范围，提高了命中精度，增强了杀伤破坏力；各种先进传感器的使用缩短了火控系统的反应时间，提高了火控系统的自动化程度；C^3I 系统日臻完善，使得现代海军指挥步入人—机自动化指挥时期；用于战场侦察、监视、预警、通信和指挥控制的平台和传感器广布于太空、空中、海面、水下和陆地，而且传感器系统、武器系统等覆盖了全部电磁波谱段，使得高技术海战将是涉及海、陆、空、太空及电磁的多维立体化战争，争夺战场制电磁权、制空权、制海权成为现代海战的重要内容。

海军是高技术海战的主力军，在未来高技术战争中起着极其重要的作用[29]：

(1) 用公海豁免权，海军可在全球范围内实施无限制的高度机动，可以先于其他军事力量快速投入发生于世界任何地区的局部战争中；

(2) 海军是一种高密度综合性军种，拥有海、空、陆多兵种军事力量，能独立完成多种战略、战役和战术任务，具有强大的军事威慑力；

(2) 拥有多种武器装备，可执行兵力和装备快速运送、海上封锁、远程导弹精确攻击、同陆基飞机协同作战等多种重要军事使命。

N.米勒在《美国海军史》一书中，强调"海军在和平时期是执行国家政策的强有力工具，在战争时期是国家的第一道防线"。美国在 20 世纪 80 年代提出以海上威慑、前沿部署和与盟国联合作战为支柱的海上战略。90 年代初，又提出了"从海上（打击）"和"从海上……向前沿"新的海军战略，提出和平时期在前沿存在，形成军事威慑；危机下武装力量快速部署、快速反应；在地区性冲突中，陆、海、空力量全面介入，联合协同作战。海军已成为濒海国家战略国防力量的重要组成部分，在未来高技术战争中将发挥突出的作用。

4.4.1.2 海军作战与海洋环境

1. 现代海军主要作战样式

现代科学技术广泛应用于海军，影响和改变着现代海战的作战方式。在现代高技术海战中，主要作战样式有：

(1) 制海权战——运用海上力量在预定时间内取得对一定海洋区域的控制权。一般分为战略制海权、战役制海权和战术制海权。通过海上封锁、控制海上交通枢纽、进行海洋作战和建立区域掩护体制等方法，夺取和保持制海权，是海上作战的基础，在现代海战中具有头等重要的地位。由于现代海军远程作战武器系统、深海武器系统和海洋监测系统的发展，争夺制海权的空间日趋广阔，制海权、制空（包括天空和宇空）权、制电磁趋于一体化。

(2) 反舰作战——在海洋上打击敌方战斗舰艇编队的进攻战役。利用水面舰艇编队或航母战斗群、潜艇以及舰载机等对敌水面舰艇隐蔽突然地实施立体攻击，使用舰载预警机提前发现敌舰，发射反舰导弹或派出截击机将敌舰歼灭于超视距之外。反舰作战中，夺取制空、制海和制电磁权，实施空中火力打击、远距离火力打击和水中潜艇攻击，将成为主要手段。反舰作战进程快速，兵力高度合成，指挥协同更趋复杂，因此，相应的对海洋战场环境保障要求更高，难度也更大。

(3) 潜艇战——潜艇兵力在海洋战区实施的进攻作战。现代潜艇兵力能够遂行多种作战任务，是实施反舰战、反潜战、海上封锁/反封锁、实施战略突袭/反突袭、夺取和保持制海权的主战兵力与重要手段之一。弹道导弹核潜艇已成为海军战略威慑/反战略威慑的重要支柱，潜艇战在未来高技术战争中的地位将越来越重要。

(4) 反潜战——综合运用水面舰艇、航空兵、攻击潜艇等兵力以及对潜监视系统，实施大范围的搜索与攻击，力争阻止敌潜艇进入可能实施攻击的海域和阵位，歼灭已展开于海洋中的敌潜艇；现代反潜战朝着建立和利用在广阔海洋上的水下监视系统、空基-岸基-艇基-海床基对潜探测设备和侦察卫星构成的综合对潜监视网，编组快速反潜兵力，装备新型探测技术设备和制导攻击武器，可同时从空中、水面和水下进行搜索、监视、跟踪和攻击。

(5) 海上破交战——破坏袭击敌方海上交通运输的进攻作战。破交战的目的是在预定时间内阻止、中断敌方海上交通运输，限制敌方兵力展开和机动，消灭和毁伤敌方运输舰船，消弱起战争潜力；或从战略、战役上配合其它形式的作战。破交战对战争进程和结局具有重要作用。

(6) 海上封锁——以武力切断敌方从海上与外界联系的海上进攻作战。是夺取和保持制海权的重要手段之一。一般采取水雷封锁、海上兵力（潜艇、航空兵和水面舰艇）封锁以及水雷-兵力综合封锁。海上封锁受海区地理、水文气象条件的影响很大，因此，加强封锁作战的海洋环境保障研究，意义特别重大。

(7) 登陆作战——是海军和登陆部队搭乘登陆输送工具自海上向敌岸实施的进攻作战，通常由上船、航渡、突击登陆等几个阶段组成。在上述各种作战样式和方法中都离不开电子对抗与反对抗，可以说在现代高技术海战中，电子战是首战即行的作战样式，并且贯穿于海战的始终。

(8) 海军电子对抗战——利用电子设备或器材进行电子侦察、电子干扰和电子防御的电子对抗行动。通过综合运用各种电子对抗手段，对预先选定的目标实施突然、猛烈、准确的电子干扰，并与兵力机动和火力摧毁相结合，取得最佳的干扰效果，实现剥夺敌方制电磁权以达到掌握和控制制空权、制海权的目的。现代高技术海战电子对抗战将在作战空间全纵深、全方位同时实施，对抗的目标是指挥与控制系统，因而更具进攻性和杀伤力。电子战已经成为现代海战的最重要作战样式之一。研究海洋（大气）环境对电子对抗战的影响，是海洋战场环境建设极富挑战性的课题，同时也是非常重要的研究课题。

(9) 海军光电对抗——利用光电对抗设备、器材或光电无源干扰物，用于截获、识别对方光电设备辐射源信息，削弱、破坏其效能的电子/光电对抗行动。分为光电侦察对抗和光电干扰对抗。随着可见光、红外和激光，特别是激光技术在侦察和精确制导打击武器装备上的应用，光电对抗在海军高新技术研究应用领域愈加受到高度重视。为适应未来高技术海上战争中多传感器、多目标威胁的作战环境和环境保障需求，研究海洋大气环境对光电对抗的影响和应用，意义重大。

2. 海战环境

海战是在特定的海洋和大气环境中展开、进行的，各种的作战平台和武器装备系统以及作战的样式和战术，不可避免地会受到海洋和大气环境不同程度的影响和制约。海战环境主要是研究海洋（包括大气）环境对海战进程中敌我兵力使用、火力使用和战术运用等各个方面的影响，研究能够合理地利用环境优势条件，采取趋利避害措施，保障达到海战胜利的目的。

下面重点阐述海洋环境对水面舰艇机动作战、潜艇战和反潜战、登陆作战、水雷战、电子战以及海军精确制导打击作战的影响及其应用。

4.4.2　水面舰艇机动作战与海洋环境[21,27]

水面舰艇部队在海军诸兵种中占有重要地位，是海军的主要基本作战力量。现代舰艇部队被广泛应用于反舰作战、防空战、反潜战、封锁/反封锁战、水雷战、支援登陆/抗登陆作战、保交/破交战和后勤支援等作战任务。

在舰艇执行和实施各种海上作战任务中，舰艇机动是实施或变更战斗部署、占领攻击阵位和进行战斗的基本手段。海洋（大气）环境对舰艇机动作战有显著的影响和制约，海上舰艇战斗机动，必须积极和合理利用海洋（大气）环境条件，以实现舰艇机动的适时、准确、迅速、简便、隐蔽和安全性的基本要求，达成舰艇作战战术的突然性和火力打击的有效性。

4.4.2.1　舰艇机动与海洋环境

1. 舰艇机动

舰艇或舰艇编队为充分发挥己方舰艇武器的威力，有效地使用技术装备，同时降低或阻碍敌方武器、技术装备的使用效果，相对于目标所进行的占领阵位或保持阵位的运动。舰艇在遂行侦察、搜索、巡逻、接敌、展开、攻击、规避和撤离等战术行动中，均必须准确进行有关解算，及时实施正确的机动。

2. 海洋环境对舰艇机动的影响

水面舰艇机动主要受海面风和海浪的影响较大。

海浪能够引起舰首被海浪淹没、砰击、上浪和海水飞溅；在舰尾出现淹尾浪和螺旋桨打空车等不良现象；如果舰体长度等于或接近波长，舰艇顶浪或顺浪航行时会出现舰体中拱和中垂现象。这些现象都会影响舰艇的操纵、稳定、航速、航向以及舰体结构与强度，因此影响到舰艇的机动性能。

(1) 波浪周期与舰艇共振　当波浪周期大于舰艇纵摇的固有周期，舰艇顶浪航行时，波浪会遇周期减小，波浪对舰首的冲击力加大，在一定的航速条件下可能产生共振。共振使舰艇的纵摇幅度加大，因此加剧了舰艇风浪中航行的危险性。为降低风险，需根据舰艇性能和海浪情况，选择减速或采取适当的角度斜浪曲折航行。而顺浪航行时，波浪相遇周期增大，一般不会发生共振，此时波浪的冲击力和纵摇要比顶浪时小。

(2) 波速、波长的影响　当航速大于波速时，舵效虽然较好，但打空车现象会使舰尾震动加剧，会对舰艇结构造成一定的损害，严重时能够危及船的安全。当航速小于波速时，淹尾浪会冲刷后甲板，损坏舱面设备，从而危及舱面作业人员的安全。航速等于波速，尤其当舰体长等于或接近波长时，对舰艇操纵最为不利。当舰艇在波峰时，舰尾吃水减小，舵效降低，舰艇处在危险的不稳定状态；当舰艇在波峰前坡时，易被打成横浪，如陷入波谷，更不易转成顺浪或顶浪，在大浪的冲击下，舰艇横倾加剧甚至有倾覆危险。横浪航行时，舰艇会发生横摇，海浪较大时，横浪航行的中小型舰艇的横摇周期与波浪周期相近，易产生较大的横摇，一般应避免横浪航行，宜改为斜浪航行。舰艇在大风浪中进行大角度转向是比较困难和危险的，通常利用小波出现的时机，车舵并用，使舰艇迅速通过横浪阶段，完成转向。

此外，风、海流和海浪都会使舰艇偏离航线产生漂移，尤以风漂移为最大，这影响舰艇定位精度和编队协同。海雾天气对舰艇编队和机动也有严重的影响。热带气旋是海上最具杀伤力的灾害性海洋天气系统，即使大型水面舰艇的航行安全也受其极大地威胁。为了提高舰艇机动航行的海洋环境保障能力，美海军研制开发并在舰艇上配备了专用于分析热带气旋及危险天气的应用软件以及舰艇反应战术决策辅助（SRTDA）系统[34]。

4.4.2.2　海洋环境与舰载传感器和武器系统的使用

海洋环境对舰艇机动作战效能的影响，主要表现在海洋环境对舰载传感器和武器系统使用的影响。下面以舰载雷达的使用为例说明海洋环境的影响。

舰载雷达主要用于探测和跟踪海面、空中目标，为武器系统提供目标坐标等数据，引导舰载机飞行和着舰、保障舰艇安全航行和战术机动等。但是，雷达和光电子等传感器系统的探测、跟踪和测距不仅受海上大气环境的直接影响（此部分内容见 5.4、5.5），而且还受海面波动引起的舰艇纵横摇摆、上升、下沉等舰艇航行不良姿态的间接影响。舰艇的摇摆和升降，可能会使舰载传感器系统无法可靠地实施探测、跟踪和测距等一系列的作战活动。比如，对于民用舰载雷达，当舰船的横向摇摆超过 $15°$，纵向摇摆超过 $5°$ 时，会造成舰船上雷达观测的困难，而对于中小型战斗舰艇，在风浪中横摇有时能达 $15°\sim25°$。尽管舰载电视、红外、激光等光电传感器通常被安装在同一稳定平台，以保证其稳定性，但整个舰体的摇摆与升降必然影响其作战性能。

此外，舰载声纳传感器使用不仅受舰艇摇摆与升沉的影响，还受到海洋水体环境特别是海洋环境声场较大的影响。

4.4.3   海洋环境与潜艇战和反潜战

潜艇是海军重要的水中突击力量，潜艇战和反潜作战是各国海军极为关注的战略问题。潜艇潜行于水中，不仅直接受到海洋水体环境的较大影响，而且，因海洋与大气的相互作用，也间接受到大气环境的影响；飞机和水面舰艇执行反潜作战任务时，也会受到大气环境和海洋环境的较大影响。因此，了解海洋和大气环境知识，对于潜艇战/反潜战中传感器的部署、武器系统的使用以及选择正确的战术都具有极为重要的意义。

4.4.3.1   海洋环境对潜艇、舰艇和飞机作战平台的影响

潜艇一般受海面风浪影响相对较小，但受海流、跃层（主要是温度和密度跃层）和内波的影响较大。海流直接影响到潜艇载运平台的准确定位和航行机动性能。潜艇进行舰位修正时，必须能够掌握准确的海流资料，以便计算流压的影响。密度跃层（主要由温度和盐度垂直分布决定）对潜艇机动活动影响很大，特别是当潜艇需要改变航行深度或进行水下悬停时，了解和掌握海洋热力结构并合理利用，具有特别重大的意义。例如，在温跃层、海洋锋和密跃层附近，潜艇上浮或下潜时往往需要改变艇内压载水的重量。图4-35给出不同温度垂直结构对压载的影响。当处于潜望镜深度（A处）的潜艇下潜（不改变压载重量）时，通过等温层时，压力效应大于浮力效应，潜艇浮力变小；潜艇加速下潜并通过温跃层时，潜艇浮力开始增大，到达某深度（B处）时将处于垂直均衡状态。利用海洋环境的这种热力场结构，可以达到迅速、有效的下潜目的。对于经验不足的艇长或对不能合理考虑和利用环境条件时，当潜艇在压力效应大于浮力效应的等温层下降时，可能会采取减少压载，而到了浮力效应大于压力效应的温跃层下方，又会注水加大压载量，因此降低下载的效率。

另外，潜艇悬停操纵以及在悬停状态下实施搜索和攻击在潜艇反潜、反舰作战中具有重要的意义和战术实战价值。海洋环境对潜艇水下悬停操纵品质和战斗能力都具有重要的作用和影响。当潜艇所处的现场环境密度随时间的变化率为 5.6×10^{-5} kg·m^{-3}·s^{-1} 时，30min 内能够引起处于悬停状态的潜艇 4~6m 的深度变化。

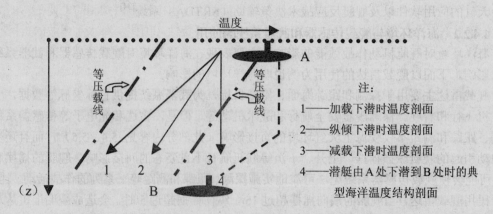

注：
1——加载下潜时温度剖面
2——纵倾下潜时温度剖面
3——减载下潜时温度剖面
4——潜艇由A处下潜到B处时的典型海洋温度结构剖面

图4-35   垂直温度剖面及其与潜艇下潜（上浮）活动时的关系

海洋中的内波对潜艇的航行安全能够产生较严重的影响。短周期内波的波幅通常在10~20m，低频内波的振幅可达100m甚至更大，潜艇在波峰或波谷处，很可能会被抛出水面或压

向海底。20 世纪 60 年代美国"长尾鲨"号核潜艇在大西洋触礁沉没，根据美国海洋学家的分析，就是由于遭遇到海洋中的强内波而失事的。

反潜舰艇的机动航行性能和作战性能主要受海面风浪的影响和制约。例如：猎潜艇一般在 3～5 级海况以下才能有效使用武器，5～7 级海况以下能够安全航行。鱼雷艇耐波性能较差，大多只能在近岸海区和 4 级海况以下活动。

反潜巡逻机、反潜直升机以及空投鱼雷、深水炸弹等的飞机受海洋大气环境影响严重，在雷雨、大风、海雾和强降水等不良气象条件下，反潜飞机无法参战，尤其是中、小型舰艇，其载机在不良海况和海上气象条件下不能起飞或着舰。

4.4.3.2 海洋（大气）环境对潜艇战和反潜战通信的影响

目前潜艇对岸通信及其与飞机、水面舰艇和其他潜艇进行通信的主要手段是短波、超短波收/发信机、甚长波收信机、卫星通信和水声通信设备。其中高频、甚高频通信受天候和上层大气影响，通信距离和时间均受一定的限制，而且，潜艇在必须发报时，要上浮到天线能露出水面的深度，破坏了潜艇的隐蔽性。激光通信是利用可见光中海水衰减最小的蓝绿光进行的，可使潜艇在 300m 深的水下接收信号，使潜艇极为隐蔽，而且激光通信具有频带窄、很难被截听或干扰、数据传输率高、方向性强等优点。因此，激光通信是最具有发展前途的对潜通信手段。但激光通信的传输是经由大气环境、海气界面、海水不同介质环境到达潜艇的，传输路径上参数不稳定、信号衰减大、经过了多次强烈的散射。其中，大气环境对激光束的吸收、散射会衰减激光能量、减弱信号强度；散射还会使光束扩展为漫射光斑，降低相干性；大气湍流及折射会引起激光束的弯曲和离散，产生闪烁，使高功率激光束产生严重畸变。在海-气界面，由于受海面反射影响会损失部分能量；而海水中激光信号的衰减，主要是由海水和海水中浮游生物、悬浮物及溶解物散射、吸收造成的。此外，来至太空和天空的辐射及水中生物发光会降低激光接收机的信噪比。

4.4.3.3 海洋环境对潜艇战/反潜战武器装备系统的影响

1. 对声纳传感器的影响

声纳是利用声波对目标进行探测的传感设备，主要担负对水中目标进行探测、定位、跟踪、识别、制导等方面的水声对抗任务。声纳是目前进行水中搜索、探测的主要传感器，而声纳传感器的工作性能依赖于声波在海洋环境中的传播特性，因此，海水对声波的折射、衰减和海洋环境噪声都对声纳器材使用产生很大的影响。了解声波传播路径对于部署声纳系统和选择作战战术具有重要的指导意义。

由于海水介质的不均匀性，以及海面和海底分界面的作用，声波在海水中传播时会出现折射、反射现象，使得声波沿曲线路径传播。声线弯曲常常会导致出现声影区或声线发散、声强严重衰减的区域，从而缩短了声纳系统的有效作用距离，减小了声纳系统的有效作用范围。例如：夏季浅海区强烈负梯度声场的情况下，会出现使声纳使用效果大大降低的所谓"午后效应"现象。但在海水声道中，声波的传播距离比通常情况下的传播距离大几十倍甚至几百倍，利用深海声道会聚区，声纳能够超远距离探测到目标。因此，充分了解浅海和深海的海洋声场环境差异，掌握海洋中的中尺度变异现象对声传播规律的影响，可以提高声纳探测距离和搜索效率，提高水声战术运用的合理性。例如：应用深水声道和海底反射等传播途径，可大大增加声纳的有效探测距离，而在声道上方和下方水层的声影区，声源将探测不到位于声影区的目标。因此，可以利用声影区进行潜艇、鱼雷的规避、隐藏。

声纳传感器主要受环境噪声和海洋混响的影响。被动声纳使用性能受噪声限制；主动声纳主要受海洋自然噪声和舰船噪声的干扰影响，也受海洋混响干扰的影响。海洋自然噪声主要包括由风、浪、雨、拍岸浪等引起的动力噪声；由冰层表面不平整与风和海流相互作用而形成的冰下噪声等。在高频段或高风速下，噪声主要是来自依赖于风速的海面扰动；在低频段或低风速下，噪声主要是来自远方海面航行船只噪声。降雨引起的水下噪声也主要在噪声高频区域，降雨噪声级决定于降雨强度，降雨强度越大，噪声级越大。在近岸浅海水域噪声干扰尤为严重，大风引起的涌浪冲击海滩，造成卵石、沙砾滚动可产生很强烈的噪声。海水混响干扰能掩盖水下目标的反射信号，大大限制主动声纳的作用距离。根据产生声波散射的原因不同，海水混响可分为三种：海面混响、海底混响、体积混响。由海面反向散射引起的混响称为海面混响。海面风浪越大，海面混响越强，在水面附近的声纳受其影响较大。由海底反向散射引起的混响称为海底混响。它取决于海底性质和海洋深度，在浅海区的声纳受其影响较大。体积混响是由于海水含有大量的浮游生物、气泡以及藻类、泥沙等悬浮物质使海水成分不纯而引起的，在深海的声纳受其影响较大。

2. 海洋环境对鱼雷使用的影响

现代鱼雷大多采用先进的电子控制和制导技术，已成为水中精确制导武器。鱼雷可由潜艇、水面舰艇和飞机分别从水下、水面和空中发射，主要用于反潜和反舰。鱼雷对水下目标的搜索、跟踪、识别、定位和攻击大多是以声自导鱼雷方式工作的。所以，影响声纳传感器工作性能的海洋环境条件，也将影响和制约鱼雷的作战性能。

海洋环境声场特性直接影响鱼雷的作战性能。声波传播损失越大、海水混响级和环境噪声级越高，鱼雷的有效作用距离越近；反之，则越远。声线弯曲形成的声影区或声线发散强度减弱区域，可能会大大缩短声自导鱼雷的制导距离；但敌方声纳系统的声影区和声线发散区的存在，为鱼雷隐蔽接敌，实施奇袭提供了方便。利用海洋中的声道能够扩大声自导鱼雷的作用距离，但同时在声道中鱼雷的隐蔽性较差，容易暴露。而声道上、下层声影区有利于隐蔽鱼雷踪迹。在浅海区，海洋噪声和海洋混响均较强，水声传播环境较差，因此，浅海区域声自导鱼雷的自导距离比在深海里小得多，而且声纳系统工作环境差，会导致难于判断目标真假，命中概率显著下降。

另外，波浪和海面能见度也会影响鱼雷的使用效果。水面舰艇在3～4级海况条件下，比较适宜使用鱼雷。海况太低，不利于鱼雷航迹的隐蔽性；海况太高，则影响鱼雷的发射和命中的精度。

4.4.4　海洋水体环境与水声战术应用

4.4.4.1　水声学与水声对抗

水声学是一门研究声波在水下产生、传播、接收及其应用的学科。战术水声是从潜艇战和反潜战的战术要求出发，重点研究水声传播条件和海洋声场对潜艇战和反潜战的影响，研究利用各种海洋声学现象和规律，采取最佳战术行动，完成作战任务的理论和实践问题。水声对抗是战术水声的基本核心内容，是为了保障潜艇战和反潜战的顺利进行，敌对双方所采取的水声侦察/反侦察、探测/反探测、制导反制导的一系列行动和措施，包括利用水声侦察技术截获敌方水声设备和声制导武器的战术技术参数与位置；利用水甚干扰技术破坏或削弱敌方水声设备和声制导武器的效能；以及利用水声伪装和水声防御，即声隐身技术保证己方水声设备和声制导武器的正常工作。

潜艇战/反潜战在一定意义上就是水声对抗战。水声对抗技术的发展离不开对水声学的深入理论和实验研究。至第二次世界大战以来，美国海军一直高度重视对水声学和战术水声对抗的应用研究，早在 80 年代初就已研制出一系列预测、评估海洋中声传播的软件系统，并且已被纳入其战术环境保障系统 TESS 之中[28~30]。这些软件可用于分析海洋环境中的温度——盐度廓线、声速廓线、声传播损失、环境噪声以及声纳系统的性能等。

水声对抗除了依赖水声对抗技术和水声对抗设备的发展和研制外，充分利用海洋声场环境对声纳对抗器材的影响，采取最优的战术行动，具有十分重大的意义。

4.4.4.2　不同海洋环境下声波的传播及其战术应用

在表面声道内，声能传播损失小，声强较大，有利于水声探测和水声对抗，但不利于潜艇和鱼雷的隐蔽。在声道以下水域，没有直达声，仅有弱的散射声，形成声影区。声影区的存在使得舰载声纳探测较深水域中的目标变得极为困难；而潜艇利用声影区可以规避水面舰艇的探测和对水面舰艇实施探测。因此，潜艇战和反潜战战术运用中，正确利用表面声道能够达到出奇制胜的目的。例如，潜艇在声道中采取小噪音航速或短时停车搜索，即增加了潜艇的隐蔽性，同时增大了声纳的听测距离，达到现敌发现，先机制敌的战术目的。

当浅海海域出现负声速梯度（ $N = \dfrac{\partial c}{\partial z} < 0$ ）时，声线向下折射弯曲，形成声线的反声道传播路径。由于声线强烈弯向海底声能损失较大，从而大大缩短声纳传感器和鱼雷的有效作用距离，不利于水声深测和水声对抗，但有利于潜艇隐身规避。

在热带和温带海域的海面浅水层，由于风浪引起的涡动或湍流混合作用，常会出现几十米甚至上百米厚的等温层。等温层内声线比较集中，声强较强，声线传播距离较远。该层中有利于反潜声纳探测，不利于潜艇的隐蔽。

利用声道可达成远距离水下通信、水声对抗；而潜艇与鱼雷则应避开声道，在声道上下水层的声影区隐蔽活动。

水下反声道传播形成的声影区有利于潜艇和鱼雷隐蔽接敌，不利于反潜探测。

深水声道主要影响潜艇深潜航行和通信。目前潜艇的最大下潜深度多在 300～700m 之间，核动力潜艇的下潜深度在 300～900 m。由于潜艇与声道的相对位置不同时，所发出的声波的传播路径将有所不同，声纳工作效能变化较大，因此，在实战中应密切注意潜艇与声道的相对位置，以便趋利避害。例如，反潜舰艇利用深海声道的会聚区效应，能够扩大对目标的探测距离。而潜艇为提高隐蔽性，应尽量缩短在会聚区的机动时间，采取合理的航行深度、航向和航速，增加潜艇的隐蔽势。

4.4.4.3　海洋（大气）环境对非声探潜传感器的影响

声纳系统使用严重受海洋环境的影响，为弥补声纳系统的不足，提高反潜能力，出现了采用非声学方法探测潜艇的各种装备，主要有磁力探潜仪、前视红外探测仪、反潜雷达和废气探测仪等。

1. 磁力探潜仪与海洋环境

利用潜艇运动引起的地磁异常现象，对潜艇进行搜索、警戒和识别，是非声探潜设备中使用较多的一种。主要利用航空磁力探潜仪，作为综合反潜探测措施的一部分。航空磁力探潜仪探测范围有限，但探测深度较大，光泵型和电子核双共振型磁力探潜仪，作用距离可达

600—900m，对水下 300m 以浅的常规潜艇，发现准确性较高。海洋环境一般对磁力探测仪设备本身没有影响，主要是通过对载运平台的环境影响和限制，间接影响到仪器的使用。

2. 前视红外探测仪与海洋环境

前视红外探测仪是具有高分辨率的高速扫描热像仪，通常装置在反潜机的头部，摄取水下和通气管航行状态的潜艇引起的红外辐射电视图像。它是通过测量潜艇在水下航行时所产生的热辐射和热尾流，来确定其航行及方位的。一般地，潜艇航行时，可使周围的水温升高千分之五以上，且可持续 5～7 min，而当海上 1～2 级海况条件下，潜艇在 30～40m 深度潜航时，将冷水上搅与周围水域可形成 0.05～0.5℃的环境温差，并且可持续数小时之久。所以具有较高灵敏度的红外探测仪，能够发现水中的潜艇。红外探测仪受海洋气象条件影响严重，尤其是含水量较大的浓云、浓雾及降水等对其会造成严重衰减，使温差对比度经大气传输后变得不明显，从而无法探测到潜艇。海况较高时，海面湍流混合使潜艇尾流等引起的航迹消失，一般也会减小潜望镜和通气管的暴露程度。

3. 反潜雷达与海洋环境

反潜雷达能够直接探测暴露在水面的潜望镜和通气管；另外，利用潜艇航行时产生的内波、艇尾水流扰动在海面上产生的波纹对雷达波的后向散射原理也能够发现潜艇踪迹。显然，风浪会改变潜艇尾迹流，在高海况下，则不易发现潜艇。此外，雷达探测，以及潜艇对反潜机机载雷达的截收还会受到海洋上大气波导的影响，相关内容见§5.5。

4. 废气探测与海洋环境

废气探测仪是利用常规动力潜艇在使用柴油机工作时排出一氧化碳等未完全燃烧的废气，通过对其取样分析而探测潜艇航向和方位的。显然，海面上大气环境的扩散条件对其影响较大，尤其是风向、风速明显影响、制约着废气探测仪的战术部署和探测活动。

此外，利用卫星海洋高度计和合成孔径雷达（SAR—Synthetic Aperture Radar），可以分别探测到由于潜艇在水中航行而引起的海面的微小隆起和潜艇在海面产生的特征轨迹，并据此发现和跟踪潜艇。但这种探潜方法也受海洋大气层折射条件、大气环境中水汽与降水，以及海面风浪等较大的影响，严重依赖于大气环境中的气象条件和海面的水文条件。

4.4.5　海洋（大气）环境与水雷作战

4.4.5.1　水雷战

水雷战是水雷作战和反水雷作战的统称，是海军的作战样式之一。水雷战通常在战术、战役和战略层次上配合封锁与反封锁、登陆与抗登陆等作战行动实施。水雷战对战争的进程往往产生较大的影响。布设水雷行动和水雷作战性能以及反水雷作战都不可避免地受海洋大气环境的影响。

4.4.5.2　海洋（大气）环境对作战水雷的影响

1. 海洋大气环境对锚雷的影响

海流、潮汐等作用会使布设于水中的锚雷发生位置的偏移，如相对于水面的垂直升降和水平移位，波浪会使雷索发生振动。相应的影响是：垂直升降可能会使水雷浮出水面或沉到比其预设深度更深处；水平移位会使水雷脱离预定敷设区或改变锚雷的深度；雷索振动可能会将雷索拉断。对于磁倾针式水雷，快速振动可能会对水雷引信装置产生一种使水雷早爆的惯性拖曳力；雷体的不断振动还会造成雷索的疲劳，使雷索被拉断。

锚雷的水平运动取决于海浪、海流、海底沉积物和海底地形的影响。受海流影响的锚雷在平滑、硬质的岩石海底上比在较软的泥质海底上更可能产生水平移动。在强风暴的影响下，锚雷可能会移出原来布设的位置。

2. 海洋大气环境对漂雷的影响

影响自由漂浮水雷的因素有海流、波浪和风等。在风和海浪的共同影响下，漂雷不能稳定地漂浮于预定的漂移带上，海浪大于4～5级时，不宜使用漂雷。了解流系状况对漂雷作业具有重要的战术指导意义。有些水域舰艇较难进入时，可根据海流状况在安全距离之外投放漂雷进行攻击。在不能有效布设锚雷和沉底雷的狭窄航道以及敌方舰艇集结地可布设攻击性漂雷。在布设进攻性漂雷时，应对海流作审慎考虑，防止因潮汐或风等造成的流向转变改变攻击效能或对布雷部队和友军构成威胁。

3. 海洋大气环境对声引信水雷的影响

声引信水雷是利用舰船所产生的水声而动作的，舰船的声频范围在不到 1Hz 至 100kHz 之间。声引信水雷多采用较低频率，其有效性取决于水雷的频率响应、舰艇水声频率、声传播特性和海洋环境噪声。海洋环境噪声的频带极宽，声强的动态范围也极大，生物噪声、港口工业噪声、浅海拍岸浪噪声、恶劣气象条件下的水动力噪声以及低频段的地震噪声等，都可能构成对声引信的强烈干扰。

4. 海洋大气环境对水压水雷的影响

海浪、潮汐和风暴潮等对水压水雷影响很大。海浪水压场构成对舰船水压场信号极强的背景干扰，可能会直接引爆水压水雷，特别是周期较长的涌浪，更易造成这种情况。此外，由于海浪水压影响使水压引信连续工作，会大大缩短水雷电池的寿命。在周期较短且波高较高的波浪的影响下，水压引信水雷的灵敏度会大大降低。

潮汐和风暴潮所产生的压力变化较慢，一般只对水压引信水雷造成干扰，不会引爆水雷。舰船水压场与潮汐与风暴潮等的水压场之间有许多差别，应用现代信号处理技术充分利用各水压场信息，可设计出能在较强背景干扰基础上检测出微弱舰船水压场信息的水压引信。为使海面波浪引起的水压变化不至于启动水压引信，水压水雷必须具有与存储的海况谱相结合的海况分析系统。对于不能分析海况谱的水压水雷，了解海区的风浪、涌浪等对于评价使用水压水雷的可行性有着重要战术意义。

4.4.5.3　海洋（大气）环境对水雷战的影响

1. 海洋大气环境对水雷封锁作战的影响

海上水雷封锁作战主要是在敌基地、港口和近岸水域分布设攻势水雷障碍，以阻断敌沿海地区、舰艇基地与外界的海上联系，破坏其海上交通运输和兵力机动；或在己方有关海域布设防御水雷障碍，以阻击敌海上兵力向我海区逼近或登陆上岸，夺取制海权。在进行海上水雷封锁作战时，首先应根据欲布设水雷的海域的水文气象条件及自然地理条件，包括海底地形、底质、水深、海流、潮汐、潮流、海浪等，确定最适宜布设的水雷类型。比如，流速过急的海域，不能有效布设锚雷和沉底雷，可以考虑布设漂雷；而在周期较长波幅较大的涌浪海域，可能不适宜布设水压引信水雷。在布设锚雷时，应根据海流、潮流及潮差等对锚雷的影响，确定锚雷定深方法、布设区域及时机。其次应根据海洋水文气象条件并结合其他战场条件确定何种布雷方式。此外，对于隐蔽布雷时机的选择在很大程度上依赖与对战场有利的水文气象条件的及时准确的捕捉和把握。

2. 海洋大气环境对反水雷作战的影响

反水雷作战包括所有防止或减少水雷对舰船的行动。狭义上的反水雷作战是指主动反水雷作战，主要有扫雷和猎雷两种。

扫雷是利用各种扫雷具通过接触或模拟真实舰船的声、磁物理场引爆水雷的一种反水雷手段。海洋、大气环境条件不仅影响扫雷舰的作战性能，也影响对水雷的搜索与定位。扫雷舰一般抗风浪性能较差，海况较高时很难执行扫雷任务。风浪较大时，实施编队扫雷会更加困难。海雾以及其他低能见度条件不仅影响舰船航行和编队协同，更对搜索水雷和对水雷进行准确定位影响极大。因此，对于扫雷作战，需要有准确的海浪、海流及海雾，能见度等预报保障。此外，还特别需要知道不同水层的水流流速和流向，以便准确计算扫雷具下放深度及扫雷深度。

猎雷是借助水声器材等探测、发现水雷，然后予以销毁。海洋、大气环境条件不仅影响、制约猎雷舰的作战性能，而且影响对水雷的探测与识别。

在灭雷作业中，风和侧流对猎雷艇保持阵位会产生不利的影响。海流中周期性变化的潮流对猎雷艇保持阵位影响最大。在猎雷作业时，猎雷艇必须作顶流悬停，并根据风向、流向的变化适当调整航向状态，以利于保持艇位。风浪使猎雷舰的摇摆或航向改变，会影响声纳系统对水雷的探测、定位，可能导致漏猎区。此外，影响声波在海洋环境中传播的海洋水文气象条件都将影响猎雷声纳的性能。比如，声影区的存在限制了猎雷声纳的有效探测范围，尤其在海洋涡和海洋锋区，声波传播异常对猎雷声纳的影响非常严重。

4.4.6　海洋大气环境对海军制导武器的影响

精确打击已成为现代海战的重要组成部分，精确制导武器特别是制导导弹已经成为海军夺取制海权、制空权的主战武器；不仅如此，舰载对陆攻击巡航导弹和海军航空兵也是海军对陆地纵深腹地目标实施打击的重要力量。例如：在海湾战争中，美海军从波斯湾的战列舰上发射的"战斧"式巡航导弹，对伊拉克防空系统等纵深重要战略目标进行了成功的突袭打击。

4.4.6.1　海洋（大气）环境对反舰导弹的影响

反舰导弹为了推迟被敌方发现的时间和增大敌方的防御难度，一般采用低空巡航飞行，甚至在飞行末段要降至更低高度掠海飞行。掠海飞行的反舰导弹受海上低空风切变的影响，可能改变导弹的攻角和飞行偏差。此外，当导弹逆着或顺着海浪飞行时，导弹还会受到边界层空气垂直涡动的影响。非定常气动效应产生气动相位滞后，可能会造成掠海飞行的导弹在海浪最大高度附近被海浪淹没，从而严重影响巡航导弹巡航性能。在较高海况下，垂直阵风可能会造成较大的导弹高度变化，而产生控制问题。因此，掠海飞行导弹的预定飞行高度应根据海况确定。比如，法国"飞鱼"反舰导弹的最低安全巡航高度，在0～2级海况下预置为2.5m，2～4级海况下预置为4.5m，5～6级海况下预置为8.0m。此外，风暴会严重影响掠海导弹的巡航性能，使导弹高度难以控制。

海洋大气环境还影响反舰导弹的末制导性能。末端制导雷达一般工作在较高频段，因而受大气环境特别是大气环境折射条件的严重影响。

4.4.6.2　海洋大气环境对水下发射导弹的影响

水下发射导弹的安全性和成效，受到多方面因素的影响，特别是受海洋水体环境中海流、波浪的影响较大。为了控制好导弹的出水姿态，一般要求艇速尽可能小和发射平台尽可能平稳，但艇速过小，将使潜艇稳定性变差，因此，潜艇在复杂海洋环境中水下发射导弹，一定要认真考虑和修正环境因素的影响。虽然按作战使用要求，发射深度越深隐蔽性越好，同时海流和波动一般在深处也较小，但发射深度会增加弹体结构载荷和出水姿态，因此发射深度应适当确定。海洋环境中，海流切变对导弹的弹道和俯仰、偏航、滚动的影响常常超出三级海浪的影响。而波浪对导弹出水姿态的影响，主要取决于波浪传播方向、波高、波级和导弹出水时波浪所处的相位。在波高、波向一定的情况下，导弹出水姿态随出水相位而变化。在波峰和波谷附近出水姿态最大。针对纵浪所做的实验表明，纵浪只影响导弹的俯仰状态，逆浪时波峰处出水和顺浪时波谷处出水，将使攻击角增大，姿态也增大；在逆浪波谷和和顺浪波峰处出水时，将导致导弹攻角减小，形成较小的出水姿态。而横浪是引起导弹偏航和滚动姿态变化的主要干扰因素。

综上分析，在进行水下导弹发射时，需要准确了解海流的流速流向、海浪的波速、波向和波长等，正确选择发射阵位和发射时机，以保证潜艇水下导弹攻击的安全和效能。

4.4.6.3　海洋大气环境对海上导弹超视距作战的影响

提高远程或超视距打击能力，依赖于超视距探测能力的提高。目前反舰导弹的有效射程大多数都在舰载雷达的实际视距之外，由于受舰载雷达水平视距限制，反舰导弹无法实施超视距作战。同样，在电磁波正常传播条件下，舰载或潜载的电子支援措施（ESM）也由于受几何视距限制，无法对舰载或潜载反舰导弹实施超视距攻击提供引导。为了实施超视距攻击，就需要另外的目标导引平台的引导攻击。

就舰-机或舰-舰引导手段而言，均不同程度会受到海洋大气环境的影响。海洋大气环境不仅影响目标导引平台对目标的侦察、探测和精确定位，而且影响舰与舰、机与舰之间的通信联络、组织协调和准确定位。在恶劣水文气象条件下，舰载机因无法起飞而无法充当目标导引平台；恶劣水文气象条件也使舰与舰之间难以协调，因此无法实施超视距攻击。

但是，当海面存在大气波导时，如果海面目标恰好也处于波导内，此时水面舰艇或潜艇利用电子支援措施（ESM），对目标所发射的电磁波信息进行超视距截收，从而可以直接引导反舰导弹实施超视距攻击。

在早期预警机的引导之下，利用攻击机或反舰导弹实施超视距突袭，是实施超视距攻击的另一有效方法，但是，海洋大气环境对预警机侦察、预警也有较大的影响，有关内容将在下一章讨论。

4.4.7　海洋大气环境对登陆作战的影响

登陆作战是是对濒海国家或对据守海岸和岛屿之敌的渡海进攻作战。随着攻防武器装备的发展，特别是精确制导武器在海岸防御中的广泛应用，使得现代高技术条件下的登陆作战面临新的重大的变化。例如：美军于20世纪80年代中期提出了"超地平线突击登陆"，即实施突击的登陆部队避开敌岸主要火力的有效射程，首先由空中和水面输送至敌海岸防御阵地侧后，向敌发起突然攻击，同时后续作战力量由水面迅速向敌岸机动，与首次突击部队协调行动，夺取登陆海滩和登陆场，达成迅速登陆作战的目的。超视距突击登陆战法摈弃了传统海上水平抢滩登陆的方式，因而能避开敌水雷、沉船等障碍，从远离敌海岸防御设施的地方发起进攻。

登陆战役的实施主要包括海上航渡、突击上陆和建立战役登陆场或夺占岛屿三个阶段。

高技术条件下登陆作战是通过渡海对敌实施的三军联合作战，海洋大气环境不仅影响和制约海上的装载、航渡、换乘及突击上陆，而且影响制约着能否从空中实施快速着陆；登陆地区的气象条件还影响和制约着空降、机降活动以及炮兵、导弹部队的火力支援等，因此，登陆作战的海洋气象环境保障特别重要。

4.4.7.1   海洋大气环境与主要登陆方向、登陆场和登陆时机的选择

主要登陆方向和登陆场，应根据战役企图、兵力编成、敌抗登陆防御部署情况，充分考虑海区水文气象及地形条件对登陆作战协同兵力的综合影响后确定。从海洋环境的角度，一般要求海岸、滩头的地形条件如滩岸坡度适可、土质坚硬，潮汐、海流、海浪等水文气象条件适宜，便于登陆兵突击上陆等。但是，为了达成战术突然性，常常选择海洋、大气环境条件并不十分理想，但敌防御较薄弱的海区实施登陆突破。在朝鲜战争中，美军将登陆点选在潮汐落差较大且地形并不十分有利的仁川港，而不是选在海洋环境条件及地形条件最适宜登陆的群山港（釜山）达到了出奇制胜作战目的。当然，作此决策的前提条件必须是对海洋大气环境条件的不利影响程度有准确的评估。

同样，对登陆时间的确定，一般应选择有利于隐蔽航渡、突击上陆和实施空降的水文气象条件，即"环境机遇时间窗"，以便达成突然性和完成战役任务。通常应选在大潮期，以利于登陆部队突击上陆和舰炮火力支援，一般海应尽量避开大风、大浪和暴雨天气，但是，随着部队在复杂恶劣海洋环境条件下的登陆作战能力的提高，传统意义上的登陆坏天气，可能正是为我所用的"环境机遇"。

4.4.7.2   海洋大气环境对登陆作战实施的影响

登陆战役的实施包括装载上船、海上航渡、突击上陆、建立战役登陆场或夺取岛屿等阶段。海洋水文气象条件对实施登陆战役的每一个阶段都有影响。特别是在航渡阶段，海洋环境不仅影响装载兵员的舰船的航行性能和防御能力，而且影响护航潜艇、舰船、飞机的航行性能、作战性能。突击上陆阶段是登陆战役中最关键的阶段，海洋大气环境影响和制约登陆输送工具的输送和上陆、着陆；影响水面舰艇由海对陆的舰炮、导弹等火力支援；影响航空兵空中支援和空降、机降等。因此，登陆阶段必须获得准确的海洋环境预报保障。1949 年，我军在金门岛登陆作战中，由于对风力和潮流对航渡的影响估计不足，更由于计算上的失误，致使登陆时刻处于退潮时，船只搁浅，遭敌击毁，无法返回输送二梯队，而一梯队由于完全暴露于滩头，且冲击距离长，损失十分惨痛。波浪预报在登陆作战中具有极其重要的作用，不论是在航渡阶段，还是在冲击上陆阶段，都需要准确掌握波浪情况，了解波浪对武器，装备及人员的影响。为了保障诺曼底登陆作战，以美国斯克里普斯海洋研究所的斯维尔德鲁普和蒙克为首的海洋学家，开展了多年的波浪、涌浪预报研究，提出了预报海浪的有效波技术方法并据此估算波浪和拍岸浪的状况，并在诺曼底登陆作战中准确预报了波高和沿岸流。图 4-36 是为登陆作战服务的海洋状况分析程序框架。其中激浪或拍岸浪、潮高和潮流预报是两栖登陆作战中军事指挥员特别需要的作战环境参数。

在现代高技术条件下的登陆作战中，"超地平线突击上陆"依靠的是直升机、气垫船等快速登陆输送工具的"突然快速上陆"，以及水面舰艇舰炮、导弹火力支援和海军航空兵、参战空军等纵深打击力量的"立体纵深攻击"。直升机能否完成兵力输送任务受航渡和换乘海区的水文气象条件限制，不良水文气象条件可能会使直升机无法起降；如何利用不良气象

条件实施空降或机降以达成战术突然性，需要对不良气象条件的影响作出准确评估。各种精确火力打击，也离不开对海洋气象条件的影响的评估、分析。例如：美军的舰载对陆攻击"战斧"巡航导弹，发射之前需要提前装定导弹预定航线上的有关环境参数后才能发射利用，否则就无法精确攻击目标。

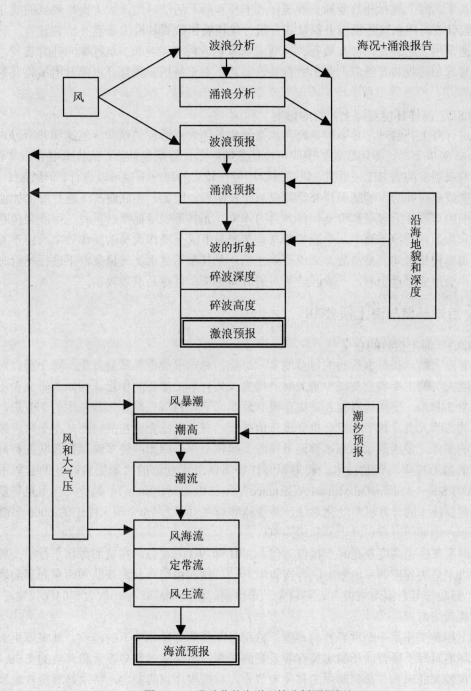

图 4-36　登陆作战海洋环境分析预报框架

4.4.8　海洋大气环境与海上补给

4.4.8.1　海上补给方式与补给装备

海上补给是实施海上伴随后勤战斗保障的主要方式。一般采取航行补给和漂泊补给方式进行。其中，海上航行补给能延长舰艇作战半径和海上活动时间，大大提高舰艇的战斗力。海上补给装置，包括航行横向补给装置、航行纵向补给装置和海上垂直补给装置等。航行横向补给通常由发送装置、接收装置、控制系统和索道系统等组成；航行纵向补给装置，通常由发送装置和接收装置组成；海上垂直补给装置，主要包括舰载直升机的专用吊装设备和附属设备等。

4.4.8.2　海洋环境对海上补给的影响

在进行海上补给时，必须根据海洋水文气象条件选择适宜的航向、航速和补给方式。风力在4～5级以下时，驱逐舰和护卫舰可在任意航向上进行横向补给；海面有轻浪或中浪时，选择顶浪或顺浪的航向比较适宜。纵向补给则能在较大的海况下也可以进行。但风浪太大时，不论纵向或横向补给，舰艇保持补给阵位都比较困难。比如，在高海况下进行海上加油时，满载的油船与被补给舰艇都很难保持各自的阵位，尤其是舰艇摇摆严重时，可能会拉断悬绳使滑轮和加油软管掉落海中，舰艇摇摆与垂荡影响甲板上操作人员的操作效率。由于海上补给一般需要较长时间，易给敌方造成可乘之机。尤其在不良水文气象条件下进行补给时，对补给操作会造成严重影响，一般补给所需的时间更长，也更易遭敌攻击。

4.4.9　海洋环境与海上援救[31]

4.4.9.1　海上援救的意义

随着海上航运和海事活动的日益增多，海险、海难事故也经常会发生。海上援救对抢救海上遇险人员的生命安全及减少重大财产损失，具有至关重要的作用。例如，研究表明：在事故发生24h后，受伤的遇险人员生存概率最多可下降80%。而在事故发生的72h后，既使未受伤的遇险人员，其幸存机会也会迅速地减小。海上援救无论在战时还是在平时，都是一项重要的工作。发达国家的海军普遍重视海上援救工作，例如：美军海岸警备队拥有世界上最先进的海上搜索与营救技术。美海军海岸警备队负责管辖的"船舶自动互助营救系统"（AMAVRS——Automated Mutual Assistance Vessel Rescue System），是建立在卫星导航定位和卫星通信技术的计算机自动化系统，系统能够对在世界上75个国家注册的6000多艘船舶进行跟踪，能够随时应付海上紧急遇险事件。

我海军部队也高度重视海上援救工作。2001年9月26日，在黄海海域举行了一场新中国成立以来最大规模的军地海上联合搜救演习[33]。这次由海军北海舰队和山东海事局联合举行的"海救一号"演习规模大、科目全、难度高、涉及面广，是一次大型的现代化海-空联合立体援救演习。

海上搜救工作是一个世界性的难题，特别是在复杂海洋环境下的搜救，其难度更大，因为海洋环境对海上援救活动的实施有着重要的影响。不仅是对参与搜索和营救的飞机、舰船本身存在较大的影响（参见前面的有关章节），对援救计划的制定，特别是对援救对象搜索和营救行动的实施都具有不可低估的作用。在不良海洋海况和天气条件下，不仅会延误舰船和飞机的出援行动时间，还会缩短搜救的时间和降低空中、海上的搜索效率。因此，提高海上救援行动的成效，必须充分重视并利用海洋水文气象条件，研究和评估海洋环境，主要是水温、气温、风、海况和海流等因素的影响。

4.4.9.2 海洋环境对援救计划的影响

1. 援救计划的制定和作用

援救计划的制定对搜索营救任务的顺利实施非常重要。援救计划最核心的内容是制定科学的搜索方案，包括估算基点位置（最大发现概率点的位置）、确定搜索范围、选择搜索方式以及协调联合搜救行动。

美国海岸警备队援救计划的制定采用了计算机自动化和模拟计算技术。利用搜索与营救计划系统（SARP——Search and Rescue Planning System），能够自动计算出基点位置和最佳搜索区。当遇险舰船位置比较容易确定时，比较适宜使用这一系统的技术方法。计算机辅助搜索计划系统（CASP——Computer Assisted Search Planning System）是采用模拟计算技术，在计算时考虑了输入信息的不确定度，能够输出多个可能的基点位置。当无法获得失事舰船或遇险人员的确定位置时，使用计算机辅助搜索计划系统 CASP，能够根据先前搜索行动的成功概率和有效程度，给出后续不同阶段的最新漂移位置和最新的搜索指导。搜索成功概率取决于发现概率和目标在搜索区内的概率；搜索有效程度则是实际完成搜索行动的成功概率的累计值。通过计算机辅助搜索计划系统，能够自动确定需要投入的搜索力量以比较把握地发现失踪舰船或人员。

2. 海洋环境条件对援救计划的影响

(1)基点的确定 基点是待援救目标最大可能出现的位置。基点可以是一个点，一条轨迹线，或是海上的一个区域。基点的计算必须考虑目标受到海流和风的影响而产生的漂移和下沉。引起漂移的海洋环境因素主要是漂流、风生流和风压漂移。外海大洋中的潮流影响较小，一般可忽略不计。

漂流是指由信风或其它盛行风的长期吹动而形成的较稳定的海流。例如赤道流和西边界流等。当目标位于大洋环流的急流区，例如黑潮和湾流所流经的海域上时，不管搜救持续时间的长短，都要使用海流值进行基点的计算和修正。风海流随风向风速的变化而变化。在估算遇险舰船或人员的海面合成轨迹时，必须综合计流，推算实际轨迹和位置。美国海岸警备队使用 Ekman 模式计算各时间段的风海流。计算时一般使用事件发生前 48h 的风预报资料或观测资料，每隔 6h 计算一次，共分为 8 个计算周期。风压漂移或风压差计算在基点确定时也同样重要。影响风压漂移的因素比较复杂，实际计算时多采用经验数据求出风压漂移的估计值。

当影响漂流的因子不够准确时，可以利用一种"最小-最大"技术（min-max tech）加以解决。即分别利用每个漂移因子的最小和最大值，计算出最小基准点和最大基准点，然后以两点的中间位置作为搜索基准点。

基准点确定之后，需要估计其误差的大小。基准点误差值将决定搜索区的大小，并影响到搜索方案的其它细节。搜索总概率误差（E）由总漂移误差（De）、初始位置误差（X）和搜索船误差（Y）三部分组成，计算公式为：

$$E = \sqrt{De^2 + X^2 + Y^2} \tag{4.37}$$

总搜索误差上搜索期间各漂移误差之和。制定搜索计划的人员从经验中发现，漂移误差的理想近似值是总漂移值的 1 / 8。搜索误差的第二部分是目标的初始位置误差，它是根据遇险船只的导航精度计算值推导的。搜索误差的第三部分，即搜索船导致的误差，是根据搜索船的导航精度计算出来的。

采用最小最大基准位置计算技术时，可用图示法或代数法求出漂移误差。用图示法时，先用 8 去除最小漂移(d_{min})和最大漂移(d_{max})，求出漂移计算中的最小漂移误差和最大漂移误差。以最小漂移(d_{min})位置和最大漂移(d_{max})位置为圆心，分别以 d_{min} / 8 和 d_{max} / 8 为半径画两个圆，再以漂移计算中的最小最大漂移误差($de_{min\,i\,max}$)为半径画第三个圆(如图 4-37 所示)。

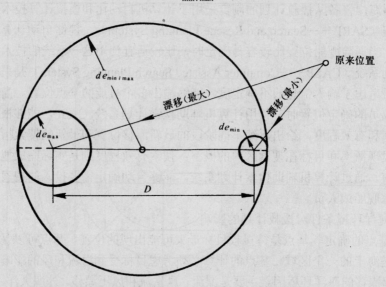

图 4-37   计算最小最大漂移误差($de_{min\,i\,max}$)的图示技术

总漂移误差 De 是整个搜救过程中各计算漂移误差 De 的总和。用代数法时，先在航海图上画出最小漂移位置和最大漂移位置，然后测出两位置间的距离 D（图 4-37）用下式计算漂移误差：

$$de_{min\,i\,max} = \frac{D + de_{min} + de_{max}}{}$$ （4.38）

式中

$$de_{min} = d_{min} / 8$$

$$de_{max} = d_{max} / 8$$

(2) 搜索区域的确定

确定基准点位置和总搜索误差之后，必须确定搜索范围。如以基准点为圆心，以总概率误差 E 为半径画圆，那么搜索目标在圆内的概率为 50%。如要使目标在圆内的概率大于 50%，搜索半径就必须在概率误差上再加另一长度。该圆的半径称为搜索半径 R。它是总概率误差与搜索安全系数天的乘积，即

$$R = E \times f_s$$ （4.39）

式中 f_s 在第一次搜索时为 1.1，第二次搜索时为 1.6，第三次搜索时为 2.0，第四次搜索时为 2.3，第五次搜索时为 2.5。当包括安全系数在内的搜索半径计算出来之后，便能准确固定基准点搜索区和活动基准点搜索区(见图 4-38)。这些搜索图形为矩形，而不是圆形，因为实际搜索时，矩形更接近实际搜索图形。由于总概率误差和安全系数搜索次数的变化而增大，因此搜索范围也随时间而增大。

搜索区—固定基准点

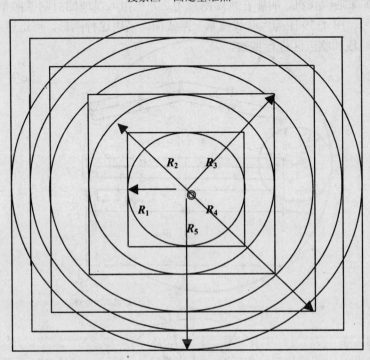

搜索区——活动基准点

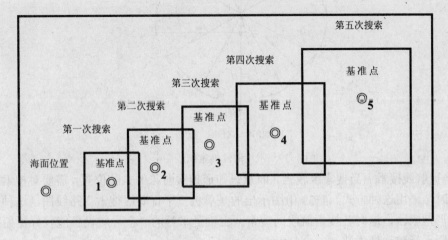

图 4-38 搜索区的计算

（3）搜索方式的选择

　　确定搜索区位置和范围后，要根据基准点的准确度、搜索区的面积、导航准确度、天气和海况、目标的大小及幸存者可能携带的信号设备的种类等，选择适当的搜索图形。选择搜索图形时，还需考虑参加搜索的船舶(或飞机)的种类和数量。确定搜索图形的目的是为了尽快找到幸存者。为此，要根据幸存者所带的无线电设备、目力观测设备或其他信号设备情况，采用适宜的搜索路线。下面是 3 种常用的搜索图形：

　　1）航线搜索　对在预定航线上失踪的船只或飞机进行搜索时，可采用航线搜索图形。在这种情况下，如果遇险飞机、船舶在预定航线附近，机组人员或船员则能向参加搜救的飞机、舰船发求救信号。图 4-39 图为"航线搜索"路线图。采用这种图形，可迅速而完整地对失踪飞机或船舶的航线和临近区进行搜索。

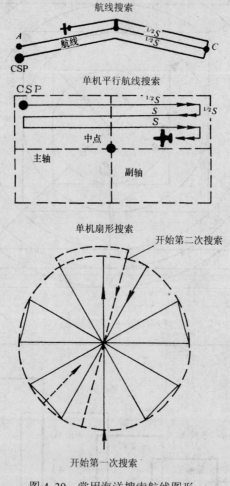

图 4-39　常用海洋搜索航线图形

　　2）平行航线搜索　当搜索区较大，而且只知道搜索对象的大体位置，需要对搜索区进行均匀搜索时，采用这种方式。4-39 中图示出的是单机"平行航线搜索"路线图。这种方式最适用于矩形搜索区，这时各搜索航段同搜索区主轴是平行的。在导航设备能较好覆盖搜索区时，可使用平行航线搜索法。

　　3）扇形搜索　如果比较准确地知道搜索对象的位置，搜索区又不太大时，可采用这种方式。图 4-39 图中的单机"扇形搜索"图犹如车轮的辐条、覆盖着一片圆形搜索区。可采用发烟物、无线电信标机或雷达信标机等基准点标示物标出搜索区中心，并作为每一搜索航段的导航设备。同航线搜索和平行航线搜索相比，扇形搜索不仅更容易实施和便于导航，而且更有效。靠近搜索区的中心是最有可能发现目标的地方，这一带搜索航线间隔小，因而能进行密集搜索。

4.4.9.3　海洋环境与搜索营救

1. 海洋环境对发现目标的影响

能否发现搜索对象，取决于航线间隔 S，发现概率 P，搜索带宽度 W 和覆盖率 C。航线间隔是指相邻两条搜索航线的间隔。它可能是架搜索飞机(或船)同时搜索的航线间隔：也可以是单机(或船)连续搜索前后航线的间隔。搜索航线间隔越小，发现目标的机会就越大。如果参加搜索的力量不变，搜索航线越密，搜索时间就越长。因此，确定最佳航线间隔的原则是：搜索时要同时兼顾航线间隔和预定搜索区的范围，经济地投入搜索力量，又能在允许的时间内最大可能地发现目标。

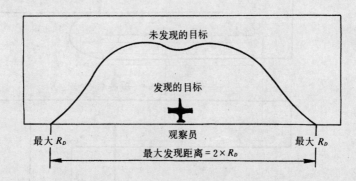

图 4-40　瞬时发现概率(IP)同目力发现目标的关系

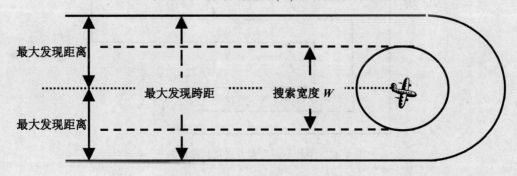

图 4-41　搜索宽度与最大发现跨距的关系

瞬时发现概率(IP)是指参加搜索的飞机或船上的了望人员或检测仪器每搜索一次，发现的目标数与未发现的目标数的比。瞬时发现概率(IP)决定着飞机或船只沿航线航行连续搜索时发现目标的概率。一般说来，在水平方向上离搜索飞机最近处，瞬时发现概率最高。随着距离的增加，瞬时发现概率下降。从图4-40可以看出，瞬时发现概率随飞机目力搜索距离的增大而明显下降。

搜索宽度(图 4-41)是衡量发现概率的一种尺度，其值随目标特性、天气条件和搜索设备的局限性等因素而变化。由于现场条件的限制，搜索宽度小于搜索最大发现跨距。在搜索宽度内，未发现的目标数与发现的目标数相等，它总是比最大可能发现跨距窄。美国海岸警备队根据收集到的资料，推导出了在不同环境条件下使用不同方法（包括目力、雷达和电子）进行搜索时的搜索宽度表。

覆盖率是衡量搜索效率的一种尺度，可用式子 $C=W/S$ 表示，其中 C 为覆盖率，W 为搜索宽度，S 为搜索航线间隔，图 4-42 示出了两次搜索情况，一次的覆盖率 C 为 1.0，另一次

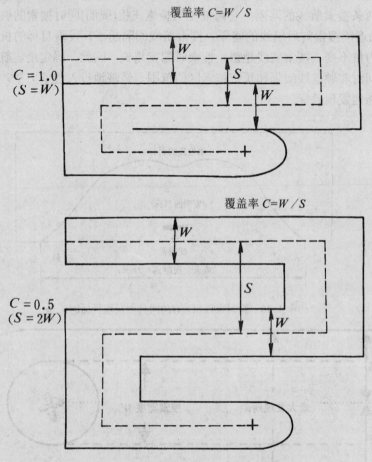

图 4-42   两种不同搜索方式及其覆盖率

覆盖率 C 为 0.5。覆盖率越高，搜索就越彻底。因此覆盖率决定着单次搜索和重复多次搜索的发现概率。覆盖率与发现概率间的关系可从图 4-43 看出。假定搜索组织者打算将 W(搜索宽度)定为 3km，第一次搜索时发现概率 P 为 78%。根据图 4-43，用 $C=1.0$，那么要想使发现概率 P 为 78%，则要选用航线间隔 $S=W/C=3$km。如果参加搜索的飞机无法按这种航线间隔飞行，而用 4km 的间隔，那么实际覆盖率则为 $C=W/S=3/4=0.75$。这时发现概率则变为 65%。

2. 援救协同行动的海洋气象环境保障

对海上救援协同行动的海洋气象保障，要求在快速反应的同时，尽可能提供准确的区域

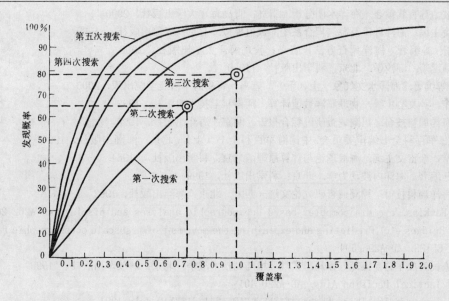

图 4-43　发现概率与覆盖率之间的关系曲线

海洋水文气象资料和环境预报，重点提供海上风、云、能见度、降水、不稳定天气发展情况、海流、海况以及海水温度等数据资料。为此，应建立起救援指挥机构和专业保障机构之间的快速数据网络通信传输系统，以便指挥人员及时地获取所需的决策支持。另外，由于救援行动往往是对突发海险、海难事件实施的紧急反应行动，提高搜索计划和决策的科学准确性是保证搜索行动成功的关键，因此，必须集中救援专家与海洋气象学专家和决策指挥人员共同的智慧，开发和研制智能化的计算机辅助搜索计划系统（CASP），实现搜索援救计划的自动化。

参考文献

[1] 叶安乐，李凤岐编著. 物理海洋学. 青岛：青岛海洋大学出版社， 1992

[2] 冯士筰，李凤岐等主编. 海洋科学导论. 北京：高等教育出版社， 1999

[3] 中国大百科全书编辑委员会. 中国大百科全书. 大气科学、海洋科学、水文科学. 北京：中国大百科全书出版社， 1987

[4] 杨殿荣主编. 海洋学. 北京：高等教育出版社， 1989

[5] 列. 布列霍夫斯基赫，扬. 雷桑诺夫著. 海洋声学基础. 朱博贤，金国亮译. 北京：海洋出版社，1985

[6] R. J. 尤立克著. 海洋中的声传播. 陈泽卿译. 北京：海洋出版社， 1990

[7] R. J. Uric. Principles of underwater sound. 2ed. MCGraw-Hill. NewYork. 1975

[8] 李启虎著. 声纳信号处理引论（第二版）. 北京：海洋出版社，2000

[9] E. L. Hamilton, Sound Velocity and related Property of marine Sediments North Pacific Jour. Geophysical Res.　75, 4423, 1970

[10] 阎福旺等编著，海洋水声试验技术，北京：海洋出版社，1999

[11] 海洋图集编辑委员会. 渤海、黄海、东海海洋图集（水文）北京：海洋出版社，1992

[12] 渊. 秀隆等著. 物理海洋学（第一卷）. 刘玉林等译. 北京：科学出版社， 1985

[13] Kamran Khan. Refractive conditions in Arabian Sea and their effect on ESM and airborne radar operations. (Thesis) 1990. Naval Postgraduate school

[14] 李凤岐，苏育嵩编著. 海洋水团分析. 青岛：青岛海洋大学出版社，2000

[15] 赵其庚主编. 海洋环流及海气耦合系统的数值模拟. 北京：气象出版社， 1999

[16] 侍茂崇 等编著. 海洋调查方法，青岛：青岛海洋大学出版社，2000

[17] 陈宗镛编著. 潮汐学. 北京：科学出版社， 1980

[18] 李磊 等编著. 海洋水文气象（上、下）. 青岛：青岛海军潜艇学院出版，2000

[19] 冯士筰，孙文心主编. 物理海洋数值计算. 河南科学技术出版社，1992

[20] 国家海洋局科技司. 黑潮调查研究综合报告. 北京：海洋出版社，1995

[21] 中国海军百科全书编审委员会. 中国海军百科全书（上）. 北京：海潮出版社，1998

[22] 文圣常，余宙文主编. 海浪理论与计算原理. 北京：科学出版社， 1984

[23] 徐肇廷编著. 海洋内波动力学. 北京：科学出版社，1999

[24] 国家海洋局科技司. 黑潮调查研究论文选（四）. 北京：海洋出版社，1992

[25] J. D. Hawkins. etc Minicomputer based oceanographic analyses and display. AD-A262 269

[26] Susan Bridges etc. Predicting and explaining the movement of mesoscale oceanographic features using CLIPS. AD-A296 594

[27] 中国人民解放军总参谋部气象局. 大气环境与高技术战争. 北京：解放军出版社， 1999

[28] Naval Tactical Decision Aids. AD-A220 401

[29] L. Phegley etc. The Third Phase of TESS. AD-A241 718/XAD July, 1991

[30] Lybanon, M. Oceanographic Expert System: Potential for TESS(3) Application. AD-A254 908/7/XAD. July 1992

[31] 约瑟夫. M. 毕晓普 著. 应用海洋学. 李景光等译. 北京：海洋出版社，1998

[32] 魏皓. 浅海环流物理的理论与数值研究. 青岛海洋大学博士论文，1999

[33] 许森. 徐锋 等. 壮哉，海天大搜救——我国最大规模军地海上联合搜救演习目击记. 中国国防报. 军事特刊，2001 年 10 月 9 日

[34] R. J. Bacan, W. L. Thomas ,The Ship Response Tactical Decision Aid—Phase 1, AD—A 216 313

第五章 海洋大气环境与军事应用

海洋大气环境与海上军事活动有着密切的关系。大风和海雾能够严重影响到舰艇的航行安全，气温、云、雾、降水等海洋气象要素会使电磁波发生折射，从而影响到作战通信和雷达等装备的使用效能。因此，研究海洋大气环境的变化规律对海洋战场环境建设有着重要的意义。

5.1 大气环流与大洋气候

大气环流与大洋气候存在密切的关系，研究大气环流和大洋气候对军事战略准备具有重要意义。大洋气候是大洋天气的多年平均物理状态及其时空统计变化特征，这种特征既反映平均状况，也反映极端情况，是海洋上多年间各种天气过程的综合表现。海军作战活动必须考虑和掌握大洋气候因素的作用和影响。

5.1.1 大气环流

概括而言，大气环流指大范围、较长时间尺度的大气运动的基本状况。天气系统的发生和发展一方面受大气环流的制约，另一方面二者之间又存在相互的联系和影响。由于海洋面积占地表总面积的 70.8%，因此，海洋上的大气环流是全球大气环流的重要组成部分，也是影响海洋大气环境变化的最重要因素。

5.1.1.1 大气环流基本特征

1. 地面风系和平均环流特征

月平均大气环流存在明显的季节变化。全球海平面气压场的主要特征是在纬圈方向上的不均匀性[1]。

北半球 1 月份中高纬海洋上有两个强大的低压，即阿留申低压和冰岛低压；在大西洋和东太平洋的副热带地区有较弱的高压，即副热带高压；而大陆上有两个强大的冷高压，即西伯利亚高压和北美高压。南半球最明显的特征是在 30°S 的大洋上有较强的副热带高压，在它们的南侧是一个环球的低压槽带，在它们的北侧，靠近赤道附近，则是南半球的赤道低压带，或称赤道槽。

7 月份亚洲大陆上是一个庞大的低压区，而北太平洋和北大西洋为强大的副热带高压所控制。冬季月份的阿留申低压完全消失，冰岛低压也已大为减弱。

热带地区的风场比气压场更清楚地表现了大气环流的特征。图 5-1 是多年平均的 1 月和 7 月的地面风场[2]。1 月，在 30°～40°N 为一系列反气旋环流，其中，太平洋和大西洋上为终年存在的副热带反气旋；北美、北非和亚洲大陆为季节性的冷反气旋。其中以亚洲大陆的冷反气旋最强大，由它吹出的东北风控制整个东南亚和南亚地区，它是冬季的东北季风，这支季风气流越过赤道到达南半球，和由澳大利亚高压吹来的东南信风气流相遇，构成南半球的气流汇合带，即通常所说的热带辐合带（ITCZ）。南半球的 1 月是夏季，澳洲、南非洲和南美洲大陆上均为较弱的气旋性环流（热低压）。

在南北半球两支信风气流之间，基本上是环球性的热带辐合带（ITCZ）。热带辐合带在不同地区的位置差异较大，在太平洋和印度洋上，它位于 10°S 一带，而在东大西洋和东太平洋地区，则在 5°N 附近。

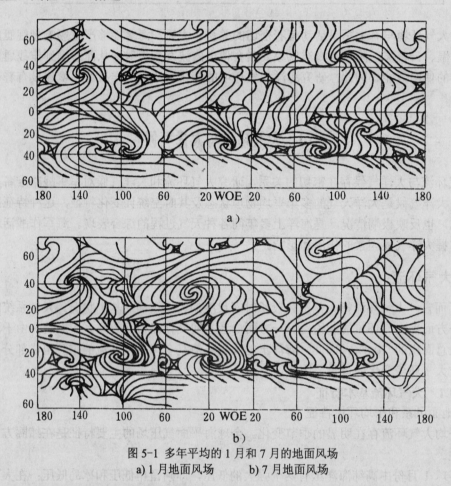

图 5-1　多年平均的 1 月和 7 月的地面风场
a) 1 月地面风场　　　b) 7 月地面风场

7 月，在北半球的太平洋和大西洋上为明显的副热带反气旋环流。从南亚到北非，大陆上为一系列暖性气旋所控制，构成了有名的季风槽，推进到亚洲大陆和非洲大陆，即为夏季的西南季风。

南半球的 7 月，三个大洋上仍为副热带反气旋控制，而南半球的三个大陆上，只有澳大利亚为较强的冷性反气旋控制，与它相联系的东南信风气流经常越过赤道影响东南亚地区的天气。

2. 对流层高层环流特征

1 月，东西两个半球的环流差异大。在东半球，赤道两侧分别为反气旋环流所控制。西半球从大西洋向西到东太平洋，热带地区以偏西气流为主，只有南美大陆上空有一弱反气旋中心。

7月,200hPa 环流有了明显变化。在北太平洋和北大西洋的中部分别有一东北——西南走向的对流层上部大洋中部槽(TUTT)和近赤道脊的复合系统。

5.1.1.2 垂直环流

1.经向垂直环流

大气在南北方向和垂直方向的平均运动,在南、北半球对流层各存在 3 个经圈环流:低纬度地区的哈得来(Hadley)环流圈、中纬度地区的费雷尔(Ferrell)环流圈和极地地区的极区环流圈。经向环流担负着高低纬度之间的能量和角动量的交换,在大气环流的维持中起着重要作用。

另外,海洋地区和大陆地区经向垂直环流差异较大。前者,冬、夏季在低纬地区均为哈得来环流,只是夏季哈得来环流弱,和全球模式相差较大。后者,冬季(尤以南亚地区)为一强大的哈得来环流,和全球模式相似,而夏季,和全球模式差异很大,为强大的季风环流。

2.纬向垂直环流

全球赤道由于各地热力差异,形成一系列纬向闭合环流圈,如图 5-2 所示。这一赤道东西向环流,在西太平洋、巴西和中非是上升的,在东太平洋、东南大西洋和中印度洋是下沉的(这种沿赤道的纬向闭合环流也称为 Walker 环流)。

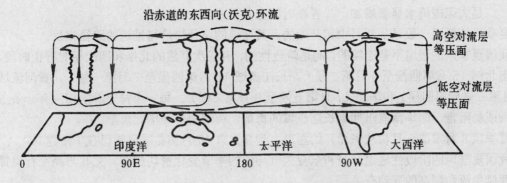

图 5-2 沿赤道的 Walker 环流示意图

5.1.1.3 季风系统

季风是行星尺度环流系统,其主要特征是大范围盛行风向随冬夏季节有明显变化,并带来不同的天气和气候特征。在冬(1月)夏(7月)盛行风向至少差 120° 的地区定义为季风地区。它的形成是海陆热力差异造成的冷热源分布及相应的气压场随季节的变化。南亚和东南亚是著名的季风区,季风的各种特征在这里表现得最明显。

1.季风系统及其成员配置

(1)季风活动区

在北半球,季风主要活动于南亚、东亚及非洲部分地区。在南半球,季风主要出现在澳大利亚北部地区。在北半球冬季盛行北风或东北风,尤其是东亚沿岸,冬季风从中纬度向南一直扩展到赤道地区。东亚的冬季风在中印半岛、印尼以及澳大利亚北部可产生活跃的对流和降水。

在 7 月,北半球盛行西南季风,在印度和南亚地区最明显。气流起源于南印度洋,在非洲东海岸越过赤道到达南亚和东南亚地区,以至华中和日本,在这些地区引起降水和对流。

（2）季风系统及其成员配置

冬、夏季风系统有几个主要组成部分：

1）低层的强反气旋；

2）低空急流或风速涌流。源自低层强反气旋的气流流向季风槽，由于这支低空气流往往是加速的，因此在低空形成强风速带，即低空急流或风速涌升现象；

3）季风槽。季风槽的特点是大范围的云区和上升运动；

4）高空反气旋和高空急流。季风槽内的上升运动自高空反气旋沿高空急流辐散外流。

这些系统成员的配置一般是：从低层反气旋区①的低空气流流向季风槽④，气流常在①和④之间加速，形成急流或者季风涌②和③。在季风槽中有大面积云和上升运动④，上升气流由高空反气旋⑤沿高空急流⑥向外辐散流出。由这些主要成员有机地联系在一起构成了冬、夏季风系统。

2. 夏季风的爆发、活跃、中断和撤退

夏季风一般要经历爆发、活跃、中断和撤退几个阶段。

（1）夏季风的爆发、推进和撤退

5月中旬前后，南亚和东亚夏季风有一次突然加强过程，称为"季风爆发"。

夏季风的爆发有两个明显的特征：一是大型流场上低空盛行风转为西南风，高层转为东北风；二是大范围降水显著增加。二者在时间上并不完全一致。

夏季风的撤退一般是从9月中旬开始的。其撤退的路径恰恰与推进的路径相反。

我国夏季风的进退不是连续的，而是阶段性的，有三次突然的北推和四次相对静止时段，即华南北部（5月第四候至6月第二候），长江流域（6月第四候至7月第一候），黄河流域（7月第二候到第四候）和华北（7月第五候至8月第二候）。每一个稳定阶段相应有一条主要雨带或暴雨带，即华南前汛期，长江流域的梅雨，黄淮雨季和华北雨季。

夏季风8月末或9月初从华北开始撤退，到9月末10月初冬季风就已在华南建立。

我国夏季风的阶段性进退，是和东亚大气环流的季节变化密切相关，尤其与高空行星锋区、西风急流和副高的变动有关。

（2）季风的活跃和中断

夏季风建立后，季风系统经历着加强与减弱，东西向或南北向移动的准周期性振荡。相应在风场和降水上有很大的变率，通常划分为季风的中断和活跃两个时期。

3. 冬季风

如图5-3[3]所示，东亚冬季风最明显的地区是中国东部海岸，经南海到马来西亚一带。在700hPa以下这里盛行强的偏北或东北风。亚洲冬季风起源于西伯利亚高压，当高压离开源地向南爆发时在其东侧和南侧可产生很强的北风和东北风，这就是冬季风。当东北季风向南流向南海及印尼一带时，可形成冷涌，最后流入赤道槽内，加强那里的对流和降水。

（1）冬季风的建立和撤退

冬季风的建立，一般始于10月中旬，这正是亚洲大陆冷高压加强，寒潮首次侵袭到华南沿海以至东亚的时候。一般而言，东北季风9月底开始在华南出现，于10月中旬在南海北部稳定建立，11月推进到南海南部和马来半岛，而完全建立则于11~12月间，撤退于4~5月间。

（2）冬季风的变动

冬季风建立后，随着东亚大陆冷空气的爆发和减弱，季风强度也相应出现一次次的增强与减弱的过程，这种季风的加强过程称为冬季风潮，而东北季风的减弱或完全破坏的时期称为季风中断或间歇期。

　　每年10月下旬亚洲上空冬季环流建立以后，在中纬度的对流层内不断有西风槽东移。西风槽过贝加尔湖后往往加深，形成一次东亚大槽在其平均位置建立的过程。这里，对流层低层就有一次冬季风潮。一次季风潮过程，常在南海地区造成六级以上的大风，可以产生浓积云、层积云和阵雨。

　　当大陆冷高压南移变性减弱，东北风强度大减，甚至在东南亚一些地区出现异常持续的地面偏南风，即处于东北季风间歇期。这里，海上对流云随之明显减弱，几乎无云。

图 5-3　1980~1984 年 12 月~2 月 850hPa 经向风为北风时的出现频率

　　完成冬季风潮到季风中断这样一个循环过程，通常需要 10~15 天。因此，在冬季风时期一般每月有 2~3 次季风潮。这种季风的加强与减弱过程，在南海与越南东海岸最为明显。

5.1.2　大洋气候

　　气候是某一地区长时间大气变化过程的综合统计特征。气候构成了天气变化的背景场，而天气则可视为对气候背景的扰动。

5.1.2.1　太平洋气候

1. 海平面气压场

　　北太平洋海平面气压分布冬、夏季节明显不同。1月份北太平洋主要为一深厚强低压（即阿留申低压）控制，而在 7 月，则为高压所盘踞。

　　相对于北太平洋，南太平洋的海平面气压变化较小。中纬地区为南半球的副热带高压带。南太平洋的热带地区为赤道槽区，1月偏向南太平洋，7月偏向北太平洋。南太平洋的高纬地区，冬夏季节在南极大陆和宽广的西风带气流之间有一个绕极低压带。

2. 海面风

　　图 5-4 给出了北太平洋冬、夏季的风向频率分布。太平洋地区平均海面风速的分布见图 5-5。总起来说，无论南、北太平洋地区，冬季月份的海平面风速大于夏季月份的海平面风速，高纬地区的海平面风速大于低纬地区的海平面风速。

　　风场的另一个特征，北太平洋地区一年之中除夏季以外经常出现强风。在冬季，风力 8

级以上、频率在 5%以上的区域几乎覆盖了 30°N 以北的全部洋区，而在春季和秋季，则几乎覆盖了 40°N 以北的洋区。夏季，在大部分洋区，强风频率为 10%的等值线所包围的区域与温带气旋的最常见路径相重合，而且恰好位在千岛群岛的东部，该区受到冬季风的影响，1 月的强风频率在 20%以上。

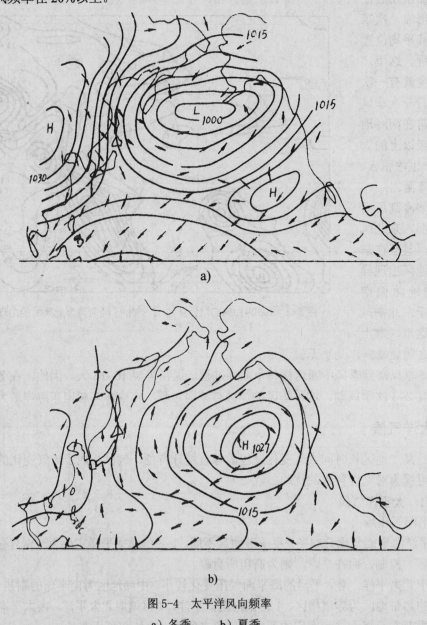

图 5-4　太平洋风向频率

a）冬季　　b）夏季

　　南太平洋西风带中全年大风频率的基本分布特征是[4]：冬季，在较大范围的区域，大风频率增加，风向主要是从东北经西到西南，与强气压梯度和锋面扰动过境相一致。

　　3. 海面气温和海表水温

　　图 5-6 给出了太平洋地区 1、7 月的气温分布。如图 5-6 所示，除了有经向海流的海区之

外，等温线与纬圈几乎平行。冬季气温分布与夏季差异甚大，1 月北太平洋等温线从西—西南向东—东北伸展；7 月，等温线变为从西—西北向东—东南伸展。南太平洋冬夏这种变化就不明显。

图 5-7 给出的太平洋 1、7 月海表水温分布，与 1、7 月的气温分布极为相似。对比图 5-10

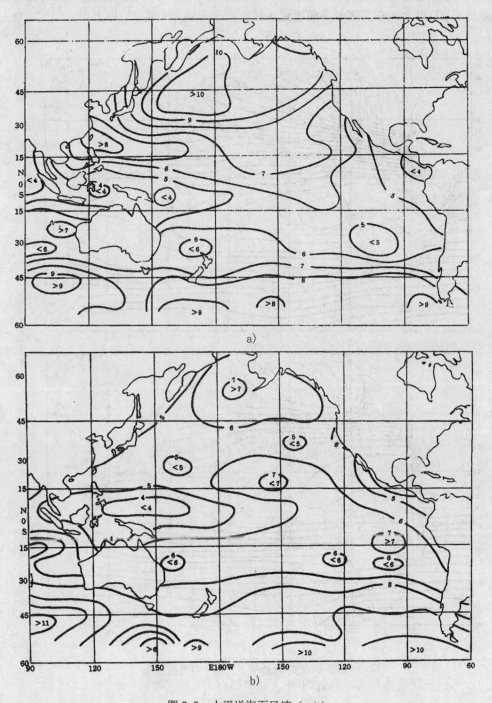

a)

b)

图 5-5　太平洋海面风速（m/s）

a）1 月　　　　b）7 月

和图 5-11，就可看出海—气温差(海表水温减气温)的特征。海气温差乃是海洋上空气稳定度的一个重要指标，它决定着进入大气的湿热通量。其负值意味着稳定层结，阻碍通量，这时大气发生冷却；正值意味着不稳定层结，因湍流加强，有利于热通量从海洋进入大气。1月，在 45°S 以北几乎整个太平洋海域，气温低于海温，尤其在冬季季风占优势的西北太平洋洋区，海温高出 2℃ 以上，在黑潮及亲潮流经区域，气—海温差可达 4℃ 以上。

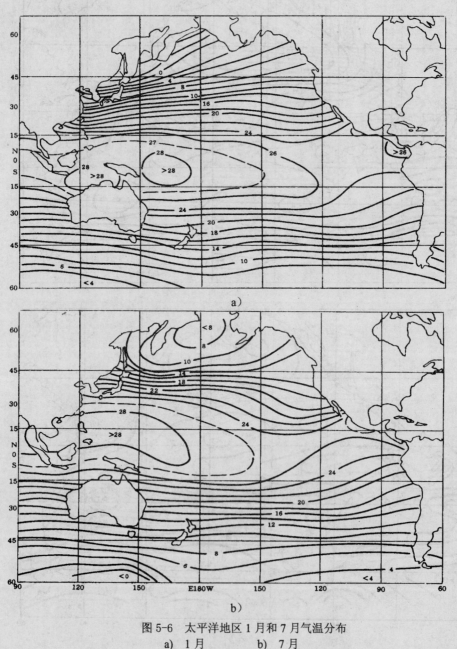

a)

b)

图 5-6　太平洋地区 1 月和 7 月气温分布
a)　1 月　　　　　b)　7 月

在海温比气温高出 2℃ 以上的广大区域内，经常有温带气旋经过，这些低压由于在该区域内获得潜热能而得到迅速发展。

7 月，太平洋的大部分地区，海温与气温的差异不大。在热带地区，海温比气温稍高一些，在南太平洋中纬地区的中、西部，海温比气温高出 1~2℃、在日本、阿留申群岛、阿拉斯加的西北部，海—气温差一般不到-1.5℃。

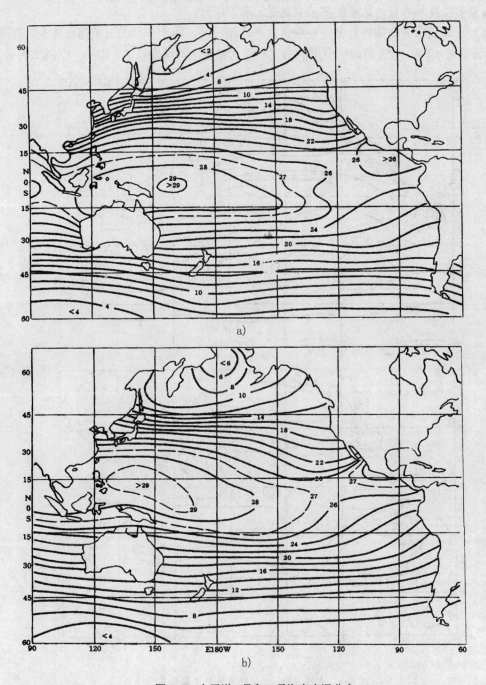

图 5-7　太平洋 1 月和 7 月海表水温分布

a) 1 月　　　　　b) 7 月

4. 云量

图 5-8 给出了太平洋地区 1、8 月总云量的分布情况。它表明在副热带控制的地区云量较小，在北太平洋地区这种晴天频率高的区域，随着冬、夏季的交替，逐渐往西北方向移动。多云区，无论 1 月或 8 月，都出现在 30ºN 以北地区，冬季月份，温带气旋活跃于这些地区，致使云量多；夏季月分，这里的多云则是低云和雾所致。

南太平洋云量分布的特点是，在东南太平洋高压区，两个季节的云量都比较少，在高压以南，云量增加，在 50ºS 和南极沿岸的南太平洋水域全年持续存在 7 / 10~8 / 10 以上的云量。

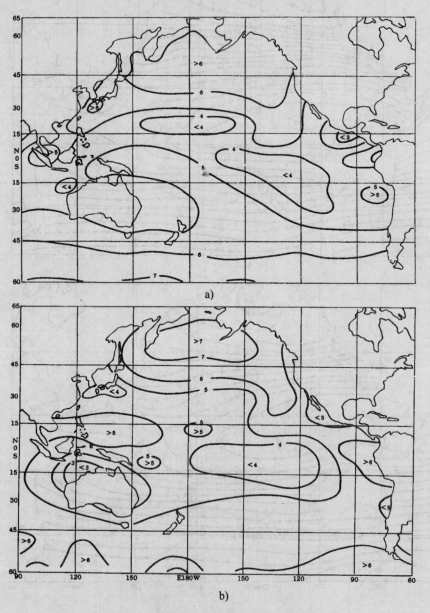

图 5-8　太平洋地区 1 月和 8 月总云量分布

a) 1 月　　　　　b) 8 月

5. 能见度、雾和降水

（1）能见度

图 5-9 给出了北太平洋能见度小于 5 n mile 的出现频率[5]。频率小于 5%的区域，在一年当中变化很小，这种区域大都处于云量少、降雨也不多的信风区内。

1 月，在 40°N 以北区域，大于 20%的频率占优势，而堪察加半岛以南地区的频率甚至超过 40%。这些高频率的区域，大致与主要低压移动路径相吻合。7 月，能见度差的区域范围更大，而且在这个区域内，低能见度的频率也比 1 月大得多。夏季低能见度的持续时间长于冬季。

40°N 以南区域的平均能见度在 l0 至 20 n mile 之间，30°N 以南的热带区域能见度特别

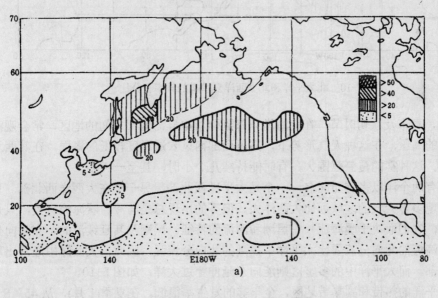

a)

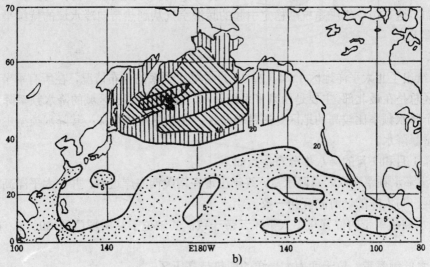

b)

图 5-9　北太平洋能见度小于 5n mile 的出现频率(%)

a）1 月　　　　b）7 月

好，除了东部以外，那里不会出现平均能见度小于 5 n mile 的情况。

(2) 雾

在北太平洋区域，海雾是最为常见的(图 5-10)。偶尔也会出现锋面雾，例如，当一条暖锋面停止在日本附近时，会出现锋面雾。

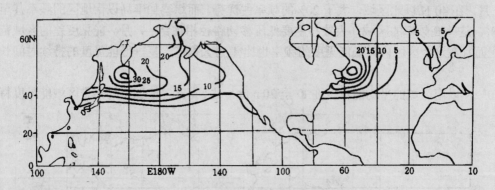

图 5-10　北太平洋和北大西洋夏季雾的频率百分比

在夏季，春末及秋初时节，在北海道东部到阿留申群岛南部之间的地区，常会观测到一个中等强度的高压，在这种天气形势下，高压西部南风吹过温度较低的海面，在其西北部往往会出现雾。这种雾的覆盖范围大，有时能持续几个小时，甚至一天多。

世界上有两个洋以多雾而闻名，一个是太平洋西北部，另一个在大西洋西北部。夏季，太平洋中出现多雾天气的区域远比大西洋大。但雾的出现总是与冷、暖海流有关，只是雾区的大小不同，它们取决于暖海流——黑潮和湾流的特征。黑潮及其延续流的一支东向分流比湾流大，但湾流的北向分流要比太平洋中黑潮的北向分流强。因此，大西洋中经常出现雾的区域是在西部，而太平洋中的多雾区则能向东延伸穿过大洋，如图 5-10。

在南太平洋的热带和副热带地区，全年雾的发生率很低。在夏季(1 月)，从 45°S 向南，频率迅速增加。这是由于气压系统准稳定引起的暖湿空气从副热带向冷水域的持续平流，因而经常出现雾天。

(3) 降水

图 5-11 给出了北太平洋地区 1、4、7、10 月份降水频率的分布情况。在所有季节中，降水频率最高区总是在最北部，主要是西风带系统降水。在副热带高压区域的降水频率降到 10%以下。另一个降水频率比较高的地区是热带辐合带，尤其是在其东部；其降水类型主要是对流性降水和雷暴降水。

南太平洋 1 月和 7 月的降水率分布特点如下：

（1）最小降水频率和低的总降水量，终年出现在南美西海岸近海，并在太平洋高压的东南部向西伸展，与大洋的低海温区相一致。

（2）降水高频率带的位置与中太平洋云带一致，其轴位于从所罗门到 30°S、140°E 一线上。

（3）降水低频率带，位于西南太平洋的副热带高压区。

（4）降水频率向高纬度地区逐渐升高。

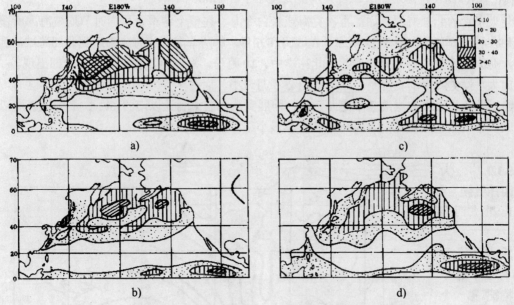

图 5-11 北太平洋地区 1、7 月份降水频率的观测记录
a）1 月；b）4 月；c）7 月；d）10 月

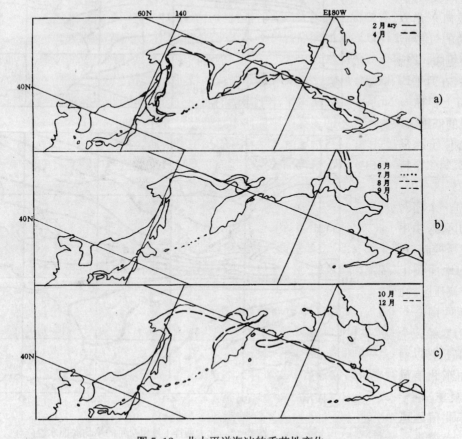

图 5-12 北太平洋海冰的季节性变化

(4) 海冰

北太平洋的北部海域，如鄂霍次克海或者白令海，在整个冬季及早春时节均被海冰所覆盖。海冰的季节变化如图 5-12 所示。在 5 月和 6 月，这两个海区的海冰都退到北部海域，到夏季，海冰就退到了白令海峡以北的北冰洋中。10 月份，海冰再次在白令海最北部出现。

南太平洋结冰平均状况是：结冰范围 2~3 月最小，而在早春(9~10 月)达到最大。这时，冰边缘沿着南极大陆海岸的基本走向延伸，伸展到从西澳大利亚以南的 61°S 到阿蒙森海以北的 65°S 以南的范围，后者是南半球春季最小结冰范围的区域。

5.1.2.2 大西洋气候

1. 北大西洋气候

北大西洋气候具有以下几个主要特征。第一个特征在 40°N 以北洋区，它主要是由东或向东北方向运动的气旋或反气旋组成。其统计结果，在月平均地面图上存在一个明显的低压区，其中心位于冰岛西南部。第二个特征在 25°~40°N 间是一个相对稳定的区域，由下沉空气所控制。在月平均地面图上是一个高压区，高压呈西西南—东东北走向。第三个特征，高压带以南为地面东北信风区，在夏季，南半球的东北信风可以越过赤道进入这里，这里信风槽

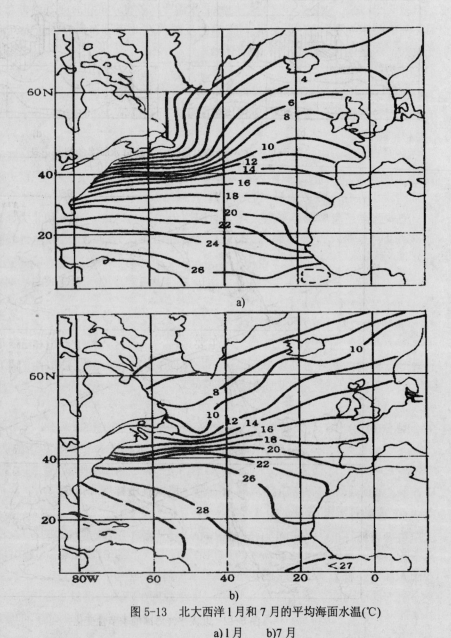

图 5-13　北大西洋 1 月和 7 月的平均海面水温(℃)

a) 1 月　　　b) 7 月

活跃，是夏末秋初热带气旋的发源地。

(1) 海面风

最明显的特征是，低纬度带整年存在着强东风带和强东北风带。在副热带高压的北部，1月为强西风带，到 7 月由风力小得多的轻风所代替。

(2) 海面气温和海表水温

北大西洋 1 月和 7 月的平均气温的季节变化主要是：北太平洋西部区域的温度梯度夏季比冬季弱，但气温比冬季高。气温的最大季节变化出现在夏季的初期和后期，并持续到初秋季节。在低纬度地区，一年之中的气温变化很小。

图 5-13 是北大西洋 1、7 月平均海面水温[6]。它的分布和海面气温分布相似。冬季大西洋东北部的暖水乃是湾流(北大西洋漂流)的反映。在北美洲东海岸的近海，海面水温年变化辐度最大，这是由于海气交换和洋流所致。

(3) 云

多云区的出现，与高纬地区海面低压有关。在赤道洋区，云带的出现与 ITCZ 区有关，在冬季，云带轴线位在 3°～5° N，而在夏末，则位于 7°～8° N。

(4) 能见度

在北大西洋南部区域内，其中大部洋区能见度良好(每月能见度低于 8km 的发生率还不到 5%)。而在北大西洋的北部洋区，大多数年份的不良能见度出现率都在 30%以上。

2. 南大西洋气候

南大西洋是南半球最小的大洋，面积约为 46×10^6 km^2，大小和北大西洋相近。其东西两侧分别以南美洲、非洲为界，南部则和南极洲相邻。大陆对南大西洋气候的影响不如北半球明显。

南、北大西洋之间的差异，是由南极大陆极端寒冷的雪盖造成的。南大西洋比北大西洋要冷，且没有热带气旋发生。

(1) 风场

南大西洋上的风场可划分为三个主要地带：信风区，位于赤道和 25° S 之间的地区，主要盛行东南风；副热带高压带，风速小、风向变化不定；35° S 以南的西风带，其范围延伸到南极近海的低压槽，由此向南盛行东风。

(2) 风浪

图 5-14 给出了南大西洋 1、7 月的浪高分布。在图上可以看到，除了南美洲附近以外，在气旋和反气旋周围，西风带风较强，风场范围广大，造成了 3 m 以上的平均波高，而且 7 月波高比 1 月的大。在副热带反气旋区域，有 1 m 以上的平均浪高。在 25° S、10° E 和 30° S、15° E 之间的地区，有一个异常的强浪带，那里气压梯度和风速最大，风向稳定。

(3) 海面气温和海表水温

在热带辐合带和夏季在巴西海流北部区域，月平均最高气温达 27℃。30° S 以南的中纬度地区，经向温度梯度达到 0.8℃／纬度左右。一年之中最高气温一般出现在 2 月(在低纬度则在 3 月)，大约比最高海温出现时间早半个月。

南大西洋海面水温在 30° S 以南，夏季经向平均海温梯度可达 0.9℃／纬度，而冬季除沿岸地区以外，平均海温梯度为 0.7℃／纬度。热带的海面水温最高，而在极地冰缘海面水温最低。

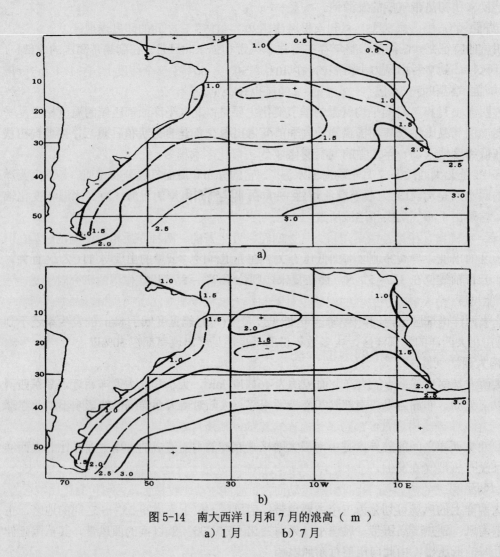

图 5-14   南大西洋 1 月和 7 月的浪高（ m ）

a）1 月   b）7 月

(4) 云量

在中纬西风带、热带辐合带和本格拉寒流地区总云量最大。最小总云量出现在暖流区、副热带反气旋区以及某些沿岸区域。

(5) 雾

南大西洋上的雾，在上升流以外的区域，只出现在西风带，那里在近岸区域，夏季雾的出现频率为 10%~20%，冬季为 5%~10%。在福克兰寒流上，雾发生的频率＞5%。

除了上述区域以外，大部分洋区实际上无雾，年频率低于 1%。

5.1.2.3   印度洋气候

1. 35°S 以北的印度洋气候

35°S 以北的印度洋范围，西起非洲，东到帝汶海和澳大利亚，北接南亚和印度尼西亚南部，南至 35°S。虽然海洋气候都受到周围陆地的影响，但没有一个海洋像印度洋那样受到周围大陆如此大的影响，因此，10°S 以北大部份洋区都属季风气候。

2. 35°S以南的印度洋气候

这里讨论的范围，包括35°S到南极海岸，20°~115°E之间的印度洋地区。

3. 海面风

据1958年每月合成风速频率统计，在40°、50°、60°S三个纬度上，≤1.4 m/s的风，在两个季节中均极少见，≥21.5 m/s的风也较少见。

4. 云

平均总云量从北部边界向南增加，到50°~60°S之间达到最大值；然后，由此向南极方向减少。在45°S以南的大部区域，夏季平均云量比冬季稍多。

5.2　海洋—大气相互作用

海洋—大气相互作用是指海洋与大气之间经常发生着的、两种介质相互影响的过程。其过程通常表现为水、热和物质的循环。大气对海洋的影响更多地表现在海水的运动，而海洋对大气的影响则更多地表现在改变空气的温湿属性。海洋—大气相互作用的研究对于进一步阐明海—气系统中大量互相关联的现象，对于制作天气预报和海洋水文预报以及海洋资源的利用等，都有着极为重要的理论和实践意义。

5.2.1　海洋在气候系统中的地位

海洋是地球气候系统的最重要的组成部分。研究表明，海洋—大气相互作用是气候变化问题的核心内容，气候变化及其预测，需要充分了解大气和海洋的耦合作用及其动力学的机制。海洋在气候系统中的重要地位是由海洋自身的性质所决定的。

地球表面约71%为海洋所覆盖，全球海洋吸收的太阳辐射量约占进入地球大气顶的总太阳辐射量的70%左右。因此，海洋，尤其是热带海洋，是大气运动的重要能源。

海洋有着极大的热容量，相对大气运动而言，海洋运动比较稳定，运动和变化比较缓慢。

海洋是地球大气系统中CO_2的最大的汇。

上述三个重要性质，决定了海洋对大气运动和气候变化具有不可忽视的影响。

5.2.1.1　海洋对大气系统热力平衡的影响

海洋吸收太阳入射辐射的70%，其绝大部分(85%左右)被储存在海洋表层(混合层)中。这些被储存的能量将以潜热、长波辐射和感热交换的形式输送给大气，驱动大气的运动。因此，海洋热状况的变化以及海面蒸发的强弱都将对大气运动的能量产生重要影响，从而引起气候的变化。

海洋环流在地球大气系统的能量输送和平衡中起着重要作用。由于地球大气系统中低纬地区获得的净辐射能多于高纬地区，因此，要保持能量平衡，必须有能量从低纬地区向高纬地区输送。研究表明，全球平均有近70%的经向能量输送是由大气完成的，还有30%的经向能量输送要由海洋来承担。对地球大气系统的热量平衡来讲，在中低纬度主要由海洋环流把低纬度的多余热量向较高纬度输送；在中纬度的50°N附近，因有西部边界流的输送，通过海气间的强烈热交换，海洋把相当多的热量输送给大气，再由大气环流以特定形式将能量向更高纬度输送。因此，如果海洋对热量的经向输送发生异常，必将对全球气候变化产生重要影响。

5.2.1.2 海洋对水汽循环的影响

大气中的水汽含量及其变化既是气候变化的表征之一，又会对气候产生重要影响。大气中水汽量的绝大部分(86%)由海洋供给，尤其低纬度海洋，是大气中水汽的主要源地。因此，不同的海洋状况通过蒸发和凝结过程将将会对气候及其变化产生影响。

5.2.1.3 海洋对大气运动的调节作用

因海洋的热力学和动力学惯性使然，海洋的运动和变化具有明显的缓慢性和持续性。海洋的这一特征一方面使海洋有较强的"记忆"能力，可以把大气环流的变化通过海气相互作用将信息贮存于海洋中，然后再对大气运动产生作用；另一方面，海洋的热惯性使得海洋状况的变化有滞后效应，例如海洋对太阳辐射季节变化的响应要比陆地落后 1 个月左右；通过海气耦合作用还可以使较高频率的大气变化(扰动)减频，导致大气中较高频变化转化成为较低频的变化。

5.2.1.4 海洋对温室效应的缓解作用

海洋，尤其是海洋环流，不仅减小了低纬大气的增热，使高纬大气加热，降水量亦发生相应的改变，而且由于海洋环流对热量的向极输送所引起的大气环流的变化，还使得大气对某些因素变化的敏感性降低。例如大气中 CO_2 含量增加的气候(温室)效应就因海洋的存在而被减弱。

5.2.2 海洋—大气相互作用的基本特征

在相互制约的大气—海洋系统中，海洋主要通过向大气输送热量，尤其是提供潜热，来影响大气运动；大气主要通过风应力向海洋提供动量，改变洋流及重新分配海洋的热含量。因此可以简单地认为，在大尺度海气相互作用中，海洋对大气的作用主要是热力的，而大气对海洋的作用主要是动力的。

5.2.2.1 海洋对大气的热力作用

在驱动地球大气系统的运动方面，海洋，特别是热带海洋，为重要的能量源地。海洋向大气提供的热量有潜热和感热两种，但主要是通过蒸发过程提供潜热。

大洋环流既影响海洋热含量的分布，也影响到海洋向大气的热量输送过程。低纬度海洋获得了较多的太阳辐射能，通过大洋环流可将其中一部分输送到中高纬度海洋，然后再提供给大气。因此，海洋向大气提供热量一般更具有全球尺度特征。

一般可以把由海洋向大气的潜热和感热输送分别写成

$$Q_L = L \times C_E \times (q_0 - q_a) \times U \tag{5.1}$$

$$Q_s = C_H \times (t_0 - t_a) \times U \tag{5.2}$$

这里 L 是蒸发(凝结) 潜热，q_0 和 q_a 分别是海表面和大气中的饱和比湿，U 是距海面 10m 处的风速，t_0 和 t_a 分别是海水表面和空气的温度，而 C_E 和 C_H 是交换函数。

在公式(5.1)中，饱和比湿 q_0 是海表温度(SST)的函数。因此，无论海洋向大气提供感热还是潜热，都同 SST 有极为密切的关系。这样，海表水温和它的异常(SSTA)也就成为描述海洋对大气运动影响以及影响气候变化的重要物理量。热带海洋积存了较多的能量，所以热带 SST 的异常必然对大气环流和气候有更重要的影响。

5.2.2.2 大气对海洋的风应力强迫

大气对海洋的影响是风应力的动力作用。大洋表层环流的显著特点之一是，在北半球大洋环流为顺时针方向；在南半球，则为逆时针方向。南北半球太平洋环流的反向特征极其清楚。另一个重要特征，即所谓"西向强化"，最典型的是西北太平洋和北大西洋的西部海域，那里流线密集，流速较大，而大洋的其余部分海区，流线较疏，流速较小。上述大洋环流的主要特征，与风应力强迫有密切关系。

西向强化，科氏力随纬度的变化是其根本原因，也可认为是 β 效应在海流中的表现。因为风应力使海水产生涡度，一般它可以由摩擦力来抵消。当科氏参数 f 随纬度变化时，在大洋的西边就需要有较强的摩擦力以抵消那里的涡度。然而，产生较强的摩擦力的前提，就是那里要有较大的流速。

5.2.2.3　海洋混合层

无论从海气相互作用来讲，还是就海洋动力过程而言，海洋上混合层(UML，简称海洋混合层)都是十分重要的。因为海气相互作用正是通过大气和海洋混合层间热量、动量和质量的直接交换而奏效的。对于海面温度及海表热量平衡，需要知道海洋混合层的情况。海洋混合层的辐合、辐散过程通过 Ekman 抽吸效应会影响深层海洋环流；而深层海洋对大气运动(气候)的影响，又要通过改变混合层的状况来实现；另外，太阳辐射能也是通过影响混合层而成为驱动整个海洋运动的重要原动力。因此，对于气候和大尺度大气环流变化来讲，海洋混合层是十分重要的。在研究海气相互作用及设计海气耦合模式的时候都必须考虑海洋混合层，有时，为简单起见，甚至可以用海洋混合层代表整层海洋的作用，于是就把这样的模式简称为"混合层"模式。

5.2.3　ENSO 及其对大气环流的影响

5.2.3.1　ENSO 事件

ENSO 是厄尔尼诺(El Nino)和南方涛动(Southern Oscillation)的合称。厄尔尼诺是指大尺度的海洋异常现象，它 3~7 年发生一次。厄尔尼诺现象发生时，整个赤道东太平洋表现出振幅达几摄氏度的增暖。另外，与赤道海表水温的这种变化相联系，海洋和大气环流也发生很大的异常。南方涛动(SO)，用以描述热带东太平洋地区与热带印度洋地区气压场反相变化的跷跷板现象。通常使用达尔文岛与塔希提(Tahiti)岛之间的气压差表示 SOI。南方涛动影响到全球海洋和大气状况。

赤道东太平洋海表水温异常事件(厄尔尼诺)同南方涛动指数(SOI)之间有非常好的相关关系。当赤道东太平洋表层水温(SST)出现正(负)距平时，南方涛动指数往往是负(正)值，两者的相关系数在 0.57 到 0.75 之间，达到 99.9%的信度。厄尔尼诺和南方涛动间的紧密关系，是大尺度海气相互作用(特别是热带大尺度海气相互作用)的突出反映。因此，ENSO 成为大尺度海气相互作用以及气候变化问题研究的中心课题。

ENSO 既包含有高 SOI 和低 SOI 的特征，又包括赤道东太平洋的暖水事件(厄尔尼诺)和冷水事件(拉尼娜，La Nina)，而且这些现象和事件的发生又都有 3~7 年的准周期性。因此，近来人们又将 ENSO 叫作 ENSO 循环，即暖状态(包括厄尔尼诺和低 SOI 特征)和冷状态(包括拉尼娜和高 SOI)的循环。

5.2.3.2　ENSO 对大气环流的影响

众多研究表明，ENSO 对大气环流以及全球许多地方的天气气候异常有着重要的影响。ENSO 期间，赤道东太平洋持续升温，对热带大气环流的影响最为直接。而热带大气环流的异常变化，也必牵动全球大气环流，因而会在全球范围内引起一系列的天气气候异常。

在正常情况下，赤道大气中存在一个东西向的沃克(Walker)环流，这是叠加在纬向平均哈得莱环流上的重要东西向环流，在印度尼西亚群岛附近海面暖水上空，有一个强而宽的上升运动区，而在赤道东太平洋冷水区上空，则为强烈的下沉运动。

在 ENSO 期间，中、东赤道太平洋的海水增暖，西部海水略微变冷。对流在中、东太平洋上加强而在印度尼西亚地区减弱。在反 ENSO 期间，中、东太平洋的海水比正常偏冷，这些区域的对流也减弱，而印度尼西亚地区的对流增强。

厄尔尼诺现象会导致 Hadley 环流明显增强，与此同时，ITCZ 的位置也将发生变化，例如厄尔尼诺期间 ITCZ 有明显向东推移的趋势，这必将影响西太平洋台风活动。

ENSO 对西太平洋副热带高压的活动也有明显的影响，包括对副高位置和强度的影响。首先，同厄尔尼诺年 ITCZ 位置偏南相匹配，西太平洋副高的位置在厄尔尼诺年一般也偏南。而在拉尼娜年西太平洋副高脊线位置较常年偏北。

由于 ENSO 的发生造成了大气环流尤其是热带大气环流的严重持续异常，因而给全球范围带来明显的气候异常。

5.3 海洋灾害性天气及其系统

海洋灾害性天气是指可以对大自然和人类的生命、生产活动造成严重灾害的海洋上的天气。主要包括热带气旋、风暴潮、海雾和冬季风冷涌等。了解海洋灾害性天气以及天气系统的变化规律，做好预报和预防工作，可以极大地减轻灾害性天气的危害，大大提高海上军事行动的安全性，进而保证军事行动的顺利进行。

5.3.1 热带气旋

热带气旋是指发生在热带海洋上的一种具有暖中心结构的强烈气旋性涡旋系统的总称。热带气旋常伴随着狂风暴雨，是一种破坏性极其严重的灾害性天气系统之一。

5.3.1.1 热带气旋概况

1. 热带气旋的划分

目前世界各地区对热带气旋强弱的称呼和划分各不相同。1989 年开始，我国采用世界气象组织的统一标准。按气旋中心附近最大平均风力，将热带气旋分为四级，见表 5-1。

表 5-1 热带气旋等级表

名　　称	等　级　标　准
热带低压(tropical depression)	中心最大风速 10.8~17.1m／s　(6~7 级)
热带风暴(tropical storm)	中心最大风速 17.2~24.4m／s　(8~9 级)
强热带风暴(severe tropical storm)	中心最大风速 24.5~32.6m／s　(10~11 级)
台风(typhoon)或飓风(hurricane)	中心最大风速≥32.7m／s　(12 级以上)

我国每年按其出现或形成时间先后将8级以上的热带气旋按顺序编号。例如8908号台风，就是1989年出现于150°E以西，赤道以北的第8号台风。

2. 热带气旋形成的基本条件

热带气旋虽是热带强烈的天气系统，但都是由弱小的扰动发展起来的。热带气旋形成的基本条件是：广阔的暖洋面、整个对流层风速垂直切变要小、地转参数大于一定数值和低层要有一个扰动存在。

3. 热带气旋的活动概况和发生频数

热带气旋都是发生在辽阔的热带海洋上。据统计[7]，全球平均每年发生强热带气旋80.1个，最多97个，最少67个。其中北半球的强热带气旋(占全球总数的73%)明显多于南半球(占27%)，而且南、北两个半球，强热带气旋大多数发生在大洋的西部。根据大量资料统计结果显示，全球一半以上的强热带气旋在北太平洋(其中北太平洋西部占38%，东部占17%)，南太平洋西部也有强热带气旋发生，而东南太平洋末发现有强热带气旋活动；北大西洋西部强热带气旋也较多(占12%)，而东部没有，南大西洋也没有强热带气旋发生；南、北印度洋的东、西部都有强热带气旋发生。

各大洋上强热带气旋发生的季节不完全相同。在北半球，一年四季都有活动，最多频率出现在夏秋季节，尤以8月和9月最集中。在南半球，7~9月极少有强热带气旋发生，绝大多数强热带气旋发生在1~3月，尤为1月最多。各海区热带气旋活动情况如下：

(1) 北大西洋

热带气旋主要出现在6~10月，其中约80%出现在8~10月，尤以9月最多，1~4月几乎没有热带风暴发生。在这个区域发生的热带风暴约有62%能达到飓风强度。由卫星观测发现，形成风暴的热带扰动约有2/3是起源于非洲大陆。

(2) 东北太平洋

这个区域平均每年出现14个热带风暴。像北大西洋一样，这里的风暴大多数也是出现在6~10月，其中一半以上是出现在8月和9月。该区域的热带风暴约有1/3能达到飓风强度。

(3) 西北太平洋

这是全球热带气旋发生频数最多的海域，全球1/3的热带气旋发生在这里。同时，它也是一年四季都有热带气旋活动的唯一的区域。热带气旋的生成有明显的月际变化。7~10月为主要的热带气旋季节，生成频数占全年总数的70%，其中尤以8月最多，占全年的22.2%。

(4) 南海

除1月外，其余各月都可能有热带气旋生成，最大频率出现在8~9月，该区域发生的热带气旋一般强度较小，只有少数能达到台风的程度，但如果包括从西太平洋移来的热带气旋，该海区全年各月都有热带气旋活动，而且有不少是台风。

(5) 孟加拉湾

该区域出现的热带风暴逐月的分布，有着与上述各区明显的不同特点。一年中风暴发生频率有两个峰值：一个在5月，一个在10~11月，而夏季发生频率却较小。这同该地区的季风活动有关。夏季，在那里西南季风盛行，季风槽位置偏北，虽有热带扰动也不易发展成风暴。5月和10~11月是季风盛衰交替时期，风的垂直切变也比较小，所以风暴活动频繁。

(6) 西南印度洋

这个区域包括从非洲东岸到100°E的地区。该区平均每年约有8个热带风暴出现，主要出现在 12 月至翌年 4 月，其中约有 70%的风暴发生在 1~3 月。

(7) 东南印度洋

包括 100°~135°E 之间的南印度洋地区。该区域平均每年有 7 个热带风暴出现。但据近年的卫星资料分析，平均每年可有 9 个风暴出现，出现时间和西南印度洋相似，在 11 月至翌年 4 月，以 1~3 月最多。

(8) 南太平洋

这里热带气旋出现同南印度洋一样，约有 75%出现在 1~3 月。在过渡月份，南、北太平洋有时会同时发生所谓的"孪生台风"。由于该区域的热带辐合带位置变化较小，大多数热带气旋发生在热带辐合带的平均位置上，即 10°~15°S 范围内。

4. 热带气旋的尺度

热带气旋的时间尺度即热带气旋生命史，平均约一周，短的只有 2~3 天，最长可达一个月左右。

热带气旋的水平范围通常以其最外围等压线或六级风圈范围表示。其半径一般为 500 至 1000km 左右，最小的不足 100km，最大可达 2000km。

5. 热带气旋源地

热带气旋源地是指热带气旋及其初始扰动发生的地区。能发展成台风的热带扰动主要发生在南北半球的 5°~20°纬度之间，其中 65%以上发生在 10°~20°纬度之间，13%在 20°纬度以上的向极一侧，22%在 10°纬度以内的赤道一侧，而 5°以内的赤道附近极少有热带气旋发生。

影响我国的热带气旋主要集中在三个海域：

(1)菲律宾以东海域   这里是热带气旋发生的高频区，一年四季都有发生，主要发生在 15°N 以南的海面，但在盛夏季节，许多热带气旋生成于 15°N 以北，不过，发生在菲律宾附近海面的热带气旋多数为强度较小的台风；

(2)关岛西南方海域   这里是热带气旋的主要源地；

(3)南海北部海域   热带气旋主要发生在 15°N 以北的南海海面，这里生成的热带气旋离大陆较近，一般只能达到热带风暴的强度。

6. 热带气旋路径

热带气旋发生以后，在一定的内力和外力作用下，以不同的路径移动。图 5-15[8] 给出了全球热带气旋的活动概况。由图所示，西北太平洋发生的热带气旋，其移动路径可以分为西行进行入南中国海，西北行登陆我国，或转向北上。南太

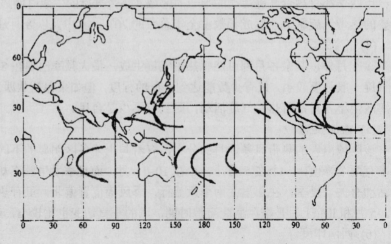

图 5-15 世界各海洋热带气旋路径

平洋，热带气旋一旦生成后，各个气旋的移动路径往往是不规律的，总的趋势是，在15°S以北区域，西南向移动，而在15°S以南，转向东南移动，这个转向比在北太平洋观测到的转向纬度低得多。北大西洋，在15°N以南，飓风一般向西或西北方向移动，尔后，或者继续向西——西北方向移动进入墨西哥湾，或者向北移动，然后转向东北行，和北美大西洋海岸平行。孟加拉湾风暴的路径，一类是向偏西或西北方向移动，主要出现在盛夏，这时，青藏高压南侧的偏东气流有利于风暴的西行；另一类，向偏北方向或东北方向移动，这类主要出现在季风衰退期，这时青藏高压较弱，南支槽活跃，有利于风暴北上或转向东北行，这类风暴对我国西南地区天气有影响。阿拉伯海区的热带气旋向西北方向移动，而西南印度洋在向极地移动时常常发生转向，这种转向可能发生在副热带高压顶端的纬度区域，然后折向东行。

5.3.1.2 热带气旋的结构

发展成熟的热带气旋其要素多呈圆形对称分布，圆形涡旋的半径一般在500~1000km。热带气旋的垂直范围到对流层顶，个别可以伸展到平流层下部(15~20km)。热带气旋的垂直尺度与水平尺度的比值约为1：50到1：75，因而热带气旋是一个扁圆形的气旋性涡旋。

1. 气压场和风场

热带气旋是热带地区的强低压涡旋，它的中心气压很低，通常在990~870hPa之间。因此，在热带气旋内，特别是中心附近等压线很密集，水平气压梯度大，近中心处气压梯度甚至可达5~20hPa／10km。当热带气旋过境时，会造成气压急剧下降，其时间变化曲线呈漏斗状，这是热带气旋的一个显著特征。

摧毁性大风是热带气旋的另一个主要特征。一个成熟的热带气旋，最大风速常可达50~60m／s以上。

热带气旋的地面流场，按风速大小可分为三个区域。

(1)外围 自热带气旋的边缘向内直到最大风速区。外圈风速一般在8级以下，呈阵性，风速向内增大。

(2)中圈 是一个围绕着眼区的最大风速区。这里的低层辐合最强，但宽度较窄，平均8~19km。通常与围绕眼区的云墙区相重合。

(3)内圈 在眼区内，一般直径为10~70km。风速向中心迅速减小，近乎是静风。热带气旋地面为气旋式辐合流场，气流从四周以螺旋曲线的形式流向台风中心区，并且其东南象限辐合更为显著，这是台风水汽来源的重要通道。

在垂直方向上的主要特征是低层强气旋住流入，高层强反气旋流出，整层强烈铅直上升气流。台风的流入层一般可达3km或更高的高度，在850hPa以下存在强的流入分量，最强的流入气流近地面约500m高度处，达8m／s以上。在上层，主要在200hPa以上有强的流出气流，达4m／s以上。切向风分量的分布，在850hPa上有最大的气旋式切向分量值。其切向风速从中心向外减小，尤以最大风区，切向风速分量向外减小的速度最快。

2. 温湿场

暖心结构是热带气旋最显著的特征之一。这是由于在流入中心区的辐合上升气流中，具有充沛水汽，当其发生凝结时就能释放出大量潜热。加上眼区内下沉气流引起的绝热增温，因而使中心附近强烈增温，形成暖中结构。这种暖心结构在对流层中上层最为明显。成熟热带气旋，在对流层中上层其中心温度一般比周围环境温度高10℃以上。一般所见，热带气旋的暖心结构在对流层上层比较明显，而在700hPa以下低层，尤其是弱热带气旋暖心通常不很明显，原因是低层的暖心，在眼壁附近狭小的范围内不容易得到集中的观测。即使在低层出现明显的暖心，通常水平温度梯度最大值也只在眼壁附近，或者在其内侧出现。

应当指出，热带气旋的暖心结构是在发展阶段出现的，且在成熟阶段达到最强。一旦暖心开始减弱消失，热带气旋亦将变性减弱或者填塞消失。

3. 台风眼

台风眼是热带气旋结构的主要特征之一。也是它与温带气旋的一个最显著区别。发展成熟的热带气旋，在深厚云区的中间往往存在一个直径为几十公里的晴空少云区，称为台风眼。在卫星云图上，台风眼表现为密蔽云区中心附近的一个大黑点。眼外为一环状的云墙与大范围的云区相接。在雷达回波照片上，它是一晴空区，周围为环状回波所包围。

台风眼的形状和大小，与热带气旋强度和发展条件有关。最常见的台风眼是圆形，也有椭圆形、卵形、三角形和开口眼，强热带气旋还可出现形似"熊猫眼"的双环结构。发展愈强的台风，眼的外形愈对称。初生热带气旋和弱热带气旋的眼大多是不规则的，或眼区不清楚。眼区的平均直径约45km左右，最小为10~20km。热带气旋增强时，眼区有缩小的趋势；热带气旋登陆减弱时，眼区常会增大。

4. 云墙和螺旋云带

台风眼周围是一近于圆环状的垂直高耸云墙，也称眼壁。云墙及其邻近地区是风雨最剧烈的地区。热带气旋的最大降水和破坏性的风力就发生在这里。如图5-16，在云墙区域，具有非常强烈的上升运动，其值可达 5~13 m／s。云墙区主要由一些高大的对流云而成，其高度通常在15km以上，宽度为 20~30km。

云墙内侧的眼壁随高度是向外倾斜的，愈往高倾斜愈快，到高层变成准水平状态。眼壁的这种倾斜是由热带气旋的温压场结构决定

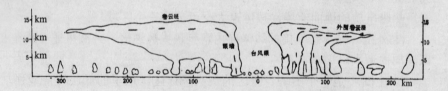

图5-16　1958年8月18日飞机侦察飓风Cleo
（34°N，56°W，中心气压975hPa）成熟前的剖面情况

的。与云墙相联系的是呈螺旋状分布的云雨带，称为螺旋云(雨)带。螺旋云带形成在热带气旋中心附近100~200 km 以内的区域，由小块对流云区作反时针沿径向方向逐渐向外演变而成中尺度对流云带的。

5.3.1.3　热带气旋天气

热带气旋带来的破坏和灾害主要是由暴雨、大风及其引起的海浪和暴潮造成的。

1. 暴雨

热带气旋来临时，常带来狂风和暴雨，其降水强度惊人。热带气旋暴雨的分布一般是不对称的，暴雨中心常位于其路径的右前方，在热带气旋区内，暴雨常呈带状分布，有一条或几条螺旋雨带，最强烈的暴雨带集中在眼壁附近。另外，在热带气旋倒槽或切变区中，也是常见的暴雨区。当热带气旋与中纬度系统结合时，在其前方的槽前区会出现另一暴雨区。

2. 大风

发展成熟的热带气旋，其过程最大风速一般可达 60~70 m／s 以上。当热带气旋登陆时，

大多数热带气旋风速迅速减小，但在 12 级以上的仍经常可见。热带气旋外围风力较小，越往中心风力越大，至眼壁达最大。

热带气旋风力的大小与热带气旋的强度有关。热带气旋范围越大，中心气压越低时，大风的范围越大，强度也越大。

3. 海浪和暴潮

热带气旋中心的极低气压和云墙区的大风，使海面产生巨大的风浪和涌浪。一般风浪的波长和周期都较短，波形不规则，多呈陡峭尖削状。而涌浪的波长和周期较长，波形较规则，波顶呈圆形。

热带气旋在沿海登陆时，常常造成风暴潮。尤其与天文大潮叠加时，可引起海面水位异常上涨，有时冲毁海堤，形成海水倒灌，造成巨大灾害。

5.3.2　风暴潮

5.3.2.1　定义

风暴潮(Storm Surges)是来自海上的一种巨大的自然界的灾害现象，系指由于强烈的大气扰动——如强风和气压骤变所招致的海面异常升高的现象。往往会使其影响所及的海域水位暴涨，乃至海水浸溢内陆、酿成巨灾！

应指出的是，特别在河口地区伴随风暴而倾泻的暴雨或其所形成的洪峰，往往是风暴潮水位中不能忽略的成分，一般应予考虑。

5.3.2.2　分类

按照诱发风暴潮的大气扰动之特征来分类，通常把风暴潮分为由热带风暴(如台风、飓风等)所引起的和由温带气旋所引起的两大类。

热带风暴在其所路经的沿岸带都可能引起风暴潮，以夏秋季为常见。经常出现这种潮灾的地域非常之广，包括北太平洋西部、南海、东海、北大西洋西部、墨西哥湾、孟加拉湾、阿拉伯海、南印度洋西部、南太平洋西部诸沿岸和岛屿等处。如日本沿岸，因受太平洋西部台风的侵袭，遭受风暴潮害颇多，特别是面向太平洋及东中国海的诸岛更易遭受潮灾。中国东南沿海也频频遭受台风潮的侵袭。在墨西哥湾沿岸及美国东岸遭受由加勒比海附近发生的飓风的侵袭而酿成飓风潮。印度洋发生的热带风暴，通常称为旋风，旋风也诱发风暴潮；譬如，孟加拉湾的风暴潮，其势是举世罕见的。

当热带风暴所引起的风暴潮传到大陆架或港湾中时将呈现出一种特有的现象，它大致可分为三个阶段。

第一阶段　在台风或飓风还远在大洋或外海的时候亦即在风暴潮尚未到来以前，我们在验潮曲线中往往已能觉察到潮位受到了相当的影响，有时可达到20cm 或30cm 波幅的缓慢的波动。这种在风暴潮来临前趋岸的波，谓之"先兆波"。先兆波可以表现为海面的微微上升，也有时表现为海面的缓缓下降。然而必须指出，先兆波并非是必然呈现和存在的现象。

第二阶段　风暴已逼近或过境时，该地区将产生急剧的水位升高，潮高能达到数米；故谓之主振阶段，招致风暴潮灾主要是在这一阶段。但这一阶段时间不太长，一般为数小时或一天的量阶。

第三阶段　当风暴过境以后，即主振阶段过去之后，往往仍然存在一系列的振动——假潮或(和)自由波。在港湾乃至大陆架上都会发现这种假潮；特别当风暴平行于海岸移行的时候，在大陆架上，往往显现出一种特殊类型的波动——边缘波。这一系列的事后的振动，谓之"余振"，长可达 2~3 天。这个余振阶段的最危险的情形在于它的高峰若恰巧与天文潮高潮相遇时，则实际水位(即余振曲线对应地叠加上潮汐预报曲线)完全有可能超出了该地的"警戒水位"，从而再次泛滥成灾！因为这往往是出乎意料的，更要特别警惕。

温带气旋引起的风暴潮主要发生于冬、春季节。北海和波罗的海沿岸的风暴潮即如此；此外，美国东岸也有这种类型的风暴潮。

上述两类风暴潮的明显差别在于，由热带风暴引起的风暴潮，一般伴有急剧的水位变化；而由温带气旋引起者，其水位变化是持续的而不是急剧的。可以认为，这是由于热带风暴比温带气旋移动迅速、而且其风场和气压变化也来得急剧的缘故。

此外，尚存在另一种类型的风暴潮，可以说是渤、黄海所特有的。在春、秋过渡季节，渤海和北黄海是冷、暖气团角逐较激烈的地域，由寒潮或冷空气所激发的风暴潮是显著的；其特点为水位变化持续而不急剧。由于寒潮或冷空气不具有低压中心，因而可称这类风暴潮为风潮(Wind Surge)。

5.3.2.3　中国的风暴潮

中国沿岸常有热带气旋或寒潮大风的袭击，是一个风暴潮危害严重的国家。据统计，渤海湾至莱州湾沿岸，江苏小羊口至浙江北部海门港及浙江省温州、台州地区，福建省宁德地区至闽江口附近，广东省汕头地区至珠江口，雷州半岛东岸和海南岛东北部等岸段是风暴潮的多发区。中国有验潮记录以来的最高风暴潮记录是 5.94m，名列世界第三位，是由 8007 号台风(Joe)在南渡引起的。

中国风暴潮一般具有以下特点：

(1)一年四季均有发生　夏季和秋季，热带气旋常袭击沿海而引起台风潮(Typhoon Surge)，但其多发区和严重区集中在东南沿海和华南沿海。冬季，寒潮大风、春秋季的冷空气与气旋配合的大风及气旋影响，也常在北部海区，尤其是渤海湾和莱州湾产生强大的风暴潮；

(2)发生的次数较多；

(3)风暴潮位的高度较大；

(4)风暴潮的规律比较复杂，特别是在潮差大的浅水区，天文潮与风暴潮具有较明显的非线性耦合效应，致使风暴潮的规律更为复杂。

风暴潮淹没农田，冲垮盐场，摧毁码头，破坏沿岸的国防和工程设施，也是开发浅海油田时难防的大患。总之，给国防、工农业生产和国民经济都会带来巨大损失。特别在解放前，沿海受灾地区的人民更是家破人亡，颠沛流离，惨不忍睹。无疑，如能及时准确地预报，将会把伤亡和损失减少到最低程度。因此，风暴潮的发生、发展和衰亡等物理机制的研究，特别是风暴潮预报方法的探讨，确实具有迫切的现实意义。

5.3.2.4　预报

风暴潮预报，一般可分为两大类：经验统计预报和动力—数值预报，分别简称为"经验预报"和"数值预报"。

经验统计预报主要用回归分析和统计相关来建立指标站的风和气压与特定港口风暴潮位之间的经验预报方程或相关图表。其优点是简单、便利、易于学习和掌握，且对于某些单站预报能有较高精度。但它必须依赖于这个特定港口的充分长时间的验潮资料和有关气象站的风和气压的历史资料，以便用以回归出一个在统计学意义上的稳定的预报方程。对于那些没有足够长资料的沿海地域，由于子样较短，得出的经验预报方程可能是不稳定的。对于那些缺乏历史资料的风暴潮灾的沿岸地区，这种经验统计预报方法根本无法使用。再者，巨大的、危险性的风暴潮，相对来说总是稀少的。因而，用历史上风暴潮的资料作子样回归出的预报方程，一般会具有这样一种统计特性：它预报中型风暴潮精度较高，而用以预报最具有实际意义的、最危险的大型风暴潮，预报的极值通常比实际产生的风暴潮极值要偏低。另外，经验方法制订的预报公式或相关图表只能用于这个特定港口，不能用于其他港口。这些缺点在风暴潮数值预报中都能得以避免。

所谓"风暴潮数值预报"，系指"数值天气预报和'风暴潮数值计算'二者组成的统一整体"。数值天气预报给出风暴潮数值计算时所需要的海上风场和气压场——所谓大气强迫力的预报；风暴潮数值计算是在给定的海上风场和气压场强迫力的作用下、在适当的边界条件和初始条件下用数值求解风暴潮的基本方程组，从而给出风暴潮位和风暴潮流的时空分布，其中包括了特别具有实际预报意义的岸边风暴潮位的分布和随时间变化的风暴潮位过程曲线。无疑，这种更客观、更有效的理论预报方法是风暴潮预报当前和今后发展的主要方向。

风暴潮灾的严重情况已引起了世界上许多沿海国家和科研机构的重视。目前，国外开展风暴潮观测、研究和预报工作的国家计有美、英、德、法、荷兰、比利时、俄罗斯、日本、泰国和菲律宾等。中国在这方面的工作开始得较晚，除60年代的一些个别的研究以外，只是在进入了70年代以后才较全面地开展了风暴潮机制和预报的研究工作。国家"七五"、"八五"期间均立项进行风暴潮数值预报产品的研究，取得了较先进的研究成果，并已逐渐把数值预报产品应用于进行风暴潮位的业务预报。风暴潮的监测和通讯系统也已在全国范围内建立，以经验—统计预报方法结合动力—数值预报，将使中国风暴潮的业务预报工作日臻完善。

5.3.3　海雾

海雾是海上和沿海地区的危险性天气之一，它对舰船航行影响很大。特别是能见度十分恶劣的浓雾，即使应用雷达等导航仪器，仍有可能发生事故。

5.3.3.1　海雾的形成过程

雾是指悬浮在贴近地面的大气中的大量微细水滴或冰晶的可见聚合体。按国际气象组织规定：使能见度降低到1km以下的称为雾，能见度在1~10km的称为轻雾。我们把海洋上的雾统称为海雾。

海雾像一般的雾一样，它就是空气中水汽达到或接近饱和时，在凝结核上凝结而成的。由空气相对湿度的定义可知，空气要由未饱和达到饱和，需通过增加湿度和降低气温两个途径来实现。当然，这两种作用同时具备，效果会更明显。总的说来，海雾的形成，不外是通过蒸发和冷却两种过程。

1. 蒸发过程

不论是水面蒸发，还是空中雨滴蒸发，必须是水面或雨滴表面的饱和水汽压大于空气中实际水汽压，同时在当时温度下空气的饱和水汽压也远比水面或雨滴表面的饱和水汽压小，蒸发可以不断进行，以有充分水汽增加到空气中去，而有利于雾的形成。因此，可以认为只有当水温高于气温时，才有可能在持续不断地蒸发过程中出现海雾。

2. 冷却过程

冷却过程有：接触冷却、辐射冷却、平流冷却和湍流冷却。这几种冷却方式，并不是孤立存在的，而常常是互相掺杂作用。

接触冷却：即暖的空气和冷的下垫面接触，把空气中的热量输送到下垫面去而降低了空气温度，有可能达到露点以凝结成雾。这种情况下，即使发生水汽凝结，也是在极薄的空气层中出现，不可能构成深厚的雾层。

辐射冷却：即海面与其上大气层之间的辐射效应。

平流冷却：暖空气平流到冷的下垫面上，便与停留在下垫面上的冷空气发生水平混合而降低温度。

湍流冷却：在稳定层结气层中，因湍流作用空气做迟滞混合运动，使湍流层内上部热量向下输送而降低温度。

总之，海雾的产生是通过增湿或降温或两者兼而有之等不同过程，采取一定方式（蒸发或冷却）来实现的。正因为有不同的过程和方式，因而出现了不同类型的雾，其形成机制也不完全相同。

5.3.3.2　海雾的分类

根据海雾的性质、出现海区，将海雾分为四类：平流雾、混合雾、辐射雾和地形雾。

1.平流雾

平流雾的主要特征是海面有空气的平流运动，平流在海面上的空气与海面之间有显热交换，也有潜热交换，随着水温与气温的冷暖差异以及空气湿度大小，显热和潜热在海雾生成过程中的交换作用便有所不同。一般说来，气温高于水温时，从空气输向海面的显热交换居主要地位，有可能促使平流到海面上的暖空气因冷却而凝结成雾，称为平流冷却曲。反之，气温低于水温时，海水将向平流到海面上的冷空气里蒸发，增加空气中的水汽量，也可促使凝结成雾，称为平流蒸发雾。当然，平流冷却雾的形成过程，海面蒸发并不是毫无作用；而平流蒸发雾的形成过程中，显热交换也不是没有影响的。只是不同类型的海雾形成过程，其作用不同。

2.混合雾

混合雾是指先有空中水滴蒸发增大空中水汽量后，再与流来的空气发生混合而形成于海上的雾。它不是单纯混合作用形成的雾，而是蒸发和混合共同作用下的产物。

两种饱和空气的混合结果，在一定的温湿条件下，混合后的平均水汽量总比其平均温度所相当的饱和水汽量大些，因而恰在饱和状态下的两部分空气发生混合，一定会出现过饱和现象，发生凝结。

3.辐射雾

在晴朗、微风的夜间，由于近地面空气的辐射冷却，水汽达到饱和凝结而成的雾就是辐射雾。在近海岸或港湾里，夜晚或清晨常可看到这种雾，尤其是秋冬季。辐射雾的特点是范围小，浓度小，低而薄，持续时间不长，一般日出之前最浓，日出后随地面气温的升高，雾滴蒸发而逐渐消散或抬升为低云。

4.地形雾

由于海洋地形所产生的动力、热力作用，岛屿和岸滨常常形成海雾，统称为地形雾。

从海面吹向岛屿的暖湿空气，在岛屿的迎风面上有上升运动，便可能形成海雾，称为岛屿雾。海岸附近，夏季陆上暖湿空气流到海上，受海面降温增湿作用凝结成雾，白天借海风吹到陆地，夜间随陆风又回到海上，形成海陆轻风雾，往返于海岸附近，这就是岸滨雾。

5.3.3.3　海雾生成的天气形势和气象要素条件

海雾是在海洋环境影响下出现在低层大气中的天气现象，其生成涉及到海气界面上下浅海水域和低层大气各自的属性和它们之间的交换关系。一般说来，冷高压中心区域有利于生成辐射雾；冬夏季节足以把不同属性的冷暖空气分别从高低纬度输送到海上风暴区的天气形势，有可能产生混合雾；便于暖湿空气向具有地形抬升作用的天气形势，可能产生地形雾；水温梯度特别大的冷暖海流交汇海区有利于平流雾的生成。

海雾生成的天气形势，指的是导致一定海区产生海雾的天气形势。中国近海海雾生成的天气形势，归纳起来有：

1.入海变性高压

春季中国大陆冷高压入海后，变暖变湿，高压入海时间愈长，变性愈深，厚度愈大，出现海雾的可能性越大。高压入海后，若中心位在 30°N 以南海面，雾便出现在华南沿海；若中心位在 30°N 以北的黄海和东海海区，雾便产生在黄海。

2.西太平洋副高脊

夏季，西太平洋副高西伸到中国沿海时，在偏南风作用下，常给华东沿海送来暖湿空气，在冷的沿岸流上产生海雾。由于副高系统稳定，持续时间长，由此产生的海雾不易消散。

3.中国大陆东移的低压或低槽

春夏季节从中国大陆向东移动的低压或低槽，当其临近东部沿岸时，其前部便有从海上流来的暖湿空气，从而有利于在中国冷的沿岸流上形成海雾。如低压中心在黄河下游，雾便出现在渤海或黄海北部；若低压位在长江下游，雾便出现在长江口以北的黄河西岸；若在春季，西南低槽东移到沿海，珠江口以东海区便有海雾。

4.南岭静止锋或冷锋

当南岭附近有静止锋或冷锋，锋前气压梯度小，且东海南部及南海沿岸有微弱的东~东南风时易形成海雾。这种雾主要出现在冬、春季。

以上几种天气形势总的特征是，要有把海上暖湿空气输送到中国近海的气压场，以提供有利于形成海雾的天气形势条件。

在气象要素方面，不同性质的雾，需要不同的生消持续的气象条件，即使同一气象要素，其强度不同，也可以产生完全相反的效果。一般说来，与海雾有关的气象要素与条件是：

(1) 风向风速　风向通过天气形势表现出来。风速因雾种而异。辐射雾只能是微风，平流雾以 4~5 级风最合适。

(2) 气温和湿度　二者需要联系起来作为一个要素的两个方面来考虑。从长期观测资料证实：北太平洋西部千岛群岛海区春夏季节的平流雾，海面气温 20°C 似乎是雾的生消界限，高于 20°C 的海区无雾，低于 20°C 的海区有雾。中国近海春夏季节，海面气温超过 24°C 就不再有海雾。这种温度界限值，实际上关系到空气的水汽压。

(3) 空气层结　一般来说，稳定的空气层结，有利于雾的生成和维持。

(4) 降水　降水是产生混合雾所需的条件；但对辐射雾未曾有过降水；平流雾常因雾夹雨或雾转雨而消失。

5.3.3.4　海雾的分布概况

世界海洋上的雾主要是产生在冷、暖海流交汇处的冷水面上的平流雾，它多发生于春、夏季节。总的分布概况是：北大洋多于南大洋；大西洋多于太平洋；大洋西部多于大洋东部；

中高纬度多于低纬度。

1. 太平洋主要雾区

（1）日本本州及北海道东部洋面到阿留申群岛附近，常年多雾，其中夏季最多、最浓，是太平洋上的最大雾区，也是世界著名大雾区之一。亲潮寒流与黑潮暖流在日本本州以东汇合，夏季暖湿的偏南风促使形成广大而深厚的雾区。而冬季多锋面雾。

（2）中国沿海是太平洋的多雾区之一。

（3）北美加利福尼亚沿海春、夏雾较多，它是由于大洋上的暖湿空气吹到加利福尼亚冷流上而形成雾。

（4）南太平洋塔斯马尼亚和新西兰之间的海面，东澳暖流和冷性的西风流在此汇合，夏季冷流上也易生雾，但雾区不广。

2. 大西洋主要雾区

（1）圣劳伦斯湾、纽芬兰岛附近海面。墨西哥暖流和拉布拉多冷流在此汇合，几乎终年有雾，夏季特别多且浓，范围极广，向东一直延伸到冰岛海面，南北可跨 10 个纬度左右，可谓世界最大雾区。冬季常有锋面雾和蒸汽雾出现。

（2）挪威、西欧沿岸和冰岛之间的海面，也是一个多雾海区，对船舶航行安全影响极大。夏季多平流雾，冬季受锋面雾和蒸汽雾的影响。

（3）南大西洋阿根廷东岸海面，是巴西暖流和冷性西风流的汇合处，夏季雾较多，但范围不大。

3. 印度洋主要雾区

马达加斯加的南部海面，是厄加勒斯暖流和冷性南半球西风流的汇合处，常年多雾，特别是夏季，视程良好的天数不到 5%。

4. 北冰洋和南极州沿岸、冰缘和冰间水域，冬季多蒸汽雾

5. 我国沿海雾的分布和成因

我国沿海是太平洋的多雾区之一。有平流雾、锋面雾及辐射雾等，其中以平流雾出现机会最多，范围最广。

（1）沿海海雾的成因　我国近海外侧是黑潮暖流，有两个分支流入东海和黄海，内侧为沿岸冷流。当有适当的风把暖流上的暖湿空气吹送到沿岸冷流上时，极易形成海雾。例如春、夏季节的东南风。

（2）沿海雾的时间分布　每年春季以后沿岸冷流从南向北推移。另外，暖空气势力渐强并逐月向北推进，使沿海的雾区逐月向北推移。

12 月~ 4 月为南海雾季，雷州半岛和海南岛 2~3 月多雾；3~6 月为东海雾季，福建沿海 3~4 月多雾，浙江沿海到长江口 4~5 月多雾；黄海 3~7 月都有雾出现，但比较集中在 6~7 月。

进入盛夏以后，沿岸流的低温性质为高温所取代，入秋后沿海盛行风转变为偏北，因此，一般不会有平流雾产生。但有时有锋面雾，蒸汽雾、及辐射雾出现。

（3）沿海雾的地理分布　我国沿海的雾以黄海、东海较多，渤海、南海较少。山东半岛成山头至小麦岛一带为第一多雾区，年平均雾日达 83 天。浙江沿岸至福建北部沿海也是主要多雾区，其中有两个多雾中心；嵊泗至坎门一带和台山至三沙一带，年平均雾日超过 50 天。南海沿岸地区仅琼州海峡及硇洲岛一带为相对多雾区，其中以海口最多，年平均雾日 41

天。

我国的渤海、台湾海峡很少有雾出现，南海南部基本没有雾出现。其主要原因是，渤海很少有暖流到达，台湾海峡风较大，而南海南部无冷流存在。

5.3.4 冬季风冷涌

5.3.4.1 定义

冷空气突然向南爆发，南海一带的东北风迅速加强现象一般称为"冷涌(Cold Surge)"[9]。冷涌发生后，地面东北风加大，使近赤道的对流活动增强。

关于冷涌的定义目前尚无统一的标准，通常是根据偏北或东北风的突然增强和短期内的明显降温来定义的，也有人以气压升幅或经向气压梯度增大来定义。张智北和刘家铭分析了四个冬季的冷涌活动情况，把南海北部(18°~20° N，110°~120° E)平均的低空经向偏北风分量 Vs 作为冷涌活动指数，将冷涌分为活跃期和间断期。分别定义为：

活跃期：(1)12~24h 内 Vs 增大 5m/s 以上；

(2)Vs≥7m/s 持续 3 天或 3 天以上。

间断期：(1)Vs 降到 2m/s 或以下；

(2)Vs≤2m/s 持续 6 天以上。

其后刘家铭等人[10]将冷涌进一步定义为：①南海北部海面(20°~15° N，110°~115° E)偏北风增大到 8m /s 以上；②偏北风增大前 0~24h 内，香港与(30° N，115° E)处的气压差≥8hPa。

丁一汇[11]取风速>5m/s 的北风定为冷涌，对 1979~1984 年冬季(12 月至翌年 2 月)东亚和西太平洋地区的冷涌进行了统计，发现主要有两个冷涌区：即从东海到南海的东亚沿岸地区和菲律宾以东的西太平洋地区，其中最强的冷涌出现在东海和南海，冷涌的主要路径是从华东经华南沿中印半岛东海岸向南扩展，直达近赤道地区。在孟加拉湾地区也有一个强度较弱的冷涌盛行区。

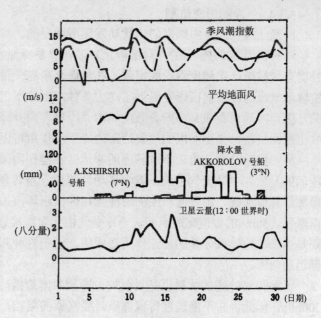

图 5-17　1978 年 12 月南海南部（0°~10°N，110°~115°E）由两条观测船得到的气象要素演变曲线

5.3.4.2 伴随冷涌出现的天气形势

一般多在华北有反气旋生成，并逐渐向东南方向移动。但各次冷涌出现的具体天气形势不尽一致，在强度、盛行风方向、云和降水分布等方面均有很大差别，一次冷涌过程，在华南沿海常常能分析一条冷锋，但到海上后，锋面结构便不清楚，但地面气象要素变化仍相当明显。图 5-17[12]给出了南海冬季风实验期间由两条分别位于 7°

N(Aksirshov 号)和 3°N(Akkorlov 号)的调查船观测到气象要素变化。图中的季风潮指数是以沿 115°E 的海平面气压差表示的。由图所示，1978 年 12 月出现了 3 次冷涌过程，分别是 11 日、15 日和 23 日。每次季风潮(冷涌)过程的特点是气压突升，海面风速增大，赤道附近降水骤增，云量增多。据冬季风试验(WMONEX)期间冷涌的个例分析发现，半数以上的冷涌在其过境时可分为两个阶段：第一阶段为气压突升，移速很快(40m/s)，具有重力波性质，称为冷涌的"前缘(Edge of a Surge)"；第二阶段为露点温度骤降，称为"锋面过境(Front Passage)"，移速较慢，平均约 11m/s。两个阶段都伴有地面偏北风增大。它们出现的时间间隔与冷涌的强度和传播距离有关，冷涌越强，冷空气厚度越大，向南扩散越远，则两阶段相隔时间越长，平均而言，在台北、香港为数 h，而在西沙、南沙约为一天左右，有向南增大的趋势。

　　值得注意的是，冷涌在向南传播过程中是不断变性的，其强度和两阶段的典型特征会有所改变。

　　谱分析结果表明，冷涌存在明显的周期性振荡，但各地区其振荡周期并不一样。东海地区以 5.3~5.6 天的周期占优势；南海则主要为 6.0~6.7 天的周期，5.3~5.6 天的周期居第二。但冷涌的活动具有明显的年际变化。例如，冷空气强的 1966 年 11~12 月，出现季风潮即冷涌 5 次，共 25 天；而冷空气活动弱的 1980 年全年都无冷涌出现。冷涌的年际变化与冬季大尺度辐散环流型有关。据冷涌偏强的 1974 年 12 月与偏弱的 1978 年 12 月的对比分析，1974 年 12 月低纬热源中心位于"海洋大陆"，季风潮爆发后，"海洋大陆"高空辐散中心和东亚 Hadley 环流以及热带的 Walker 环流均加强，1978 年冬季，主要热源中心由常年所在的海洋性大陆位置东移到赤道太平洋中部，季风潮爆发后，上述辐散中心、Hadley 环流、Walker 环流均减弱。

5.3.4.3　冷涌形成机制

冷涌一般认为是中纬度斜压扰动发展所激发的。其激发机制，有二种看法：

　　一种认为 300hPa 上的一对准静止长波槽脊是冷涌发生的背景场。当短波叠加在长波槽上并向东传播时，中纬度斜压性增强，在黄海至东海一带形成强的下沉气流，由此而产生的低空辐散气流为冷涌向南爆发提供了动力条件；上述下沉气流与急流入口区的热力直接环流有关，因而冷涌可看成是纬向有效位能由"冷极"向外释放的结果，高空短波常在东亚沿岸诱生出地面气旋，强烈发展的气旋后部的冷平流作用可促使冷涌向南爆发。

　　另一种看法则认为，季风环流的非地转补偿作用激发中纬度天气系统的发展，从而导致冷涌的发生。中纬天气系统一般为移动性的槽，当其叠加到急流的汇合区时，西风动量辐合增加，急流加强，由此而产生的急流入口区次级环流加强了低层偏北的等变压风，冷涌便向南爆发。Sumi 的数值试验表明，当冷空气由北向南接近高原时，低层锋后偏北风的增强，主要是由于非地转风分量的加速作用造成的，由于这种强的非地转风，促使冷空气从高原的东侧迅速南下。

　　大地形对冷涌的传播也是重要的。冷涌向南传播过程中，其厚度愈来愈薄，一般不超过 700hPa，因此，它不能越过青藏高原。受高原的阻挡，被迫从高原东侧绕流南下。

　　观测事实表明，在南海冷涌活动过程中，南海北部会出现偏北大风，当冷涌到达南海南部近赤道地区，常能激发出强烈的对流活动，而在马来半岛东部沿岸、加里曼丹北部沿岸以及印度尼西亚地区造成大量降水。图 5-18[13] 给出了影响冬季风区云和降水的主要天气尺度系统。一般在整个热带季风区都可有深对流和暴雨，但最显著的地区位于南半球季风槽及其以

北从苏门答腊经
印尼到西南太平
洋一带，这里有最
强的天气尺度过
程的强迫作用。在
马来西亚、印尼、
澳大利亚北部和
新几内亚强对流
的日变化很大，这
可能与海陆风效
应有关，另外这里
天气尺度变率也
很大，因为向东传
播和向西传播的
云系都到达这里。
当有大尺度冷涌
以偏北风形式入
侵，同时有西传的
赤道扰动移入时，

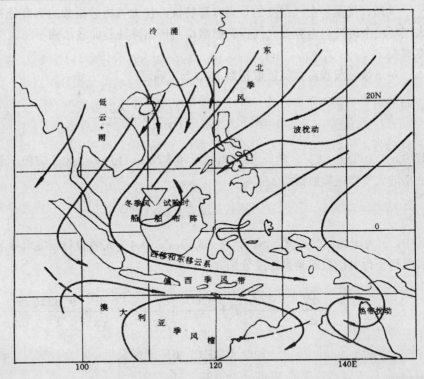

图 5-18　影响冬季风区云系和降水的主要天气尺度系统

加里曼丹北部海面上空的对流活动便会增加。

5.4　大气波导

现代高技术战争中，信息技术已广泛应用到各种武器装备、作战手段和作战指挥中。交战双方争夺电磁频谱使用和控制权已成为一种重要作战形式，电磁优势也就成为交战双方争夺的制高点。然而，电磁波在大气中传播必然受到大气环境的影响。因此，认识、利用电磁波在大气中传播的特性成为争夺制电磁权的重要环节。外军早在二战中已经注意到了微波在大气中异常传播的情况。二战后美军率先研究和开发了评估、预报电磁波在大气中异常传播的系统，并装备到海军的军舰、飞机和指挥系统中。电磁波的异常传播指示技术已成为西方国家军方争相发展的一项高新技术。在信息技术广泛应用于各种武器系统，电子战成为一种主要作战形式的今天，我们应当清楚认识电磁波在大气中传播的特点，充分利用电磁波在大气中异常传播出现的"空隙"、"盲区"等，提高我军电子战装备的效能。

5.4.1　大气环境折射条件

在介质中传播的电磁波，受介质粒子及其密度的影响，会出现散射、折射和衰减（介质的吸收）。散射和衰减影响电磁波在介质中的传播距离，折射引起电磁波路径发生变化。电磁波在真空或均匀介质中传播路线是直线，在不均匀介质中传播会产生弯曲。在真空中以光速传播的电磁波，在大气中传播时，受大气的散射、折射和衰减的影响，传播速度和路径的会发生变化。大气中水汽及其相变产物（液态或固态）和气溶胶是引起电磁波散射和衰减的主要物质。

气压、气温和空气湿度的垂直分层特性，使大气折射指数的垂直分布具有不均匀性。在大气环境中传播的电波受大气折射影响，其传播路径是曲线，曲率与大气折射指数的垂直梯度有关。

对于微波波段，大气折射指数 N 由下式确定：

$$N = \frac{77.6}{T}\left(P + \frac{4810e}{T}\right) \tag{5.3}$$

其中，T 为气温（K）；P、e 分别为气压和水汽压（hPa）。为了方便，通常使用考虑了地球曲率的大气修正折射指数 M：

$$M = N + 0.157z \tag{5.4}$$

其中，z 为距地面的高度（m）。将（5.3）、（5.4）式两边对高度求导，得大气折射指数和大气修正折射指数的垂直梯度分别为：

$$\frac{\mathrm{d}N}{\mathrm{d}z} = -\frac{77.6}{T^2}\left(P + \frac{9260e}{T}\right)\frac{\partial T}{\partial z} + \frac{77.6}{T}\frac{\partial P}{\partial z} + \frac{373256}{T^2}\frac{\partial e}{\partial z} \tag{5.5}$$

$$\frac{\mathrm{d}M}{\mathrm{d}z} = \frac{\mathrm{d}N}{\mathrm{d}z} + 0.157 \tag{5.6}$$

根据大气折射指数垂直梯度，可将大气折射分为负折射、无折射、标准折射、超折射、临界折射和陷获折射六种基本类型，见表 5-2。

表 5-2　大气折射基本类型及其形成条件

垂直梯度	折射类型					
	负折射	无折射	标准折射	超折射	临界折射	陷获折射
N 梯度 /（N/km）	＞0	0	−79~0	−157~−79	−157	＜−157
M 梯度 /（M/km）	＞157	157	79~157	0~79	0	＜0

由（5.5）式和表 5-2 可见，当温度随高度递减、湿度随高度递增时，易形成负折射；当气温随高度递增、湿度随高度递减，或湿度随高度锐减时，易形成超折射。辐射逆温、下沉逆温以及海陆风环流形成的逆温等都易引起超折射。临界折射是一种特殊的超折射，此时电波传播路径曲率与地球表面曲率相同。陷获折射是一种极端超折射，电波传播路径弯向地面的曲率超过地球表面的曲率。陷获折射会使电波形成大气波导传播。

5.4.2　大气波导及其形成条件

当大气环境中出现陷获折射时，电波弯向地面的曲率超过表面的曲率，电波被限制在一定厚度的大气层内，并在该层内上下来回反射向前传播，就象波在金属波导中传播一样，这种现象称为大气波导传播。形成波导传播的大气层称为大气波导，也称大气波道。M 梯度小于 0 的大气层称为陷获层。

在海洋大气环境中通常存在三类大气波导：表面波导、悬空波导和蒸发波导。除蒸发波导外，其它两类大气波导也可能会出现在陆地大气环境中。

5.4.2.1　表面波导

下边界接地的波导称为表面波导，其特点是陷获层顶的大气折射指数小于地面的大气折射指数，见图 5-19 a)、b)。图 5-19 a)图示意的表面波导是由接地的陷获层所形成的，b)图示意的表面波导是由悬空的陷获层所引起的。表面波导的厚度是自陷获层顶到地面的垂直距离，一般在 300 m 以下。当暖且干燥的气团从大陆平移入相对冷且湿的海面时，易导致表面波导的形成。

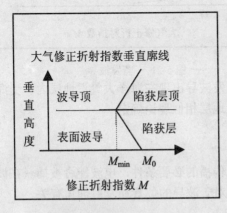
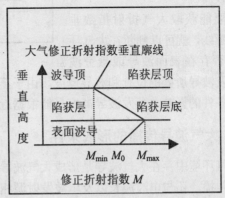

a)　　　　　　　　　　　　　　　b)

图 5-19　表面波导

a) 陷获层接地情形　　b) 陷获层不接地情形

5.4.2.2　悬空波导

下边界悬空的波导称为悬空波导，其特点是陷获层顶的大气修正折射指数大于地面的大气修正折射指数，见图 5-20。通常出现在 3000 m 高度以下。自陷获层顶 A 处垂直于地面向下至陷获层底下 B 处，其 $M_B=M_A$ 时 M_B 所在高度与陷获层顶间的气层厚度（图 5-20 中的 AB 线段）即为悬空波导厚度。

在热带和副热带海域，受副热带高压影响，高层大气存在大范围的强烈下沉运动，因下沉增温减湿形成的干热气层覆盖在相对冷湿的海洋大气边界层上，形成悬空信风逆温，易导致悬空波导形成。在季风海域和海陆风环流盛行海域也会出现悬空波导。表面波导抬升后会转变为悬空波导，悬空波导下降后也会转变为表面波导。

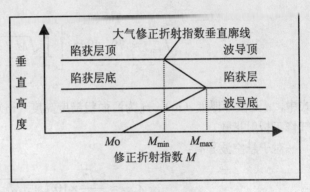

图 5 20　悬空波导

5.4.2.3　蒸发波导

蒸发波导是因海面水汽蒸发使湿度在很小高度范围内发生锐减而形成的一类特殊的表面波导。大气修正折射指数达到最小的高度称为蒸发波导高度，见图5-21 其高度通常在 6~30 m 之间。几乎所有海域、任何时间都可能存在蒸发波导，其高度随纬度、季节和一天内不同时间而变化，一般在低纬海域、夏季和白天时的蒸发波导高度较高。

只要能获取大气折射指数垂直分布廓线，就可以判断在大气环境中是否存在表面波导或悬空波

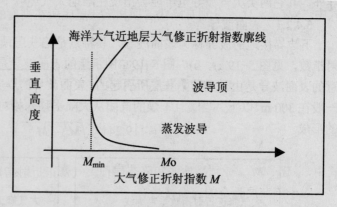

图 5-21　蒸发波导

导，以及波导所处的位置和波导厚度。由于蒸发波导出现在海洋大气近地层内，受海气界面微气象条件的影响，蒸发波导高度只能根据近地层相似理论确定。

5.4.3　大气波导传播的形成条件

大气环境中存在大气波导是形成大气波导传播的必要条件，电波能否被捕获在波导内形成波导传播，还与电波波长以及电波发射源相对于波导的位置和发射仰角有关。

5.4.3.1　最大截止波长和最低陷获频率

对于客观存在的大气波导，何种频段电波将被波导捕获，与波导的厚度以及波导内大气折射指数的递减程度（即波导强度）有关。一般，波长越短的电波越易被波导捕获。能被大气波导捕获形成波导传播的最大波长称为截止波长（ $\lambda_{\max}$ ），与该截止波长相对应的频率称为最低陷获频率（ $f_{\min}$ ）。根据 K.G.Budden(1961)波导传输理论，我们可推导确定各种波导截止波长 $\lambda_{\max}$（m）和最低陷获频率 $f_{\min}$(GHz)表达式。

对于蒸发波导有：

$$\lambda_{\max} \approx \frac{8\sqrt{2}}{3} \times 10^{-3} \times \int_{z_0}^{d} \sqrt{M(z) - M(d)}\,\mathrm{d}z \tag{5.7}$$

$$f_{\min} \approx 79.4945 \left[\int_{z_0}^{d} \sqrt{M(z) - M(d)}\,\mathrm{d}z\right]^{-1} \tag{5.8}$$

式中， d 是波导厚度（m）， z_0 为海面粗糙度高度（m）， $M(d)$ 是蒸发波导顶所在高度的大气修正折射指数。

对于悬空波导有：

$$\lambda_{\max} \approx \frac{8\sqrt{2}}{3} \times 10^{-3} \times \sqrt{M_{\max} - M_{\min}} \times d \tag{5.9}$$

$$f_{\min} \approx 79.4945 \left(\sqrt{M_{\max} - M_{\min}} \right)^{-1} \tag{5.10}$$

式中，$M_{\min}$、$M_{\max}$ 分别是陷获层顶和陷获层底所在高度的大气修正折射指数。

对于陷获层接地的表面波导有：

$$\lambda_{\max} \approx \frac{16\sqrt{2}}{9} \times 10^{-3} \times \sqrt{M_0 - M_{\min}} \times d \tag{5.11}$$

$$f_{\min} \approx 119.2417 \left(\sqrt{M_0 - M_{\min}} \right)^{-1} \tag{5.12}$$

式中，M_0、$M_{\min}$ 分别是地面和陷获层顶大气修正折射指数。

对于陷获层悬空的表面波导有：

$$\lambda_{\max} \approx \frac{16\sqrt{2}}{9} \times 10^{-3} \times \sqrt{M_{\max} - M_{\min}} \times d \times \left[1 + \frac{h_1}{h_2} \times \frac{M_0 - M_{\min}}{M_{\max} - M_0} \right] \tag{5.13}$$

$$f_{\min} \approx 119.2417 \left(\sqrt{M_{\max} - M_{\min}} \times d \times \left[1 + \frac{h_1}{h_2} \times \frac{M_0 - M_{\min}}{M_{\max} - M_0} \right] \right)^{-1} \tag{5.14}$$

式中，M_0、$M_{\max}$、$M_{\min}$ 分别是地面、陷获层底所在高度和陷获层顶所在高度的大气修正折射指数；h_1、h_2 分别为陷获层底和陷获层顶所在高度。

5.4.3.2　临界发射仰角 Φ_c

电波能否被波导捕获还与电波发射源与波导间的相对位置以及发射仰角有关。若初始发射仰角选择合适，可以使电波在陷获层顶发生全反射，形成大气波导传播，此时的发射仰角称为临界发射仰角，记为 Φ_c。根据电波在球面分层大气中的折射定律可以证明有：

$$\Phi_c = \pm \sqrt{2(M_t - M_{\min}) \times 10^{-3}} \tag{5.15}$$

其中，M_t、$M_{\min}$ 分别为发射源和陷获层顶所在高度的大气修正折射指数。由于在实际大气环境中 M_t 与 $M_{\min}$ 之间的差异并不太大，因此，临界发射仰角一般很小，通常小于1°，即只有与波导水平边界夹角较小的电波射线才可能被波导捕获，形成波导传播。

5.4.4　大气波导的影响

由于表面波导能将部分电磁波捕获在波导内形成波导传播，可将能量传播到视地平之外的远处，因此，表面波导极大地扩大了位于波导内的有效距离。如图 5-22 所示，表面波导的存在使得水

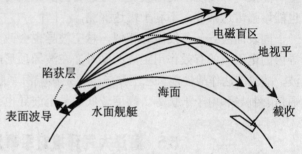

图 5-22　表面波导的影响示意图

面舰艇可以探测到位于舰载雷达视地平之外正向其突防的飞机。同样，位于视地平之外的潜艇也可以利用潜载的 ESM 远远地就截收到对方水面舰艇所发射的电磁信号。这为实现超视距探测、预警、截收和为超视距作战提供引导信息创造了条件。在表面波导内，频率在甚高频（VHF）以上的通信的有效距离将能被扩大到正常传播条件下通信距离的数倍或更远。比如，舰与舰之间的特高频（UHF）通信在正常条件下有效距离为 25~30 n mile（46.3~55.6km），而当海面存在表面波导时，其有效距离可达 200 n mile（370.4km）。这有利于海面各战斗编组间在进行大范围动作战时的通信联络和指挥协同，但同时也易被敌方截获探测，因此，实施适时严格的电磁管制十分必要。

正由于部分电磁波被捕获在大气波导内形成波导传播，所以，在波导顶一定空间将由于几乎没有电磁波辐射穿过而成为向外扩展的电磁盲区，从而改变了电磁系统在正常传播条件下的有效电磁覆盖范围。使得在正常传播条件下位于电磁系统的盲区有效覆盖范围之内，因而可被探测到的目标，此时却处于电磁系统的盲区中而不被探测到，而在正常传播条件下为电磁盲区的低空、超低空此时不仅变为电磁系统的有效覆盖范围，而且其有效覆盖被延伸到视地平之外，从而使得传统的低空、超低空突防战术难于达成隐蔽突防之目的。表面波导顶的电磁盲区，对于防御者，是其防御的薄弱部位，最易遭敌飞机、导弹的突袭，应给予特殊的关注；对于进攻者，波导顶的电磁盲区是隐蔽接敌、实施突袭的最佳路径。需说明，由于大气波导并没有严格的不可穿透的固体边界，因此，总有少量电磁能量泄漏入波导顶的电磁盲区，虽然盲区内电磁能量一般很弱，对雷达系统会造成障碍，但对于 ESM 被动截收则可能是足够的。

表面波导在扩大电磁系统作用距离的同时，也会使正常传播条件下接收不到的位于视地平之外的陆杂波、海杂波呈现在雷达显示屏上，从而增强了雷达杂波强度，减弱了雷达对目标的探测能力，甚至使其无法工作。尤其是在近陆海域作战时，大气波导可能会将内陆的地形、地物回波也呈现在雷达显示屏上，使雷达探测性能变差。

蒸发波导主要影响海面对海面的电磁波系统，但对低空飞行任务也会产生影响。同表面波导相似，蒸发波导能将部分电磁波捕获在波导内形成波导传播，从而极大地扩大了海面无线电探测系统对海面或超低空目标的探测距离、截收距离，以及舰与舰之间的超高频（SHF）通信距离。蒸发波导上方的电磁盲区是防御的薄弱部位，是进攻者实施突防的最佳路径，同时盲区还可能会防碍舰——机通信联系。由于受蒸发波导影响，舰载雷达最低波瓣贴向海面，在波导内电磁波被传播至视地平之外，因此，此时越是贴向海面实施掠海突防，越是远远地就可能被对方发现，而沿波导上方的盲区实施突防则可能达成战术突然性。此外，蒸发波导也能增强雷达杂波，不利于雷达探测。

同表面波导、蒸发波导相似，悬空波导也会改变电磁波的有效覆盖范围，在扩大位于波导内的电磁波的有效作用距离的同时，在波导顶形成电磁盲区。此外，也可能会增强雷达杂波，减弱雷达作战性能。悬空波导主要是影响海军航空兵或空军的空对空侦察、预警、截收、通信、制导和电子干扰等。高度较低的悬空波导也会影响海面系统。

5.5　海洋大气环境对军事活动的影响与应用

海军是国家武装力量的重要组成部分，海战在高技术战争中占有重要地位，海洋大气环境对海战的各个方面具有重要的影响。本节将重点阐述大气环境对侦察、预警，弹道导弹及多军兵种联合作战等方面的影响。

5.5.1 大气环境对侦察、预警系统的影响

侦察与预警是实施指挥与控制的基础，对高技术战争的取胜具有重要意义。近一二十年来，军用侦察与预警技术得到了迅速发展，这里主要论述大气环境对航空航天可见光侦察、微光与红外夜视系统以及监视与预警雷达的影响。

5.5.1.1 大气环境对航空航天可见光侦察的影响

航空航天光学侦察是指利用装在航空航天飞行器上的光学遥感器，例如照相机、电视摄像机等，对目标区拍照以获取图像情报的侦察。现代航空相机已成为一种光机电结合的高技术产品，航空照相侦察在军事侦察中仍占有重要地位。自人造卫星出现以后，航天照相侦察即受到人们的重视。"锁眼-11"（KH-11）和"锁眼-12"（KH-12）照相侦察卫星，广泛运用于全球，特别是热点地区和局部冲突地区的侦察。海湾战争期间，美国动用了全部的"锁眼"卫星在 25°N~40°N 和 36°E~53°E 的地域内进行侦察，每颗卫星每天飞经上述地区 1~2 次。所获取的图像数据通过中继卫星实时转发到美国本土或有关地球接收站，为多国部队提供了大量的战略、战术图像情报。

光学侦察使用的波段包括可见光、近红外和远红外。航空侦察目前主要使用可见光照相或摄像，主要是用于白天侦察；航天侦察具有可见光、近红外和远红外照相功能，可在夜间侦察。航空和航天侦察的特点是从空中或外层空间垂直或稍有倾斜地向下拍摄地面的景物，景物与物镜之间的距离比较远，从几千米到几百千米，用静止卫星作平台时可达数千千米。景物与物镜之间，存在一层很厚的大气。大气对图像质量的影响主要表现在两个方面：一是通过对阳光的吸收、散射和反射改变了落在景物上的太阳辐射，从而改变了景物的亮度及其分布；二是通过对景物反射和漫射出来的辐射能的衰减并加入传感器视场中大气的散射和反射辐射，改变了景物的原始亮度，使传感器接收到的视在亮度分布与原始亮度分布发生改变，从而使图像降质。

1. 云层对航空航天可见光侦察的影响

当阳光射向云层时，一部分被云层反射，一部分被云层吸收，只有很少一部分能透过云层。被云层反射的辐射能量与入射能量之比称为反射率，被云层吸收的辐射能量和透过云层的辐射能量与入射能量之比分别称为吸收率和透过率，三者常用百分比表示。反射率、吸收率和透过率都与云层的厚度、云的种类、云的含水量等有关。

当云层厚度超过 30m 后，其反射率超过透过率。云厚超过 400m 后其反射率将超过 80%。因此，当云层厚度超过 400m 后，在云层上方对云下的目标进行拍照，实际上已不可能。因为此时进入传感器的光能绝大部分来自云层的反射，来自地面景物的光能已微乎其微。云厚超过 400m 的云层并不少，所以，云层对航空航天可见光侦察具有严重影响。

2. 晴空大气气溶胶对航空航天可见光侦察的影响

当航空航天可见光侦察的目标上空无云时，大气中仍有各种性质、形状、大小不同的悬浮粒子，和大气构成一种稳定的胶体系统，称之为气溶胶。对流层中的气溶胶粒子主要来自植物、土壤、海浪、林火、火山以及人为粒子等。

在可见光波段，气溶胶粒子的吸收效应远比散射效应小，其衰减系数几乎和散射衰减系

数相等。气溶胶粒子的存在，使射到地面的阳光减弱。例如，当天顶角为 0° 时，良好能见度（25km）的天气，气溶胶的存在将使到达地面的阳光减弱 20%，而恶劣能见度（2km）则将使其减弱 80%以上。气溶胶对阳光的衰减随太阳天顶角的增大而增大。在天顶角超过 60°后，水平能见度小于 5km 的恶劣天气下，地面阳光实际上已经很弱，将严重影响可见光侦察。

落到地面景物上的太阳辐射能经地面景物的漫反射后，成为地面景物的辐射能。在景物辐射能传输到相机物镜的过程中，仍要受到大气及其中气溶胶粒子的影响。这种影响首先使景物的辐射能进一步衰减，衰减的程度和气溶胶粒子对阳光照射地面时的衰减大致相同。其次，对图像质量影响最严重的就是在传感器视场中加入了大气分子和气溶胶粒子的散射能量。

3. 大气湍流对航空航天可见光侦察的影响

时间尺度在数十分种以下的大气涡旋运动称为大气湍流运动。在大气湍流运动中，空气质点或空气团块作不规则运动，各种物理量，如运动速度、温度、密度、压力和湿度等都是时间和空间的随机变量。由于空气对光波的折射率是大气压力、温度和水汽压的函数，因此折射率也是空间和时间的随机变量。

由于折射率的随机起伏，引起光波的强度、相位和传播方向也都发生随机起伏。强度起伏是由于空气折射率的随机不均匀分布引起的。湍流的不均匀性使光线的传播方向随机改变，光能发生散射，强度减弱。当具有等相位波前的光束通过湍流大气时，由于折射率起伏，将引起三种不同类型的相位起伏：①时间相位起伏；②空间相位起伏；③到达角起伏。

5.5.1.2　大气环境对微光与红外夜视的影响

在高技术战争中，夜视能力已成为战斗力的重要组成部分。在海湾战争中，多国部队的陆、海、空三军装备了大量的各种夜视器材，夜间空袭战成了多国部队经常采用的达成战役和战术突然性的重要战法。军用夜视系统按其工作波段，可分为两大类：微光夜视系统和红外夜视系统。

1. 大气环境对微光夜视系统的影响

微光夜视系统是利用目标反射的星光、月光和大气辉光通过像增强管增强，达到人眼能够进行观察的一种夜视系统，分为微光夜视仪和微光电视两种。微观夜视系统受地面自然照度的极大限制，无光不能成像是其最大弱点。

微光夜视系统的基本工作原理是，夜间景物通过物镜进入像增强管，景像的亮度在像增强管中经过光电转换得到增强，然后呈现在荧光屏上，人通过目镜（微光夜视仪）或直接从屏幕上（微光电视）观察增强后的图像。目前世界各国微光夜视系统的增益多数在 $10^4 \sim 10^5$，这样夜晚地平线上方的天空背景亮度便可增高到 $10^0 \sim 10^1 cd/m^2$，即相当于日落或日落后一刻种的天空亮度。

云层对地面人员使用微光夜视仪观察地面目标的影响，主要表现为对地面照度的影响。根据云层的厚度、高度和云量的不同，可以使地面照度降低 1~2 个数量级，甚至 3~4 个数量级。一般云层薄而高、云量少时，影响较小；云层厚而低、云量多时，影响较大，尤以大范围深厚的积雨云和雨层云影响更为严重。地面照度的降低，会使夜视仪观察距离缩短，分辨率降低。

大气透明度对微观夜视系统的最大观测距离和分辨率也有明显的影响。大气透明度差时，大气中的气溶胶粒子通过对光线的吸收和散射，一方面可使地面的照度降低，另一方面还可使目标物与背景之间的亮度对比降低。

大气透明度对微光夜视系统最大观察距离的影响和对气象水平能见度的影响是类似的。在有霾的天气里观察距离将缩小一倍以上，而在有雾的天气里将缩小 10 倍以上。可以说，在有雾的天气里，微光夜视器材在夜晚是基本上无法工作的。

大气透明度对微光夜视系统分辨率的影响主要体现在使目标和背景之间的亮度对比降低。随着能见度变坏，亮度对比很快降低，而亮度对比的降低对微观夜视系统的分辨率影响很大。当对比度由 100%降至 30%，照度为 0.1 和 0.001lx 时，分辨率分别平均降低 21%和 50%。

2.大气环境对红外热成像系统的影响

红外热成像系统是利用光敏探测器获取景物的红外热辐射，然后将其转换成可见图像供人观察的。由于红外波长比可见光的波长长，在大气中传输时衰减小，因此，观察距离比微光夜视仪远。特别是，在完全无光的条件下不使用任何人工照明也能进行观察，隐蔽性好，不易受干扰，所以在军事应用上受到世界各国军方的重视。

由于红外热成像系统是利用景物自身各部分的辐射能量差异获取景物图像的，而景物发出的红外辐射在到达热像仪接收平面之前，要在大气中传播一定距离，大气对热辐射产生吸收和散射衰减，同时还要加入大气自身的热辐射。因此，热像仪接收到的辐射图像已不是景物本来的辐射图像。大气中的水汽、二氧化碳和臭氧对红外辐射有不同程度的吸收，从而在红外波段产生了一些吸收带。在各个吸收带中红外辐射的透射率很低，而在各吸收带之间吸收较弱。吸收弱而透射率高的波段主要是 3~5μm 和 8~14μm，热红外系统的工作波段也多选在这两个波段中。大气中的气溶胶、云雾和降水对红外波段传输的影响虽然比对可见光稍轻，但仍有重要影响。飞机上的红外系统要在云上穿过云层观察地面的目标是困难的。

红外热成像系统是通过对目标与背景之间或景物各部分之间温差的探测来成像的，因此，仪器对景物的最小可探测温差是衡量系统性能好坏的一项重要指标。描述可探测最小景物温差常用的有两种参数：噪声等效温差（NETD）和最小可分辨温差（MRTD）。大气对这两种温差皆有重要影响，二者皆与大气对系统工作波段的平均透射率成反比。

5.5.1.3　大气环境对监视与预警雷达的影响

对空中实施不间断的监视与预警是保障防空指挥取得胜利的关键。虽然卫星监视与预警的重要性不容忽视，但至今陆基、车载、机载和舰载中近程空中目标监视雷达，陆基远程预警雷达仍然是防空预警系统的主体。

1.大气环境对雷达电磁波段的衰减

这里所说的大气衰减是指大气气体分子、云雾和降水粒子等对雷达电磁波能量的损耗。

气体分子对雷达电磁波的衰减主要是气体吸收造成的。大气中的氧气和水汽对电磁波在某些波段上有较强的吸收作用，造成电磁波的明显衰减。大气吸收衰减主要集中在由地面到 5000m 的大气层中。当频率低于 10GHz 时可不考虑大气吸收衰减；当频率高于 10GHz 时，大气吸收明显增大，并出现一些吸收线。氧气在 118.75GHz 有一孤立吸收线，在 48.4~71.05GHz 有 45 根吸收线，形成一个以 60GHz 为中心的吸收带。水汽的吸收谱线较多，在 350GHz 以下谱段在 22.3、183.5 和 323.8GHz 处各有一条吸收线。

云雾对雷达电磁波的衰减主要是吸收造成的。云和雾的单程衰减率是云雾含水量、温度和波长的函数，并且与粒子的相态有关。随着雷达波长的增大衰减率减小，当工作波长大于 5cm 时，云对雷达的衰减可以忽略不计；温度降低时，水云的衰减增大；对所有雷达工作波长，冰云的衰减可以忽略不计。

降水是造成电磁波传播衰减的主要原因，其衰减率不但与降水强度有关，而且与雷达工作波长有关。在100GHz以下，衰减率随频率升高迅速增大，而后变化缓慢，到1000GHz接近光学极限。当雷达波长大于 5cm 时，绝大多数情况下衰减不超过 1dB/km，影响不大，主要对 5cm 以下的雷达有明显影响，特别是对毫米波雷达有严重影响。

2.大气环境对雷达作用距离的影响

大气对雷达作用距离的影响，主要表现在大气衰减、杂波干扰和大气折射影响三个方面。

由于目标和雷达之间存在大气吸收和云雨吸收和散射引起的电磁波衰减，使雷达作用距离比按自由空间雷达方程计算出的距离缩短。通常对工作波长 10cm 以上的雷达影响较小，而对 10cm 以下的雷达影响较大，特别是对接近毫米波的雷达影响最为严重。

由分布在地球表面或空中的大量散射单元引起的无用雷达回波称为杂波，它们混杂了雷达的输出，使目标难以检测。对于监视雷达来说，杂波主要包括地杂波、海杂波和雨杂波，作战时还有人工干扰杂波。大气环境对地杂波、海杂波和人工干扰杂波的影响是间接的，而对雨杂波的影响是直接的。例如：降雨和积雪可严重影响地面对雷达波的反射，风可影响草地或森林的回波强度；风向决定了海浪的走向而对海杂波有很大的影响；另外，风不但影响箔条云的位置和浓度，还可影响回波的多普勒频率和频谱宽度。

大气折射会引起电磁波的异常传播，即使传播的路径发生弯曲的现象，从而对雷达测角、测距、测速及目标检测等都有影响。雷达测角的仰角误差和雷达测距的误差都与仰角、斜距和折射率有关，可以根据一定的折射率垂直分布模式进行计算和修正；测速的误差取决于目标的仰角、速度、速矢和视线的夹角以及大气折射率。

5.5.2　大气环境对精确制导武器的影响

精确制导武器通常是指采用制导系统导引和控制的直接命中率很高的导弹、制导炸弹、制导炮弹、制导子弹药等武器，它通常由弹体、战斗部、发动机和制导设备四大部分组成。使用精确制导武器进行精确打击在现代高技术战争中已成为现实。但是，进行精确打击需要及时、准确的情报保障。作为作战环境信息之一的大气环境参数信息，是用于精确制导武器进行精确攻击所必不可少的重要情报之一。

5.5.2.1　大气环境对导弹飞行性能及弹道散布的影响

大多数导弹是在大气环境中飞行的，因此，导弹的飞行性能和弹道散布不可避免地会受到大气环境的影响。气温影响固体发动机的推力，高低温条件下的推力与常温下的推力相比，可能产生 20%左右的偏差，这必然会引起弹道飞行速度和弹道的偏差。风会改变导弹的攻角，使导弹产生附加气动力和气动力距。垂直阵风和大气湍流会对导弹产生气动干扰，影响导弹的飞行性能，尤其是对巡航导弹的巡航性能影响严重。伴有气流强烈上升、下沉运动的中尺度天气现象，如雷暴大风，对导弹的飞行性能影响极大。在海上，大风与海浪的共同影响可能会使掠海巡航导弹的巡航变得极其困难。

5.5.2.2　大气环境对制导武器硬件设备的影响

温度、湿度、气压、降雨及地面风等大气环境对制导武器硬件设备都有影响。

高温可引起武器系统中焊点熔化、固体器件烧毁、电气元件参数改变、化学腐蚀加速等。低温的影响多与机械因素有关，如运动部件卡死、非金属材料脆化、收缩引起的结构强度降低等。通常，防空导弹高温环境条件为 50~70℃，低温环境条件为-40~-50℃。

潮湿条件的影响表现在使绝缘材料吸潮后体积增大、电阻率减小、绝缘强度降低、损耗系数加大，使非金属材料表面形成表面膜，从而构成漏电通道，使这些部位相邻两点间击穿强度降低；使金属构件表面加速氧化而造成腐蚀。温度和湿度的综合构成的湿热条件以温度和相对湿度为主要参数，通常，防空导弹湿热条件为温度为 30℃，相对湿度为 95%。

低气压条件造成的影响有高压点飞弧或击穿、密封点漏气、带油器件膨胀开裂等。导弹的低气压条件由导弹的最大作战海拔高度来确定。

降雨主要是影响雷达系统的搜索、探测、跟踪等性能。通常，防空导弹在降雨环境中工作条件为 0.6mm/min，承受条件为 5mm/min。

导弹在停放、调挂、运输及发射时均会受到地面风的影响。通常哪个，防空导弹地面风环境工作条件为 20m/s，承受条件为 30m/s。

5.5.2.3　大气环境对制导系统的影响

大气环境对各种精确制导武器系统及其战术使用的影响，因各种精确制导武器的工作波长、制导体制以及所采用的战术不同而不同。一般地，制导系统的工作波长越长，分辨率越低，制导精度越低，系统受大气环境的影响也越小；制导系统工作波长越短，分辨率越高，制导精度越高，但受大气环境的影响越严重。因此，越是制导精度较高的精确制导武器，受气象条件影响越严重，对天气条件越敏感。

大气环境对电视寻的制导的影响主要体现在两大方面：一是影响武器使用人员在投放电视制导武器之前对目标的有助或无助目视发现、识别。二是影响电视寻的导引头中电视摄像机对目标图像的获取能力。电视寻的头在探测目标时需要有一定的自然照度、目标与背景间的固有亮度对比度和目标与背景间视亮度对比度的大气透过率，这些都受到大气环境的影响。有云或雾的天空条件下会降低自然照度，进而可能会减小目标与背景间的固有亮度对比度，从而使电视系统的探测距离被缩短；由霾、烟、烟雾、烟尘形成的干气溶胶粒子会散射可见光辐射，减弱亮度对比度的大气透过率，通常会使电视系统的探测距离小于所报告的能见度；相对湿度对电视系统影响也很大，在高相对湿度条件下，对可见光的散射衰减极为显著，从而缩短电视系统的探测距离。

大气环境对红外成像寻的制导武器使用的影响主要体现在以下两大方面：一是影响对目标的捕获。目前，一般是利用光学瞄准具或前视红外系统来辅助人员对目标的捕获，光学瞄准具只能在白天使用，且受气象条件影响严重，在有烟、尘、霾、薄雾等条件下，光学瞄准具作用距离极其有限，甚至根本无法使用。前视红外系统是热成像系统，可以在烟、尘、霾、薄雾等条件下代替光学瞄准具正常工作；但在毛毛雨和阴天，前视红外系统可能只能勉强工作；在降水、云层和浓雾中，则可能根本不能使用。二是影响红外寻的头的寻的性能，进而影响寻的头对目标的锁定距离。这主要体现在两个方面：一是影响目标与背景间的固有辐射差异；二是影响目标与背景红外辐射的传输特性。

大气环境对激光寻的制导武器的影响主要体现在以下三个方面：一是影响和制约着激光目标指示器对目标的瞄准、跟踪、测距与指示能力，从而直接影响到对激光寻的制导武器能否成功实施制导；二是对用于制导的激光产生衰减影响，进而影响和制约着激光寻的制导武器的有效作用距离；三是使用于制导的激光产生波束漂移、发散和光强闪烁，从而影响激光目标指示器的指示精度和激光寻的头的寻的精度。

5.5.3 大气环境对多军兵种联合作战的影响

多军兵种联合作战已是高技术战争的一个重要特征，多军兵种联合作战取胜的关键在于发挥陆、海、空、天整体作战的能力。因此，必须全面考虑大气环境的影响，特别是应着重考虑大气环境对以下四个方面的影响：一是 C^3I 系统和电子战；二是远程突击手段；三是空中力量和防空系统；四是坦克、装甲、摩托化步兵作战。

C^3I 系统或者指挥自动化系统是作战的神经中枢和灵魂，对战争的胜负有决定性作用。大气环境对 C^3I 系统的影响，首先表现在对情报信息的获取上。在现代战争中，情报的来源主要是卫星、航空和地面侦察。获取手段主要是通过合成孔径雷达、电视摄像机和各种红外传感装置对地面拍照，以获取战区的图像数据。目标上空的云层对图像的获取有致命的影响，垂直能见度对图像质量有重大影响。

远程突击在现代战争中将是一种经常采用的有效作战方式。实施远程突击经常采用隐形飞机空袭、巡航导弹和战术导弹突袭等，而这些尖端武器受大气环境影响严重。目标上空的云层和地面恶劣能见度影响末制导武器的制导精度，严重时影响对目标的锁定，造成脱靶；特别晴朗的天气可降低隐形效果，增大隐形飞机突防失败的概率。

空中力量的成功运用对于陆战场取胜具有极为重要的意义。地面能见度或空中斜视能见度会影响空军对地面作战的近距离空中支援；雷电、大风、恶劣能见度等危险天气会影响飞行安全；折射指数特别是出现超折射时影响警戒雷达对目标的搜索和跟踪，降水缩短雷达的发现距离，云雾影响目视搜索和跟踪目标的能力。

坦克、装甲、摩托化步兵是地面作战的主力。恶劣能见度影响乘员和步兵的目视搜索，激光测距机、目标指示器的性能；降水除使能见度变坏外，还可降低可通行性；地面风速影响烟施放和反坦克导弹的命中精度；温度过高或过低可影响乘员的工作效率和燃料消耗。

参考文献

[1] Mitchell, J. F. B., Some difference between the MO 5 and 11 layer model annual cycle integrations, ECMWF workshop on Inter-comparison of Large-scale Models Used for Extended Range Forecasts, 193~224, 1982

[2] Mintz, Y. and G. Dean, The observed mean field of motion of the atmosphere, Investigation of the general circulation of the atmosphere, UCLA. 55PP, 1951

[3] 丁一汇. 东亚冬季风的统计研究. 中美海气交换会议, 北京：1988.11. 14-17. 气象科学研究院, 1988

[4] DEFENSE MAPPING AGENCY HYDROGRAPHIC CENTER. Atlas of pilot charts: South Pacific and Indian Oceans. Publication No. 107 (3rd ed., 1966, reprinted 1974). United States Dept. Defense. Washington. D. C, 1974

[5] [美]H. 范隆著. 大洋气候. 许启望等译. 北京：海洋出版社, 1990

[6] Bunker, A.F., Energy exchange at the surface of the Western North Atlantic Ocean. Woods Hole Oceanography. Inst. Mass. Tech. Rep., 75. 3: 107PP, 1975

[7] Gray, W. M., Tropical cyclone global climatology-Topic chairman and reporter of WMO intern. Workshop on Tropical Cyclone (IWTC), Bangkok, 25N on. 5 Dec. 1985, Tech Document, WMO/TD No. 72, Vol. 1, 1, 1. 1, P. 1~9

[8] 戚启勋. 热带气象学. 台北. 国立编译馆, 1989

[9] Chang, C. P., and P. J. Webster, Report of a workshop for the winter monsoon experiment, 14～15, June 1982, Monterey, California, Tech. Rep., National Academy of Science, Washington, D. C. 20418, 1983

[10] Lau, K. M., et al., Short-term planetary-scale interaction over the tropical and midlatitudes, part Ⅱ, Mon. Wea. Rev., 111, 1372～1388, 1983

[11] 丁一汇. 东亚冬季风的统计研究.　热带气象, 6, 119～127, 1990

[12] Johnson, R. H., Convection over the southern South China Sea, part Ⅱ:effects on large scale fields, Results of winter MONEX field phase research, FGGE operations report, WMO., 7, 10～42, 1980

[13] Johnson, R. H., and R. A. Houze, Jr., Precipitating cloud systems of the Asian monsoon, ch. 10 of reviews in monsoon meteorology, Oxford University pres, 1987

第六章 海洋战场环境预报与保障

海洋环境是随空间和时间的变化而变化的，不同的海洋环境条件，能够对海上军事活动产生不同的影响。军事海洋学和海洋战场环境研究的目的，就是提高对复杂多变的海洋环境的描述和预测能力，提供保障舰船、潜艇航行安全、最佳使用声纳器材、正确解释声纳信号信息和安全有效地操作武器系统所需的海洋环境数据支持，提供海上作战指挥所需的各种环境辅助决策支持。

海洋战场环境预报与保障，是军事海洋学研究的核心内容。海洋环境预报技术是海洋战场环境保障的重要基础和手段，不同的军事活动，其保障需求、保障特点和保障方法也会各不相同。海洋战场环境预报与保障研究，必须能够满足未来海上高技术战争对海洋环境多元化的需求。进入 21 世纪以来，海军军事科学的发展呈现领域更加广泛、更新速度加快、分化组合趋势明显和研究方法不断革新等突出特点[1]。所有这些变化，给海洋战场环境研究带来了新的挑战。本章将重点讨论有关战场环境预报与保障中，一些基本的理论和应用问题，并通过外军（主要是美国海军）在海洋战场环境领域的研究和发展现状，探讨我军海洋战场环境建设中的理论和实践性课题。

6.1 海洋环境与武器装备作战效能评估

海洋战场环境条件是海上战略、战役和战术决策过程中必须全程考虑的因素。提高作战决策水平和作战的效能离不开海洋环境预报与保障技术的支持。

6.1.1 海洋战场环境研究的主要内容

海洋战场环境建设的主要目的是提高海上战略指挥、战术指挥和武器系统使用等各个环节的海洋环境保障水平，其任务主要包括提供海洋水文气象环境预报、海洋水文气象战场环境评估以及不同需求的海洋战术环境辅助决策产品支持。

6.1.1.1 海洋战场环境预报

海洋战场环境的构成要素内容非常广泛，包括海水的温、盐、密热力学要素；海洋声、光等物理现象；潮汐、海流、海浪、内波等水文要素或海洋动力学现象；海洋气象及海上空间环境要素；海洋天气系统以及海洋地理、地质环境等。海洋战场环境预报是指利用统计学方法、地球物理流体动力学理论、卫星遥感技术以及数值预报技术方法，对随时间和空间变化的海洋水文要素、海洋气象要素，各种物理系统和现象的生消演变进行预测，以提供未来海上作战空间的海洋和大气自然环境的背景和数据。

6.1.1.2 海洋战场环境评估

海洋战场环境评估是指对海洋和大气环境因素对海上军事行动影响方式、范围、程度、结果以及对行动修正方案的综合客观评价。海洋战场环境评估是现代作战模拟和武器系统效能评估的重要一环，也是军事决策的重要基础和依据。西方发达国家一直非常重视海洋战场环境的评估工作。美国国防部在 20 世纪 90 年代初期，就把"武器系统环境"和"环境效应"研究列入国防部关键技术计划中[2]，其快速环境评估系统（REA）是美国海军战术海洋学计划的核心内容。从提高海洋战场环境保障水平的角度，海洋战场环境评估与海洋战场环境预报具有同等重要的地位。

6.1.1.3 海洋战术环境辅助决策

海军作战和战术决策，是根据作战任务的性质、特点，在对敌情、我情、海情快速、准确地分析判定基础上，做出的最佳战术行动方案选择。由于现代战争的空间多样性、非线性、和非对称性等特征，作战指挥决策过程中面临大量复杂信息的处理。仅就海洋作战环境而言，海洋水体，海底地貌、底质、濒海陆地、海岸、岛礁以及海洋天气乃至高层空间电磁环境，对海上军事活动影响和效应优化问题，不仅需要融合海洋学、军事指挥学、军事运筹学等多学科的知识，还要熟悉和掌握舰艇或潜艇的作战性能、适航性能以及各种兵力武器系统的知识；显而易见，完全依靠指挥员大脑驾驭如此复杂多变的信息，并要求他迅速准确权衡出环境的影响利弊；做出合理或最佳的战术行动决策，将是十分困难的一件事。即使做出一项决策选择，因为主观性太大，难以避免决策的高风险性。借助计算机技术和舰艇指挥自动化系统，充分利用海洋环境信息获取与处理技术，结合不同任务和各种相关的军事专业知识，研制相应的海洋战术环境辅助决策系统，可以实现海洋战场环境的保障自动化、客观化和战术环境决策的快速、准确和最佳化选择。例如，海洋上电磁波的异常传播，对于指挥员战术选择和制电磁权的争夺至关重要，美国海军自第二次世界大战以来，一直高度重视对海洋大气环境对电磁波传播的影响研究[3-5]。目前，美国海军在其电子侦察机 EP—3 和 PC 机上，开发研制出了电磁波传播的预测评估计算机软件系统 IREPS（综合折射影响预测系统）和 EREPS（工程师折射影响预测系统）[6]。借助这两套系统，可生成电子支援措施（ESM）、雷达通信等电磁波系统的电磁波有效覆盖图，利用这些系统提供的技术支持，指挥员能够准确判断敌我双方防御的薄弱部位，对传感器、武器系统进行正确的战术部署；以进行攻击和防御指挥。又如美国海军研制的环境攻击计划辅助系统（ESPA），包括三个战术决策辅助系统，能够分别处理红外制导、电视制导和激光制导武器系统的环境决策辅助，为海军航空兵使用精确制导武器对海面目标实施精确打击，提供海洋环境中包括电光等特殊内容的保障服务[5]。

6.1.2 武器装备作战效能环境评估

武器装备作战效能，是指在特定的条件下（例如特定环境）使用武器装备，完成给定作战任务的能力。

影响武器系统作战效能的因素，主要由系统的构成要素决定。现代军事理论认为，武器系统主要由人、传感器和 C^3I 系统构成的，而非传统观念上的兵器硬装备自身。因此，武器系统的效能也取决于人，传感器和 C^3I 三大系统效能的发挥和整合效益。而武器系统中环境的因素，体现在对人、传感器和 C^3I 系统的影响以及传感器和 C^3I 系统的操作使用者，对环境过程的判断和环境知识的运用能力。例如，海洋环境不仅对舰载雷达系统、声纳系统和光电等系统的传感器的探测、跟踪和测距，产生不可忽视的直接影响，而且还受到由海洋环境引起的舰船纵横摇摆、上下起伏等航行姿态的间接的不良影响。因此，评估海洋环境对传感器系统作战效能的影响，不仅需要从传感器对环境参数的敏感性方面评价，还应同时包括环境对人的影响和人对环境的正确运用能力。

海洋环境（包括大气环境）对武器装备的影响主要体现在以下几个方面：

(1) 改变武器系统装备载体的机动性能；海流、海浪、海上大风降水以及内波对舰艇、潜艇、掠海飞行器和深水导弹等航行姿态、机动性和运动速度均有较大的影响。

(2) 降低武器系统的打击命中精度；

(3) 增加或降低武器装备的杀伤能力；

(4) 威胁武器装备的生存与安全；

(5) 干扰武器装备的控制能力；

(6) 降低武器装备的侦察、探测发现目标的能力。

目前，国外特别是美军在武器装备作战系统效能评估方面，开展的研究工作比较深入、系统。通常评估研究采用的主要方法有：效能模型法、系统分析法、计算机模拟法、概率统计法和经验指数估算法等。作战效能评估则主要是围绕武器装备作战能力六大要素，即：战场发现能力、战场毁伤能力、作战机动能力、战场生存能力、作战控制能力和打击命中能力进行分析评估。

海洋环境（包括海洋大气环境）对海上武器系统作战能力的影响，在此六要素中都有体现，并且具有不可忽视的作用。例如，在舰机联合协同反潜中，舰载反潜飞机具有反应速度快、搜索效率高、能在短时间内进行大面积搜索，而且具有隐蔽性、机动性高等突出优势。但舰-机联合反潜的作战能力，受海洋环境和海上天气条件的影响较大。舰载反潜机的飞行受最低飞行气候条件和海况的限制，当海况较高，或出现大的降水或恶劣的能见度时，特别是出现雷雨等强对流天气时，反潜机的机动能力、生存能力和控制能力大大降低；而海浪和海雾等，会严重影响到水面舰艇反潜搜索编队及舰艇航海的安全，因此大大降低反潜作战的能力。海洋水文环境，特别是海洋环境声场，对反潜声纳系统有非常重要的影响。声在海洋中的传播速度，海面和水下声音特性，声场会聚区参数等都直接影响声纳系统的发现能力和控制能力；海洋声学环境参数的变化还会对声自导水中武器系统的命中能力和毁伤能力，产生较大的影响。

一般从武器装备作战效能的指标体系，即武器装备适用性、能力和可信度三个方面，分析海洋（大气）环境因素的影响程度（权重）、影响方式、信息的反馈、可修正性等，并利用定性和定量的研究方法，综合评价海洋环境对作战效能的影响，从而给出从海洋环境预报到战术环境辅助决策中，中间核心环节的链接——环境评估。武器装备系统作战效能的指标体系是：

1) 系统的适用性或可用性，包括武器装备系统所具备的生存能力（机动性、隐蔽性和销毁性），对环境的适应能力（电磁兼容性、无须地形匹配等），以及容易使用（通信能力强、容易操作和操作安全性高）等。

2) 系统的作战能力，包括武器装备的命中精度、侦察能力、毁伤率、反应能力、抗干扰能力等。

3) 系统的可信度，即武器装备使用的可信率（虚警、误警率）。

海洋环境对武器装备的作战效能评估的关键，是定量描述环境参数因素与武器装备的作用关系。即采用定量模型确定环境对军事行动和武器装备的影响程度，这项工作具有显著的边缘学科特点，因此需要开展广泛的横向协作，通过深入的理论研究、实验室实验和现场试验等手段，逐步完善和实现科学实用的评估模型。我军目前指挥自动化的硬件整体技术性能，比美军 20 世纪 80 年代初高出十多倍，但其效能却不足美军同期的 10%[7]，其中重要的原因之一，是应用软件技术研制的滞后。这一差距在武器系统环境效应研究方面更加突出。因此，在我军海洋战场环境建设工作中，应特别重视加强这方面的投入和科研攻关。

6.2　海洋环境预报技术研究

6.2.1　需求性分析

海洋环境预报技术研究有着巨大的社会和军事需求。

6.2.1.1　经济和社会发展的需求

从经济和社会发展方面，对海洋环境预报有着日益增加的和更高的需求，主要体现在：

1. 海洋防灾、减灾

我国是遭受海洋灾害最严重的国家之一，并且因海洋灾害造成的损失还在逐年增加。20 世纪 80 年代我国每年海洋灾害损失为十几亿元，到了 90 年代，每年高达 100 亿元左右。海洋灾害已成为制约国家海洋经济和沿海地区经济持续稳定发展的重要因素，提高海洋防灾减灾能力，必须大力提高海洋环境的预报技术水平。

2. 发展海洋经济

海上交通运输、海洋捕捞、海水养殖等多种海洋经济开发以及海岸带综合管理等，对海洋环境预报的内容和种类都有更高的需求。

3. 气候预测

海洋环境预报对于气候变异预测有重要的影响，因此对农业、工业和环境保护产生直接和间接的影响。

6.2.1.2　海军作战的需求[8,9]

海洋环境预报技术水平，对海军战场环境评估和保障能力起到决定性的作用，也对海军战场准备和战场环境建设有重要的影响。高技术战争对海洋环境预报有更高、更新的要求，主要体现在预报的准确性更高、预报内容的多样化和精细化、预报产品的综合化、可视化以及环境预报产品的战术化。

高技术战争对海洋战场环境保障产生深刻的影响。大量精确制导武器和其它先进武器装备的使用，海军、空军等技术兵种地位的日益突出，作战空间的多维化、作战行动的高速度、全天候、非线性特点，以及战场指挥控制的自动化等都在一定程度上影响和改变着传统海洋水文气象的保障内容和方式。例如，精细制导武器的远程打击能力和复合制导技术，受制于海洋大气环境品质的影响，例如海上的云、雪、降水天气现象和气溶胶粒子、大气折射特点等，不仅对使用红外、可见光和激光等光电高技术的武器装备影响很大，而且，这些环境要素还对短波和微波通信、雷达以及电子对抗等高技术武器装备有重要的影响。因此，未来高技术海上局部战争，要求环境预报的内容更广，精度也更高，以满足高技术武器系统作战效能的保障需求。

另外，水面舰艇、潜艇以及作战飞机等作战平台的远程突防能力、机动性和隐形化的发展，在大大提高这些平台作战能力的同时，又要求这些平台能够最佳利用武器系统的环境效应，去制约敌方武器装备的作战能力。特别是潜艇战和反潜战，利用环境条件能够更好地实现发现敌人、隐蔽自己的目的。目前潜艇一方面向低噪音、"静音"化发展，另一方面，又要求声纳系统保持对这种低信号特征潜艇的探测能力，特别是先敌发现的能力，这就更需要精确的海洋环境预报技术。

在武器装备系统数量和质量不对称的情况下，弱势一方要想以弱克强，以少制多，必须充分利用战术和环境机遇；在互为均势条件下，谁更好掌握和应用这种环境优势，谁就将赢得先机和主动，并将赢得胜利。总之，高技术战争对海洋、气象环境预报保障的要求不是降低，而是更高、更新。

6.2.2 海洋环境预报技术的发展

6.2.2.1 国内外海洋环境预报技术的发展现状[10]

1. 我国的情况

我国海洋环境预报始于 1966 年，经过 35 年的发展，已经形成了从观测、收集、处理到分析、预报、发展等环节组成的业务化系统。从 20 世纪 80 年代起，相继在"七五"、"八五"期间，开展了"海洋环境数值预报研究"和"灾害性海洋环境数值预报及近海环境关键技术"重大攻关项目，大大推动了中国海洋环境预报技术水平的提高。取得的成果主要有：

(1) 海洋环境预报的理论研究取得一系列较大的突破，深入研究了海浪、海流、非常潮和海冰等海洋环境要素的形成和变异机制，并且开展了相应的数值预报理论和业务化研究。

(2) 基本建立了海洋环境要素实时信息传输系统（VSAT），形成了国家环境预报中心到区域预报中心的信息网络化系统。

(3) 海洋环境预报已由传统的天气学和经验预报技术过渡到天气学、经验预报、统计预报、数值预报和专家系统等多种技术并用，部分环境要素的数值预报模式投入业务化系统使用。

(4) 随着计算机和海洋调查技术的发展以及海洋动力学理论的新进展，海洋环境要素的预报时效和预报精度有了较大的改善。

2. 国外的情况

国外特别是以美国为代表的发达国家，海洋环境预报的发展，一方面受军事战略需求的大力牵引，另一方面得到海洋高新技术发展的巨大支持。第二次世界大战期间，水声学、海浪和潮汐预报技术在战争中发挥了重要的作用，军事海洋学和战场海洋环境预报技术日益受到重视。美国海军全球战略发展计划和海军作战范围由水面到水底，遍及全球海洋，极大促进了海洋环境的预报研究工作。美国于 1962 年设立海军海洋局，并于 1959 年制定第一个海军海洋学研究计划之后，先后制定和实施了海军深海技术计划，海军卫星海洋学计划、海军遥感计划等一系列海洋高技术发展计划[11]。使其海洋环境军用和民用预报技术处于遥遥领先的地位。目前，美国海军舰队数值海洋中心制作全球的风场、海浪要素、海流（表层及水下各层）、潮汐的预报，还进行海洋热结构（包括海温、盐度、跃层）以及声场的预报。美海军早在 1996 年投入业务化运行的针对我国浅海环境的数值预报模式（ECSYSNM），每日对我国东海和黄海区域海洋环境进行预报；该项目还仅是美国海军在 20 世纪 90 年代制定的"沿海和半球封闭海计划"(CSESP：Coastal and Semi-enclosed Seas Project)的一部分。CSESP 计划的目的就是为了"研究高度变化的沿海和浅水滨海环境对水陆两栖战争、特殊战争以及自卫反击战争的影响"[10]。

美国在 1978 年发射了世界上第一颗海洋卫星（SEASAT-1），标志着海洋监测进入了海洋空间遥感时代。星载合成孔径雷达（SAR）、雷达高度计（ALT）、散射计（SASS）、微波辐射计（MR）、水色仪（OC）以及 SeaWIFS 等先进的海洋遥感技术以及声层析技术等。形成了对海洋的自动、立体综合监测，获取了更加丰富的海洋环境资料。

以上对海洋环境预报技术的研究和发展，提供了巨大的发展动力和基础技术支持。综合国外海洋环境预报技术的发展，具有以下几个特点：

(1) 重视数值预报模式的发展和研制

基于海洋动力学和计算流体力学的综合研究发展基础和先进的计算机技术，目前，美国 NOAA 的风暴潮数值预报模式（SLOSH）、荷兰的第三代海洋数值预报模式（WAM98）、荷兰的近岸海域海浪模式（SWAN）、美国普林斯顿大学的海洋动力模式（POM），包含了较为全面的物理过程，而且模式的分辨率较高，代表了当今海洋环境预报的国际先进水平。

(2) 重视关键技术的研究

如四维变分同化技术、计算机网络数据通信、数据库技术、人工智能和多媒体等现代科学和技术都得到了高度的重视，并广泛应用到业务预报系统中；卫星海洋遥感应用技术研究不断取得突破性进展，对海洋环境预报技术水平起到与数值技术同等重要的贡献。

(3) 重视基础技术研究

海洋观测与监测是海洋环境预报的最重要基础工作，也是海军海洋战场环境监视的重要基础。因此，美国等发达国家一直把发展海洋观测调查和监测技术，放到国家优先发展的位置。目前，构成全球海洋观测系统（GOOS）的立体监测技术主要有：卫星遥感技术、系留浮标和漂流浮标监测技术、走航拖曳式 XBT 技术、航空投放式 AXBT 监测技术、高精度、大深度的声相关多普勒海流计（ACCP）技术等。这些技术手段的应用，为获得更加精确的现场海洋观测数据提供了支持。如美法联合研制的 TOPEX/POSEIDON 卫星，海面高度测量精度可达±2cm。

(4) 重视海洋三维预报模式及技术发展

海洋三维热力、动力结构（温、盐、流）的研究和预报，一直是物理海洋学上的一大难点，尤其在浅海和边缘海域，由于复杂的地形变化、复杂的动力学、热力学非线形强迫以及边界条件等诸多难题，三维数值预报的困难更大。但是，一方面气候和生态环境研究的需要，另一方面，美国"由海向陆"战略下对滨海作战海军海洋学，特别是美国战术海洋学反潜作战的特殊需要，使美国自 20 世纪 70 年代起，就一直高度重视对三维海洋环境预报技术的研究。美国普林斯顿大学 70 年代研制的 POM 模式，经不断改进完善，目前应用到我国东海时的垂直分层为 24 层，能够对我国东海浅海环境要素的三维立体结构做出精确的预报和描述。

6.2.3 数值预报及其释用技术

6.2.3.1 数值预报研究的地位 [12~14]

利用计算机技术和数值计算理论，研究地球物理流体—海洋和大气的发展、变化规律；模拟其演变机理和分布特征，预报其未来的变化，这是在 20 世纪后半叶，海洋科学和大气科学取得的最显著的成就。数值预报（数值天气预报和数值海洋预报）水平，已成为衡量一个国家海洋科学和大气科学发展水平的最重要标志之一。

由于描述海洋或大气这类地球物理流体动力学运动方程组的非线性性质，目前的理论研究只能在简化约束条件下，了解到部分解析解的性质或者解的一些整体特性，原始方程的解析解几乎不可能求出。数值模拟研究和数值预报技术，使我们能够获得海洋或大气运动状态的数值解，从而揭示其演变、运动的规律。数值预报具有客观定量和不断增强的预报能力，代表了海洋环境预报业务化在 21 世纪发展的方向。

从海洋战场环境保障的角度，数值预报技术是高技术战争海洋水文气象保障不可或缺的重要手段之一，具有其他预报方法不可替代的作用。战时敌我双方都将实施水文气象情报的封锁与反封锁。完善的数值预报业务化系统，能够保证实时水文气象数据参数的获取。美国海军舰队数值海洋中心（FNOC），空军全球天气中心（AFDWC）和陆军大气科学实验室（ASL）均拥有世界上最先进的计算机系统，并通过运行最先进的全球和有限区域天气模式、海洋模式，预报大气和海洋未来的变化。数值预报已成为海洋和大气环境预报的主要业务化方法。在战场环境保障和战术环境辅助决策方面发挥着重要的作用。美国海军舰队数值海洋中心，通过运行其大气和海洋模式，能够制作出全球风场预报、海流预报、海浪预报、潮汐预报，以及大洋（包括中国近海）的海温、盐度和跃层的预报。在数值预报的基础上，结合卫星遥感遥测和其它现场的历史气候的数值数据，利用不同的辅助分析软件系统，并根据用户的不同需求，制作出不同的保障产品，满足各种武器、传感器和水下、水下平台的特殊需要。

虽然我国海洋和天气数值预报研究开展较早，但军用数值预报系统起步较晚，尤其是军用海洋环境预报系统的研究，尚未形成具有海军自己特色的整体科研队伍。借助国家海洋科研力量，初步建立起了海军环境数据库系统，但海洋环境数值预报业务化方面，仍有许多工作要努力去做。

6.2.3.2　军事海洋环境数值预报的发展方向和目标

相对于海洋环境数值预报的发展，我军"军用数值天气预报系统"的研制水平已达到比较先进的水平。"军用数值天气预报系统"由资料收集与分发，四维同化、全球与区域、数值天气预报模式、业务支持和业务监控五个部分组成，通过高速局域网互联构成一个分布式多功能计算机网络系统。采用 ORACLE 数据库管理系统，实现了对全球常规和非常规定时气象探测资料、军内气象观测资料和数值分析预报产品等大量数据的自动处理和高效管理；系统采用国内外先进的可视化处理技术，实现对全球数值分析预报的多维、多平台可视化处理，采用千兆以太网技术，建成的以高效能并行计算机为主机的分布式多功能计算机网络系统，实现了高效可靠的数值天气预报业务运行。

军用海洋环境数值预报业务化系统的发展，也应当借鉴军用数值天气预报系统的研制成功经验，以海军 21 世纪科技强军发展战略方针为指导，以海军主战武器装备发展及其在高技术战争中的海洋战场环境保障需求为牵引，高起点、高质量的开发、研制具有国内、国际领先水平的业务化数值预报系统。重点的发展方向和技术目标是：

1. 半球和有限区域高分辨率海面风场数值预报模式

海洋上空及海面上风场预报，是海洋大气环境和海洋水体环境"无缝隙链接"预报保障的重要一环。一方面，海洋环境要素中，诸如风浪、风生流场等要素场的预报对风场的预报依赖性很强，特别是灾害性海洋要素的预报，也离不开海面风场的准确预报。海洋环境数值预报的业务系统发展，必须优先解决海上风场的数值预报问题。另一方面，风场对海上军事活动，如水面舰艇航行，舰载机起降、以及弹道巡航导弹的飞行、弹道风修正计算等都有重要的影响。因此，海面风场数值预报模式，是军用海洋环境数值预报业务化建设中应重点解决的紧迫性课题。

模式系统可在 NCAR 中尺度大气模式（MM5）基础上发展研制。采用"军用数值天气预报系统（MNWFS）"数值预报产品提供边界值，利用四维同化技术提供模式初始场。为解决近海边界层风场和温湿廓线的预报精度，需要嵌入高分辨率的边界层诊断模式。另外，为解决台风风场预报这一重点难点问题，还应研制多重移动套网格斜压风模式和台风边界层模式，并嵌入中尺度模式中。为此，应解决好模式设计中数据同化、边界层技术和参数化方案，以及模式多重嵌套等技术性问题。

2. 西北太平洋有限区域三维海洋热结构和海流预报模式

海军作战特别是反潜作战，需要精确的三维海洋温度、盐度结构预报。潜艇战和反潜战所需要的战术水声产品，离不开海水温度、盐度等海洋热力学参数观测和预报数据的支持；跃层、海洋锋和中尺度涡等对海军战术环境保障有重要影响。海流对潜艇航行和准确定位至关重要。现有三维斜压海洋学模式中，以 Princeton 海洋模式 POM 模式技术最为成熟。该模式物理过程完善，包含热盐效应，为完全的斜压模式；模式中引入二次动量湍封闭次模式来确定垂直混合系数，描述三维斜压细致结构的能力较强，分辨率较高；内、外模分离求解和垂直隐式差分设计，具有节省计算机时、计算稳定和垂直分辨率高等特点[15]。西北太平洋有限区域的三维海洋热结构数值预报模式应以 POM 为基础模式，并重点解决好卫星遥感资料同化、陆架海域和复杂海区地形处理、边界强迫以及最优化差分方案的设计等关键技术问题。

3. 中国近海海浪数值预报

海浪对海军作战活动，特别是两栖登陆作战有非常重要的影响。海浪是影响海上舰船航海安全的最重要的要素之一，对水下平台导弹发射影响也很大。波浪数值预报研究开展较早，也较广泛，并开发研制出一些著名的数值预报模式，如意大利的 Venice 模式，是第一代海浪数值预报模式的典型代表。第二代 JONSWAP 波谱模式（Hasselmant，1973）和 SWAPM 耦合模式以及由欧共体主要成员 WAM（Wave Modeling Group）小组研制成功的第三代海浪数值模式（WAM）。第一代海浪数值模式中避免处理、甚至不处理非线性相互作用源函数；第二代数值模式则主要建立在参数化海浪谱型和非线性源函数参数化表达式基础上的，但这种处理对快变风场（如小尺度气旋和锋面天气系统）下的复杂海浪场无法模拟，限制了模式的模拟精度。第三代海浪数值模式 WAM 则是由海流谱能量平衡方程直接模拟预测海浪的成长过程。我国的海浪数值预报模式主要是根据著名物理海洋学者文圣常院士提出的理论风浪谱模型（文圣常，1988）和改进的理论风浪谱（文圣常，1990）开发建立的业务预报模式[16]；由国家海洋局第一研究所开发的 LGFD-WAM 模式（袁业立，1988）；这些模式都达到了或超过了国际同类模式的水平。进一步的工作是完善海浪数值模式中的物理机制和有关的参数化方法，在海浪数值预报、风暴潮数值预报以及潮汐数值预报基础上，建立风暴潮-海浪耦合预报模式，提供海军作战区域上高精度、高分辨率的业务化预报产品。

6.2.3.3　海洋数值预报释用研究

高技术局部战争对作战部队的快速反应和战术作战能力有更高的要求，相应的对海洋战场环境保障能力要求也就更高。单纯依靠数值模式或预报产品，无法满足海上作战对不同时空尺度和精度的环境状况和参数的需求。开展海洋数值预报的释用研究，不仅是对海洋环境数值预报的一种内延或外展，更重要的是，借助海洋数值预报释用方法，能够提供质量更高、更实用的数值预报产品。

虽然海洋数值预报业务化已经并且还在不断取得进展，但数值预报始终存在自身的某些局限性。首先，作为控制海洋水文要素变化的模式方程，并不能完全准确地描述海洋真实状态的演变，同时，初始场的观测误差和模式中计算误差的存在，也是造成数值预报不准的一大重要原因。海洋和大气环境场的变化存在随机性和不确定性，任何模式的控制方程组，都必然存在一定的不确定性，观测误差和计算误差也总会存在。初始误差随时间的增长等问题，限制了数值模式的可预报性。而且，由于计算机条件的限制，模式的水平和垂直分辨率也受到限制。其次，海洋模式与大气模式之间的不协调性以及耦合相互作用产生的误差，也影响到海洋数值预报模式的能力。第三，无论是民用和军用的需求上，往往需要提供平台附近局地小范围或是某一单站的要素预报，目前，海洋模式网格的分辨率还远远不能满足单点局地的预报要求，通常采用的插值方法在精度上难以满足要求。此外，模式的物理量和参数与用户直接需要的海洋环境参数不尽一致，特别是海洋战场环境参数和物理海洋参数存在一些差异，造成海洋洋数值预报产品或中间结果尚不能直接使用。以上这些局限性，有待通过对分析和预报产品进行释用，即通过解析的、统计的、物理的、模拟的等各种方法，在数值模式结果基础之上，开发延伸，拓展和补充特殊应用性预报产品。

海洋数值预报释用研究的内容和目标是：

1. 统计学释用研究

主要借鉴数值天气预报中的完全预报法（Perfect Prediction Method，PPM）、模式输出统计法（Model Output Statistics，MOS）以及经验诊断量与模式输出产品相结合的方法（MED），引入到海洋天气预报以及海洋水文要素预报中。

2. 物理学释用研究

按照物理海洋学等基础原理，对数值预报结果进行诊断计算、分析、从而提高数值预报产品的准确性。

3. 动力释用研究

与 PPM 或 MOS 等统计释用方法不同动力释用方法采用非统计的方法应用数值预报产品，其基本思想是利用数值预报产品与观测值通过动力学约束关系修正预报结果。

4. 卡尔曼滤波方法的释用研究

卡尔曼滤波是通过处理一系列带有误差的定时测量数据而得到所需物理参数的最佳估算值。通过卡尔曼滤波技术得到数值预报的最佳估算值，可提高预报的精度。卡尔曼滤波系统能够将预报误差反馈到预报方程，并及时修正预报方程从而提高预报精度。卡尔曼滤波技术已应用到天气预报业务化中，将卡尔曼滤波系统引入海洋水文要素预报，提高预报精度，具有广泛的应用前景。

5. 综合集成释用研究

将不同的数值预报释用方法所得到的结论集合在一起，利用一定的集成技术（Integrated Technology），得到更佳的综合预报结果。综合集成是提高数值预报产品应用效能的非常有效的方法。针对不同的数值预报产品和不同的释用方法，主要有预报方法集成、预报模式集成、预报时效集成、集合预报集成以及综合预报集成。研究各种综合集成方法的基本技术并应用于海洋环境的预报中，不仅提供了一种改善海洋环境预报业务化能力的技术方法，它在海军战场协同作战综合保障方面也有非常重要的作用。从减少战场环境预报保障的决策风险性上，综合集成释用也是取得最佳决策风险一效能比的有效方法之一。

6.2.4　海洋水文气象预报专家系统

6.2.4.1　专家系统概述

专家系统（Expert System）是人工智能领域的重要应用分支，自 1965 年美国斯坦福大学教授费根鲍姆开创基于领域知识的专家系统后，由于其优良的性能和实际应用价值不断在各学科领域获得广泛的推广应用。

所谓专家系统，就是一种智能化计算机程序，这种程序使用知识与推理过程，求解那些需要专家知识和经验才能解决的领域问题。

我国气象部门于 20 世纪 70 年代末，在天气预报中开始引入人工智能技术，并在 80 年代中期以后，开发研制出各种类型的气象预报专家系统（如暴雨预报专家系统，热带气旋预报专家系统和海上大风预报专家系统等）。预报专家系统能够提高一些特殊海洋气象和中尺度现象的预报准确性，因此，在军事海洋水文气象预报保障中，能够发挥更重要的作用。海洋水文气象预报专家系统具有以下突出的特点：首先，专家系统建立在众多专家的知识经验和分析预报思路方法的基础上；专家系统能够综合利用广泛的预报信息，更加高效、客观的进行预报分析推理，并可使用各种复杂的预报方法；其次，专家系统可以超越时间和空间上对预报专家的限制，使得经验这种不可遗传于人的东西，传递给计算机（整理、存储），因此，能够使原有的经验性的东西不断升华和丰富。此外，专家系统所具有的对不完全信息的处理能力，使其更适于战场环境预报保障。正因为此，各国都特别重视对海洋水文气象预报专家系统的研制工作。

6.2.4.2　预报专家系统的结构

预报专家系统是基于知识的系统，主要由知识库（Knowledge Base）、数据库（Data Base）、推理机（Inference Engineer）、知识库管理（Manager of Knowledge Base）、解释（Interpreter）和用户界面部分组成。

1. 知识库

知识库是专家系统的核心，海洋水文、海洋气象或其他预报专家系统的差别，主要体现在知识库具体内容的不同。知识库存储控制推理决策所需的专门知识，一般主要包括预报因子库、预报规则库。

预报因子是对预报要素有指示作用或相关性的基本信息，是制作预报的基本依据。

预报规则是多种预报因子逻辑归纳的集合，它比较客观全面地反映预报对象变化的综合因素，并在一定程度上代表专家预报的思维流程或者专家预报经验中的概念化模式集成。

知识库的质量（完备性、可用性和可储性）决定预报系统的能力和水平，因此，知识库可设计是专家系统研制中的关键一环。

2. 数据库

专家系统的数据库包括静态（历史）数据库和动态（当前）数据库两部分。

静态数据库存储与预报内容相关的各种历史数据，这些数据如同知识库中的事实一样，也是推理过程中不可能少的"事实"。动态数据库是反映当前问题求解状态的集合，用于存放求解问题所需的各种初始数据以及求解期间用专家系统产生的各种中间信息。动态数据库直接为推理和服务并随时接受推理机的推理结果，它与知识库一起构成推理所需的信息源。

3. 推理机

推理机是专家系统的重要组成部分，它负责从知识库中、选取对解决当前问题可用的知识库并通过选用合适的控制策略，推理求解预报结果。

推理机的控制策略，常用的有数据驱动的正向推理、目标驱动的逆向推理和二者结合的混合推理三种方式。正向推理是从数据库中初始状态出发，在知识库中寻找那些前提可以与数据库状态匹配的知识，操作知识的结果，将改变数据库的初始状态，再根据新的状态驱动新的寻找，如此往复，直到数据库的状态与求解目标一致，即找到答案。正向推理具有对用户输入信息反馈速度快的优点，但推理整体效率不高；逆向推理与正向推理相反，它是从目标状态出发，在知识库中寻找那些执行结果可以与求解目标一致的知识，操作知识的结果是该知识的前提将成为问题求解需要满足的子目标，然后再从新目标出发驱动新的寻找，直到从有子目标最终都与数据库中的事实符合即找到解答。逆向推理的优点是不必使用与总体目标无关的规则，且能对它的推理给出明确的解释，缺点是不允许用户通过选择提供与问题相关的信息。混合推理是上述两种方法的结合，即同时从初始状态和目标状态出发，在知识库中，寻找与初始状态匹配的知识和执行结果与目标一致的知识，如此反复，直到在某点相遇，即找到相同的知识。混合推理的指导思想是保持单向推理各自原有的优点，同时又尽量克服其缺点。混合推理与专家们实际预报思维过程更相似，因此在预报专家系统的推理和设计中更常用。

4. 知识库管理

知识库管理主要具有两大功能：一是知识获取，二是对知识库进行修改和维护。

知识获得的方法主要是人工知识获得和自动知识获取。后者也称为机器学习，是通过领域专家与系统的直接对话，自动生成或修改知识库中的知识。具有这种自适应学习的功能的系统，能够通过用户对求解结果的大量反馈信息自动修改和完善知识库，并能在问题求解过程中自动积累和形成各种有用的知识。机器学习功能是一个专家系统智能化程度的重要标志。对海洋战场环境专家系统预报而言，解决其中的机器学习功能具有特别重要的意义。目前的研究工作还有待加强和完善。

5. 解释

专家系统通过用户界面、按照一定的解释机制回答用户询问，对系统的问题求解过程或当前求解状态提供说明。如海上大风预报专家系统，应能 回答为什么预报未来有大风或无大风，并提供预报大风 思路和根据等等。这种解释机制不仅增加了系统的透明度，让用户更好理解系统对问题的求解过程，加强对推理结果的信任度，也使专家和知识工程师易于发现知识库中的错误。此外，系统解释功能也提供了一种教学功能。

6. 用户界面

用户界面即人机信息交换接口，一般由语言处理和数据库操作程序组成。在自动化程序较高的系统中，从外部设备采集信息供系统使用，也需要人机数据接口部件来进行。又多媒体技术开发，用户界面，不仅使用户界面生动、灵活，也使得专家系统这一计算机程序系统更加人性化，更有利于人-机信息交流。

由上述结构组成的专家系统的工程流程式原理如图 6-1 所示

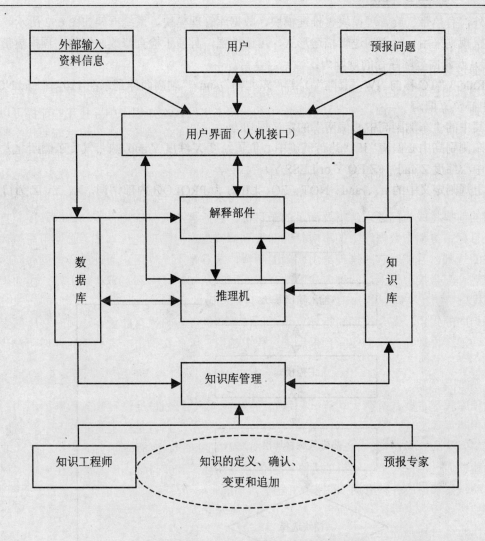

图 6-1　预报专家系统结构及工作流程示意图

6.2.4.3　预报专家系统实例简介

1. 热带气旋路径预报专家系统

热带气旋是一种强烈的海上灾害性天气系统，其所到之处，总是伴随着暴雨、巨浪和风暴潮，可能造成极大的生命和财产损失，因此，热带气旋移动路径一直是该系统预报中的重点研究内容。尽管我国从 20 世纪 70 年代初就开展了热带气旋路径的客观预报方法的研究，研制并总结出许多方法，但路径预报还存在以下问题：

(1) 观预报的精度仍有待提高，目前，24h 预报和 48h 预报误差分别为 214km 和 444km。

(2) 在的路径预报各种客观方法的综合集成研究不够，缺乏权威性的业务化综合客观预报集成环境。

(3) 对小概率疑难路径预报水平偏低。热带气旋路径预报专家系统为解决上述问题提供了一种有力的技术途径。

系统的逻辑设计语言 Turbo、PROLOG 编写成具有二级管理功能的模块结构系统，除预报规则外，有热带气旋管理模块、推理模块、数据库管理模块。系统框架如图 6-2 所示。

预报规则采用一阶谓词逻辑描述形式，可读性强，且便于检查修改。例如，预报热带气旋（TC）西北向登陆路径的规则为：

（Rule-3 "TC 移向 NW，登陆"）if "东北槽" and "副高西伸到东经 110°" and NOT "TC 中心位置偏南"。

而其中的 "东侧副高中心偏南" 的定义规则为：

"东侧副高中心偏南" if "热带气旋中心位置经度 X 纬度 Y and 热带气旋东侧西北太平洋高压中心纬度 Z and （Z EQ Y or LESS Y）"。

以上规则定义中的 if、and、NOT、EQ、LESS 为 PROLOG 内部谓词，X、Y、Z 为待匹配变量。

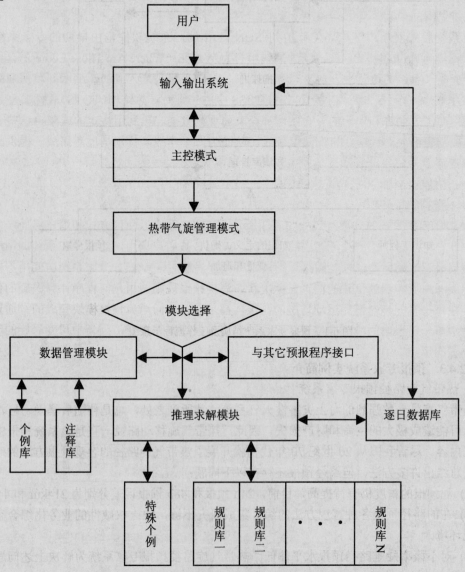

图 6-2　热带气旋路径预报专家系统流程框架

2. 海洋专家系统——海洋涡旋分析预报专家系统[17~19]

(1) 概况

专家预报系统早已在气象预报中成功得到应用，但由于海洋数据库资料的缺乏，预报人员不得不用一维或二维的描述参数（如海洋锋的位置，涡的大小和位置）并利用特定模式和基于模式——统计的方法来建立三维的结构场。

美海军研究实验室开发的海洋学专家系统，主要集中在预报中尺度的特征运动。事实上，其主要功能是提供初始条件下中尺度涡位置、大小等参数的变化预测。在由于出现浓厚云层得不到新的观测资料等不利条件时，而分析人员必须进行这些参数的作战设定时，使用专家系统便可以得到及时，准确的预报。该专家系统并不是完全独立的长期预测系统，其对中尺度特征演变的预测能力和卫星以及现场观测数据的支持有关，是天气学分析和完全的预测动力学系统之间的中间一环。

该系统后来不断改进扩展并移植到 SUN 工作站，系统软件也由早期的专家系统语言 OPS83 移植为 Prolog 和 CLIPS。新的系统组合为 WATE（Where Are Those Eddies），新的系统设计提高了系统的可读性、更易理解和操作，WATE 已被嵌入到海军战术环境保障系统中使用。WATE 专家系统的最终目的是支持 TESS 中的三维海洋热结构（TOTS）软件模型。TOTS 系统利用海洋表面锋和涡旋的分布图，补充表面观测数据，再利用特定的模型，这些表面资料转变成从表面到海底的综合的温度廓线。从而为海军作战，特别是反潜作战，提供战术环境保障支持。

(2) 系统的结构

1) 外部接口

WATE 专家系统的外部接口如图 6-3 所示。WATE 系统以两种方式和用户界面产生相互作用。首先，当用户预测湾流和涡的运动时，WATE 被用户调用，然后，在系统调用湾流预报模块预报湾流的运动，以及通过运行规则库预报涡旋时，WATE 专家系统访问用户接口程序，完成对湾流和涡的位置的图形显示更新。涡旋预报规则调用几何程序计算涡旋的位置和距离。在每一时间步对湾流运动情况的预报，都是通过访问湾流预报模块完成的。通过人工神经网络单元预报出的湾流的位置，必须被涡旋预报规则库接受，因为中尺度涡旋的运动受湾流位置的影响。

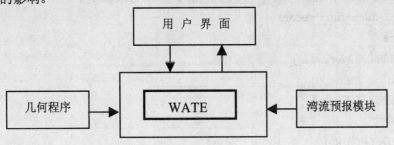

图 6-3　WATE 外部接口示意图

2) 控制结构程序

最初的专家系统控制体是用 OPS83 解释程序代码编写的，后改为 C 编程代码程序，以提高效率和适应包括在图形用户界面、涡旋预报、湾流预报和解释部分方面的不断修改完善工作。控制结构程序伪代码为：

Initialization

        GetUserOptions

        SetUpCLIPS

        SetUpPVWave

        SetUpGulfStream

Prediction

        Display initial position of GS and eddies for each time step do

            Update time

            MoveGulfStream

            Update display of GS

            Move Eddies

            Update display of eddies

Explanation

        Explanation   composition

        Explanation Presentation

FinalOutput

3) 解释部件

在完成每一次中尺度涡运动的预报循环时，解释部分允许用户询问规则踪迹或对预报结果的总结性解释。规则路径解释部分给出预报某一涡旋运动时采用的所有规则中的样本详细路径跟踪情况。虽然这种跟踪证明对调试系统非常有用，但由于信息量太大，并且不管用户的层次和真正所关心的问题，事无巨细的提交程序执行的所有细节，因此大部分用户并不对此有多大的兴趣。此领域专家会商来确定有用的信息并用以设计总结性解释是用户更乐意去做的。

4) 产生式规则的收集

对某一涡旋的运动，所有适合的产生式规则存放在一起并形成一条解释。通过对每一个涡旋，在每个时间步上用下述模型定义，确定出规则-启动-记录模型中的一条事实。

（deftemplate   rule—fire—record

（field ringtype

（allowed-symbols   wcr ccr））

    (field refno

        (type INTEGER))

（field time

        (type INTEGER))

(muttifield rules-fired

        (type SYMBOL))

其中的涡环类型（ringtype），涡旋标志（refno）和时间标志（time）唯一地确定每次的规则-激活-记录过程。规则-激活字段（rule-fired）存放预报规则的字符名串。每次规则被激活时，解释模型中的事实给每一个变量赋值。

模型中事实的第二次设定，用于记录起用的每一规则的示例。用于"解释值"的模型定义为：

(deftemplate values-for-explanation

(field rule-name

(type YMBOL))

(field ringtype

（allowed-symbols wcr ccr）)

(field refno

(type INTEGER))

(field time

(type INTEGER))

(muttifield Var-Val

(type SYMBOL))

5) 解释结构及表示

当用户请求对某一涡旋给出解释时，一系列的解释元规则被用以构建对该涡旋运动预报的解释。用户有两种请求：规则路径追踪解释或总结解释。用户提出请求时，在每一时间步长针对涡旋解释的事实结果就确定下来。涡旋解释（explain-eddy）事实模板为：

（explain-eddy　　ccr|wcr<ref-no><time>summary |rule-trace）

这一事实的存在引起规则被激活和调用。每一条激活的解释规则与规则-激活-记录中的激活-规则槽（slot）相匹配，并对解释模板赋值。对每一规则有两条元规则（meta rule）。一条是在规则路径跟踪请求时使用的，是规则的自然语言翻译；它对用于规则示例中的所有变量赋值。第二条是当请求总结解释时使用的。它给出对规则执行的更简短的总结。当一条解释元规则激活时，该规则即被翻译成自然语言并送到用户界面介绍给用户。

(3) 专家系统的软件

美海军研究试验室的专家系统是基于中尺度特征的信息规则库，实现中尺度运动状态的预报。这些规则是从大量海洋资料库中提炼而成的，其中还包括一个简单的湾流向下游的波状大弯曲传播运动模式。

系统运行时通过一系列卫星红外图像，"工作存储器"（即存储当前和变化的资料的数据库）存储所有的系统已知的中尺度事件的现状。系统开始运行时，工作存储器对从用户提供的第一张图像上得到的信息进行初始化，在系统运行期间，工作存储器获得系统已知的一个暖涡（WCR）和冷涡（CCR）输入数据。有关湾流的信息被单独处理。每一个输入数据既包括一些涡和历史信息，也包括这些涡当前的状况（如位置、尺度、移动速度和方向以及其它物理特征）。

完成一次循环后，系统对全部涡旋的变化，给出基于规则的估计值，选择和激活的规则也是基于规则的计算的结果，在工作存储器还匹配要素，决定哪一个或哪些规则能激活，用冲突解决法选择一条规则去激活下一条，然后执行相关的计算步骤。根据工作存储器中有关某一涡旋的当前数据，计算出所有涡环的位置、大小、移动等变化的系统估值。

对专家系统软件新的改进一是增加了解释功能，使专家系统的推理过程更透明、合理、可信；其次是提高了规则中对涡旋移动的几何运算精度，以及对湾流的移动描述更加准确。

除了对运动方程的改善外，还利用经验正交函数（EOF）展开表示湾流的形状，仅用 20 个系数即可达到精确的描述。另外，在系统中利用神经网络模型处理湾流的移动。

(4) 专家系统使用的计算机语言

NRL 的海洋学专家系统采用 CPS83、C、Prolog 和 FORTRAN 语言汇合编程。逻辑设计语言 Prolog 也是美军战术环境保障系统（TESS）中采用的标准化人工智能语言。另外为美国航空航天局 Johnson 空间中心专门研制的专家系统工具 CLIPS 支持基于规则、基于对象和程序设计语言，能够嵌入程序代码，作为子程序调用，以及与 C、FORTRAN 和 ADA 语言混编结合使用。因此，CLIPS 得到越来越广泛的应用。

6.3　海洋(大气)环境数值研究中的基本原理问题

6.3.1　海洋（大气）环境数值研究中的基本问题

6.3.1.1　模式的设计

1. 数学模式与数值模式

形成于 19 世纪的海洋动力学理论和 20 世纪初的大气动力学理论，提供了用数学手段研究海洋和大气运动规律的有力工具。海洋和大气演变规律可以变成一个数学物理问题来求解。计算机的飞速发展以及计算数学，特别是计算流体力学的发展[20~22]，推动人类实现借助计算机模拟预报海洋或大气地球物理流体变化的设想。

海洋（大气）环境数值预报是极具挑战性的研究。首先，定量描述包含各种尺度运动及与其相关联的海洋或大气——建立支配方程组，即数学模式，是一个极为复杂的问题；而对数学模式取数值近似，即建立数值模式，同样是一件十分复杂和困难的工作。前一个问题依靠人们对地球物理流体现象的深入了解和描述能力的改善，后一个问题则牵涉到模式的设计问题。即如何建立一个能描述海洋（大气）发展、演变的数值模式，以及与模式相协调的包括初始化分析同化系统。

2. 模式设计[13]

模式设计的思想最早是由 Charney 提出来的。他于 1948 年利用尺度分析方法建立了简化的模式[23]。后来 Lorenz（1960）、Arakawa（1960）和我国的曾庆存院士（1965）、廖洞贤（1965）等相继进行了深入的研究，使其不断加以发展。

数值模式设计是指利用描述海洋或大气运动和性质的原始基本方程组，根据具体物理问题的实际情况，针对数值预报或数值模拟的目的进行简化和离散处理，使之成为便于计算、应用的数学模型和数值模型的过程。

3. 模式设计原则

为实现模式设计的目的，应遵循的基本原则是：

(1)通过量级比较和物理过程相对重要性分析，模式中应保留有可能达到模拟或预报目的有关物理因子和物理机制；

(2)模式的整体性质合理；

(3)计算稳定、精确；

(4)模式各部分协调；

(5)有合适的网格和分辨率;

(6)选择合理的计算域。

6.3.1.2 数值计算问题[20,21,24]

描述海洋或大气这类地球物理流体运动的方程，一般情况下为非线性守恒方程组，不能用解析方法求解，因此，数值计算方法研究是解决问题的关键。通过用差分或其他方法把非线性偏微分方程转化为仅包含简单加减乘除等代数运算的方程组，编成计算机程序由计算机完成这些代数运算，就是构造计算方法的目的所在。

海洋和大气数值模拟或预报的计算，是在物理数学模式的基础上，利用构造流体力学计算方法的基本原理，例如有限差分方法、有限元方法、谱方法、非线性守恒系统等的计算方法，边界处理以及时间积分方法等，构造出满足稳定性、精度、收敛性和守恒性的数值模式。

数值方法的构造步骤如下：

1. 构造网络系统

数值解是对空间上一组有限的离散点——网格点求解。设网格点 j（$j=1$，2，3，…J），坐标为 x_j，（假设 $x_j < x_{j+1}$）。网格尺寸（也称空间步长）$h_j = x_{j+1} - x_j$，h_j 与 j 无关时，称为均匀网格；如果 $\dfrac{h_{j+1}}{h_j} = r < 1$，为几何加密；$h_{j+1} = h_j - r$ 为代数加密（r 为常数）。

2. 构造时间步长

时间步长 k_j 一般依据于空间步长。为保持数值模拟的计算稳定性，无量纲参数

$$CFL = \left| \lambda_j(\max) \right| \frac{k_j}{h_j} \leq 1$$ 必须成立。这里 $\lambda_j(\max)$ 代表波的最大传播速度。根据稳定性条件选取

CFL 值后，由 $k_j = CFL h_j / \lambda_j(\max)$ 计算时间步长，通常取 $k = \min(k_j)$。

在时间步长 n（$t_j^n = t_0 + nk_j$），网格点 j 上的数值解定义为 $u_j^n \approx u(t_j^n, x_j)$。有时因需要也定义在格心处。

3. 数值格式的构造

用有限差分，有限元或其它方法代替偏微分，即获取所需的数值格式，给定初值 u_j^o 以后，通过时间迭代，由时间步 n 的数值解求下一时刻时间步 $n+1$ 的数值解。

有限差分方法是求解偏微分方程的最经典、最普遍的方法，在数值天气预报和海洋数值模拟、预报中得到最广泛的应用。构造有限差分数值模式方程的基本步骤是：

(1) 将二维方程问题的计算空间利用网格构造法划分四边形、六边形网格单元。

(2) 将描述海洋或大气的基本偏微分方程组写成计算坐标系的形式（如球坐标系，σ-坐标系、η-坐标系等），对其中的每项系数均通过参数展开方法，构造差分。

(3) 用有限差分代替偏微分方程中的偏微分，即得到有限差分形式的数值模式方程。

此外，谱方程在大气和海洋数值研究中也得到广泛的应用。其基本思想是对变量用球谐

函数为基数做谱展开（对海洋谱模式是在垂直方向上做谱展开，对大气则主要是对水平方向变量做谱展开）。目前数值天气预报模式已经提出全球三维谱模式，并取得了令人鼓舞的进展。

6.3.2　数值天气预报研究[25~29]

英国数学家 L.F.Richardson 在其 1922 年出版的《天气预报中的数值方法》一书中，提出了通过求解大气的数值模式来预报大气行为的具体典型思想，即"用计算机预报天气"这一"人类梦想"。在 20 世纪 40 年代中期，John Von Neumann 在美国普林斯顿高级研究所研制出一台主要用于天气预报的电子计算机——也是世界上第一台计算机——ENIAC 型电子计算机。1950 年，John Von Neumann 和 Charney 等人发表了第一批数值预报的成果。1954 年，瑞典军事气象局与国际气象研究所合作使用大气正压模式，第一个实现了业务化数值预报。其后，更多的国家积极开展了数值天气预报的研究，并建立了各种不同的预报模式。有代表性的研究工作有利用简化大气方程组的数值积分——正压原始方程模式模拟大气环流的数值研究，20 世纪 70 年代，开发了斜压原始方程模式并投入业务化使用。近 20 年来数值天气预报研究的重大进展主要有：

(1)预报范围广，时效长，设计了高分辨率的全球谱模式或多重套网格模式。早在 1979 年 8 月欧洲中期天气预报中心就开始发布 1~10 天的数值天气预报。我国也于 1982 年起开始发布数值天气预报。

(2)大气中各种物理过程的描述更加细致。例如：对积云参数化、行星边界层、地形、辐射及海气相互作用关系等的处理更加合理、全面。

(3)数值计算方法和客观分析方法不断改进和提高。多种守恒差分格式统计，如隐式和显示完全平方守恒格式；对大气科学中的非线性问题以及分支、突变等理论的深入研究，对制约大气过程的物理因子和物理机制更加深入的认识；对模式的核心，尺度分析，相对重要性等问题更加科学准确的分析，尤其在模式的整体性质设计，时间积分方案、网格设计，数据同化处理技术等均取得了显著的突破。数值预报业务中实现资料处理分析的全部自动化。

(4)预报准确率大大提高，数值预报产品更加丰富，特别是长期数值预报和气候模拟研究也取得很大的进展。

6.3.3　物理海洋数值建模与数值模拟研究

6.3.3.1　海洋环流数值模拟研究[30~32]

1. 研究意义

在海洋流体动力学数值模拟或预报研究中，海洋环流问题是一个最基本，也是最重要的问题之一。虽然大洋环流的模拟与大气环流模拟有许多相似的之处，如数学模式包含的物理过程，基本运动方程形式以及数值方法都很相似。但海洋环流问题研究有其独有的特点：首先，海洋主要受海表热力学和动力学强迫，并且海盆的几何形状非常复杂。这形成了海洋环流问题的特殊性：海洋的平均状态复杂，边界层问题远比大气复杂而重要，洋流的边界条件也难以确定和进行参数化。其次，海洋中的中尺度涡旋不仅携带着海洋的大部分动能，而且其运动尺度向极地的热量传输中起重要的作用。此外，海洋中尺度涡旋与大气中天气尺度的涡旋——气旋和反气旋相比，空间尺度变小一个量级（为 10^2km），但时间尺度大 1~2 个量级（约 10^2d）。因此，要在海洋环流模式中显式地分辨它们，其模式分辨率须比大气环流模式高 20 倍。不仅如此，由于海洋环流的观测资料的稀缺（比大气资料数量要小一个量级），带给海洋模拟和验证更大的困难，这也使得借助数值模式模拟海洋的气候状态变得更加重要。

2. 大洋环流问题的数学模式与数值模式

支配海洋运动的基本方程组包括动量方程、连续（质量守恒）方程、热力学（能量守恒）方程、盐分式，其它海洋痕量的守恒方程，以及联系各热力学变量（温度、盐度、密度和压强）的状态方程。这些原始方程组即构成海洋模拟研究的初始数学模式方程。根据研究对象物理过程特征不同，通常采用尺度分析方法和一些特殊但是合理的近似处理方法，如静力近似，Boussinesq 近似以及浅水近似或深水近似等方法，从一般运动方程组中求得描述某种具体空间和时间尺度运动的近似方程组，再给定边界条件和初始条件（有些情况下还需要给出小尺度湍流混合过程的参数化方程），便构成了完整的海洋模拟研究的数学物理模型。

海洋数学模式的离散化，即数值模拟的设计问题非常复杂，前面所讨论的模式计算的一般问题，即使对一个简单的环流模型，也需要一个精心的设计过程和反复实验，往往才能最终得到满意的结果。对复杂的全球大洋环流数值模拟更是如此。

美国地球物理流体动力学实验室（GFDL）的海洋环流模式，采用 Bryan—Cox 海洋初始方程组，GFDL 模式的格点元分布，采用 Arakawa B 跳点格式，包括 T 格点元和 U 格点元。每个 T 格点元有一个 T 格点，是痕量（T，S）位置，每个 U 格点元中有一 U 格点，为水平速度分量（U，V）的位置。数值模式方程组采用正压模态速度和斜压模态速度分离求解的方法，先求解斜压模态速度方程，温度、盐度等痕量方程，再求解正压模态速度。解出斜压和正压速度后，合成即得到环流全速度。

6.3.3.2　海洋环流模拟研究的发展展望

1. 模式与方程方面

由于在数值模式中，时间步长一般与可接受的波速或洋流速度成反比，高频率波的存在只能减少时间步长，而使模式的积分计算量增大。进一步的物理近似，恰当而简洁地描述海洋运动遵循的基本规则，对提高计算效率和物理过程的模拟解释都有较大的帮助。现有简化方程的方法中，一是通过尺度分析简化运动方程，使形式与所感觉兴趣的现象一致，然后消去高阶项。另外一种方法就是减少（不是完全去掉）完全运动方程的某些项，如声波和重力波相应的项，从而减少高频现象所施加的时间步长限制。从大洋环流模式中消除各种高频波现象不仅是数值模式计算的需要，在物理上也有合理的。因为在大多数海洋状况下，高频波分量与低频波海洋运动的联系不大。

2. 涡旋研究

如果略去中尺度涡旋方程，模式的计算效率将大大提高，但这在物理上却并不合理。海洋运动中中尺度包含的能量占优势，涡旋与时间平均大尺度海洋环流了之间的耦合是相当强的。涡旋对海洋环流系统的结构和强度都有巨大的贡献，显式地并且合理地分辨涡旋，水平格距需达到 10km，相应带来巨大的计算量，目前计算能力尚无法承受。隐式合理地涡旋参数化方案，是目前研究的主要方向。相关的关键技术性问题有：涡旋如何驱动深海平均流，如何影响海洋内部的平均位涡场，在大陆边缘连接处和其他陡峭地形处如何影响系统的应力等。

3. 数值计算方面：

并行计算技术对全球海洋模拟计算能力的改善非常显著。Semtuer 和 Chervin（1988,1992）

发展的 GFDL 模式并行计算版本，首次实现了可分辨涡旋(0.5°×0.5°)的三维斜压全球海洋模拟，积分时长 10 年[33, 34]，目前研制的对全球海洋环流模拟最先进、最有前途的算法有：谱方法，谱—有限元方法，谱的多重格点方法等高阶近似方法；适应和合成网格方法(Spall 和 Holland，1991)[35]以及更精确的数值平流算法（Rood，1987）[36]。

4. 海洋模式与资料的结合问题

目前资料同化技术已在气象和海洋数值模拟研究中普遍应用[37]。另一种有价值的方法是通过优化或反演，把海洋模式分析和观测结合起来，从动力学拟合出发的伴随方法被认为是最优化的数据同化方法之一。自从 Thacker[38]引入海洋学研究后，许多研究者开展了伴随同化方法在海洋动力学和热力学方面的应用研究。该方法在模型与观测树立拟合方面有广泛的应用前景。

6.3.4 海洋水声环境模拟研究

6.3.4.1 概述

海洋水声环境数值研究是利用计算机仿真和数值计算技术研究海洋环境声场特性以及各种声学模型的数值解特性。由于海洋环境的复杂变异性，同大气或海洋模型解类似，完善的海洋声学模型的解析解难以求得，借助计算机技术进行数值模拟研究，不仅是一条有效的技术途径，也被证明是提高海洋声学预报能力和声纳战术技术性能的非常重要的技术途径。本节简要介绍由美国海军声呐模拟研究部门发展的水声学模型的技术发展概况[39]，着重讨论声传播损失、噪声、主动声呐／混响三种类型的声学模型的基本特点及其应用范围；并对有关模型的有效性问题加以评价。

二战时期潜艇战的需求，使水声学研究广泛地得到发展。20 世纪 60 年代以来，建立数学模型来分析海上测量收集的数据，成为研究的重点发展方向之一。这些模型为其后的声学环境预报打下了基础。另外，为改进海上试验方案和最佳化声呐系统的设计使用，也促进了海洋声学数值研究工作的开展。随着现代大容量、高速计算机的应用和计算数学方法理论上的改进，以及对模型有效性所需要的、具有合适分辨能力的环境声学数据库的建立，极大地推动了声学领域的研究发展。

海洋环境声学模型内容广泛，常用的模型包括：声速、吸收系数、海面反射损失、海底反射损失、海面后向散射强度、海底反向散射强度、体积散射强度、环境噪声和表面声道传播损失。本节只限于声学理论数学模型中声传播损失、噪声、主动声呐／混响三种类型的声学模型的简单评述。其中传播损失模型是环境噪声模型和主动声呐／混响模型最基本的组成部分。传播损失模型、噪声模型、混响模型和环境模型是主动声呐模型的重要组成部分。

6.3.4.2 传播损失模型

对于大多数应用来说，声传播波动方程可用线性、双曲线型二阶偏微分方程描述：

$$\nabla^2 \varphi = \frac{1}{c^2} \frac{\partial^2 \varphi}{\partial t^2}$$

式中∇^2为拉普拉斯算子；φ为场变量；c为声速；t为时间。

方程在定常解条件下转换为椭圆方程（亥姆霍兹波动方程）。亥霍姆兹方程的近似解取决于对声传播所作的特定几何条件假设，并与 φ 所选取的解的类型有关。

传播损失模型可以简化为两种主要类型，即射线模型和波动模型。射线模型适用与较宽的频带范围内，并具有计算速度快和编程容易的优点。例如，中国科学院张仁和院士提出和发展的广义简正波理论具有较高的声场解算能力。波动模型通常比射线模型更为精确，只是运算时间更长；此外，波动模型通常限制在频率约为 300Hz 以下使用。因此，波动模型常常用来进行理论问题的研究而射线模型在实际应用中更为密切。

射线模型和波动模型又可以进一步细分为与距离无关和与距离有关的两类。既模型对环境为柱对称的（即水平分层海洋）和海洋介质的一些性质随接受器距离而变化。这种随距离变化的特性通常包括声速和水深等参数。

射线模型和波动模型基本的理论方法包括：

射线模型——修正的射线理论、多途扩展技术；

波动模型——简正波解、快速声场预报理论和抛物线近似法。

6.3.4.3　射线模型

1. 修正的射线理论

在假定振幅位置的变化比相位变化缓慢的情况下（这种假定限于高频段上适用），亥姆霍兹方程的解可以分离为振幅和相位两个部分。经过合适的频率修正和焦散面的正确估计，这种理论可以扩展到低频段。推广方法包括：在环境参数保持不变的离散的距离区段内绘出声线；把距离—深度平面划分成三角区域；或者允许环境参数作为距离的函数而平缓地变化。

2. 多途扩展技术

多途扩展技术是采用积分的无穷集合，把波动方程的声场积分表达式展开。这些积分表达式中的每一项都与一条特定的声线相联系。这种方法被称为 WKB 法。广义的 WKB 法已用来对从简正波解中推导出来的、同深度有关的方程求解。每一号简正波可以用相应的声线来描述。张仁和院士（1990，1994）提出的 WKBZ 绝热简正波模式，考虑了海面相移修正和海底的影响，对计算水平缓变声道中的声场快捷、精确[40，41]。

6.3.4.4　波动模型

波动模型按照离散的简正波集合对声场积分表达式展开，或者对波动方程进行数学积分。

1. 简正波解

假定亥姆霍兹方程的解是与深度有关的格林函数同与距离有关的贝塞尔函数的乘积。与深度有关的函数是由波导(或离散)型和连续型简正波组成。利用柯西留数定理，离散型简正波相当于留数之和；而连续型简正波由割线支路积分而得出（Gordon，D.F.，1979 ）。

2. 快速声场预报

快速声场预报理论按照简正波近似方法来分离波动方程参数。这种方法要求在模型的每一层内声速随深度的变化是指数规律。建立在快速声场预报理论基础上的这个模型，对环境参数随距离变化的情况不适用。

3. 抛物线近似法

在假设声线轨迹近似于水平的条件下，抛物线近似方法是用抛物线方程来代替简化的椭圆波动方程。抛物线方程的解通常用分步算法(Split—Step)得出。一些方法部分地对抛物线近似作修正。抛物线近似计算上的优点在于，抛物线的微分方程事实上可以在距离这一维坐标上进行求解；从另一方面来说，简化的椭圆波动方程在距离—深度同时存在的区域内，就必须采用数值解。然而，由于事实上在开始一段距离内必须用其他方法来计算，所以抛物线近似方法实现起来比较复杂。这里论及的使用抛物线近似的所有模型，对环境参数同距离有关的情况都能适用。

在传播损失模拟的领域内，更迫切需要解决的问题之一是海底的影响。进行海底反射和折射模拟，目前流行的方法倾向于对海底作地球物理的描述。

6.3.4.5　噪声模型

噪声模拟可以分为既独立又紧密相关的类型，即环境噪声模型和有向噪声(Beam-noise)统计模型。环境噪声模型用来预测由接收器收到环境噪声的平均声级。这时的噪声源包括：海面天气、生物，以及海上航运等活动。有向噪声统计模型预报低频航运噪声特性。有向噪声是接收水听器波束图案与来自各个不同噪声源的噪声强度之和的卷积。分析模型直接从各组成部分(即声源级、传播损失)来计算统计特性。

根据对噪声源、传播损失以及接收器的响应所作的处理，噪声模型还可以作进一步的区分。噪声源既可作为有分布密度的变量，又可以看作一个离散的噪声源来处理。在噪声模型内计算所需用的传播衰减可以取自其他模型预报所得的值，或者取自由现场数据测量所得的值。此外，还必须规定所取的传播衰减是按距离取平均的，或是对所规定的噪声源的所有各点之间都应该相一致。

6.3.4.6　主动声呐／混合模型

主动声呐模型是由环境模型、传播损失模型、噪声模型和混响模型等组成，此外，主动声呐模型还包括回声级模型和信号处理模型。

混响模型通常预报三种不同类型的混响(即体积混响、表面混响、海底混响)，它们随散射体所处的位置而定。体积散射可以作为一个深度分层的函数来处理，或者用一个空间集总强度(An Integrated Column Strength)来描述。在海洋中，体积混响的主要成因是由于存在游动的生物散射体。混响模型的处理包括：声源与接收器的几何关系；后向散射公式；计算混响声线路径的方法；所考察的这些混响声线路径数目，基于时间上或距离上对声照射区的划分方式；Doppler 增益；以及功率谱的计算等等。

主动声呐／混响模型，采用专门的射线模型来预报传播损失。为促进标准化的设计，美国海军成立了声学模型鉴定委员会(ANEC)，专门设立管理机构，并制订对传播损失、噪声和混响等声学模型进行评价的鉴定程序。专门鉴定的指标包括：模型准确度、运行时间、存储容量、执行程序的复杂性、易于实现性、易于实现少量程序修改，以及适宜的辅助资料等。

6.3.4.7　模型的验证与基本资料储备

声学模型鉴定在评价声学模型技术中是十分重要的。模型输出结果的比较需要有足够空间和时间分辨率的声学环境数据。因此，建立海洋声场环境数据库意义重大。美国长期以来高度注重资料库的建设，美国国家海洋和大气局(NOAA)及其下属的海军资料中心(NODC)搜集、积累了大量宝贵的海洋环境数据资料。计算机联机检索可以检出多达四十多个描述水下声学资料的文件。表 6-1 、表 6-2 分别给出了美国基本资料库的情况。

作为声学模型基础的资料分为三个资料库：

1. 原始资料库

表 6-1 列举了 11 种原始资料库，以及基本参数的概述。

2. 修正的资料库

这种资料库（表 6-2）以原始资料库为基础，经过平滑化和内插，从而满足简练和易于使用的要求。

表 6-1 原始资料库概况

资料库和保管人	资料库特性
美国国家海洋资料中心（NODC）资料档案 [美国国家海洋和大气局(NOAA)，美国国家海洋资料中心]	·温度 ·盐度 ·表面流 ·海洋化学参量 ·海洋大气参量
美国国家地球物理和太阳-地球资料中心（NGSDC）海洋和地球物理档案（美国国家海洋和大气局，全国地球学会中心（NGSC））	·机械磁测量要素 ·海洋磁测量（密度、电流、频率）（总强度、单一频率）·粗视岩芯种类、海洋地球样品标志和晶粒尺寸验定 ·数字水道测量 ·海洋重力 ·地震剖面 ·海洋深海测量法
美国全国气候中心(NCC)海详气候资料档案(美国国家海洋和大气局，美国全国气候中心)	·风 ·能见度 ·气压力 ·大气温度 ·当场温度 ·海面温度 ·总云量 ·波浪 ·现在天气 ·低云量
美国海军海洋局(NAVOCEANO)资料挡案（美国海军海洋局）	·温度、盐度、声速 ·表面波 ·表面流 ·海冰· ·等深剖面 ·地震剖面 ·波浪 ·随机深海测量法 （12 kHz、3.5 kHz） ·地磁 ·重力 ·沉积物样品 ·岩芯样品 ·海底损失，传播损失· ·体积混响 ·环境噪声
美国海军海洋环境声学资料库（NA-VDAB）[美国海军军械系统司令部（NOSC）]	· 声传播损失 ·散射和混响 · 环境噪声
美国国防部深海测量资料丛刊[美国军事应用局水道测量/地形测量中心]（DMA HYDROGRAPHIC/TOPOGR APHIC CHNATER）	·探测 ·深海散射层深度
斯克里普斯学院海洋沉积资料库（斯克里普斯学院）	·测量点文件 ·沉积物分析文件 ·沉积物种类文件 ·锰结核分析文件 ·海底摄影文件 ·声源标准文件
PME-24 声学资料档案[美国海军电子系统司令部（NAVELEX）]	· 海洋环境声学数据
体积散射强度资料库[美国海军军械协会（NORDA）]	·体积散射强度
远程声传播方案（LRAPP）资料库（美国海军军械协会）	·采水测温数据 ·声速剖面 ·测深法 · 航船密度 · 环境噪声 ·流速廓线

舰队数值天气中心资料档案［美国舰队数值天气中心（FNWC）］

——海洋气象资料——

·海面船观测　·海上船存储资料　·海面气压　·降雨量　·表面海风　·海面气温

·显热和蒸发热通量　·太阳辐射　·云总热通量

——海洋学资料——

·数字投弃式温深计　·数字机械海水深度计　·温度记录仪(MBT)　·采水测温

·海流输送·海面温度·海流流线函数　·主波(P波)周期及方向　·次波周期及方向

·有效波高　·波谱能量　·跃层深度　·白浪

·深度为100，200，300，400，600，800，1000，和1200ft（1ft=0.3048m）时的水温

·温跃层梯度　·潜在温合层深度　·日射、反射、辐射　·海面温度异常

·温跃层项部的温度·海洋锋面　·潜热和显热　·在跃层深度之下100和200ft处的温度·总热交换器·在200ft范围内，表层和1200ft之间的厚层和温差·在跃层深度上下100ft的梯度

·波向、周期和高度　·涌浪方向、周期和高度　·综合海高度、方向和周期

表 6-2　修正资料库概况

资料库和保管人	资料库特性
综合指令反潜战预报系统（ICAPS）水团史档案（美国海军海洋局）	·温度、盐度和声速剖面·水深和海底区域
美国海军水下系统中心资料库档案用于声呐原始模型估计系统（SIMAS）和最佳模型选择（OMS）美国海军水下系统中心-新伦敦实验室（NUSC-NEW LONDONLAB）	·声速剖面·盐度·海底损失区·生物散射系统·风速·水深
合成深海剖面测量系数（SYNBAPS）（美国海军军械协会）	·深海探测和等深线
海洋自身（美国海军军械协会）	·声速·波高·测深法·航船密度
三维海洋学模型资料档案（美国海军海洋局）	·温度模型·盐度模型·声速剖面模型

6.4　战术环境保障系统（TESS）研究

高技术战争不仅是武器装备系统的对抗，战略战术加作战战术的对抗对战争同样起到非常重要的作用。战术环境保障是针对战术行动和武器系统作战效能发挥的具体保障。

6.4.1　战术环境保障系统（TESS）简介

6.4.1.1　战术环境保障的地位、作用

现代海战使用的先进作战平台和武器系统，对海洋和大气环境的影响更加敏感。因此，在其战术使用中，作战环境保障的地位和作用变得越来越重要。另一方面，未来海上高技术

局部战争中，作战兵力和武器系统的多元化、不同作战平台和武器传感器系统对环境参数的不同响应，使战术环境保障更加复杂化。在作战过程中，除了要求提供精确的水文、气象（包括电磁波、传播、光电参数等）数据外，还应同时提供海洋水文气象环境对各种战术行动和武器系统影响的环境评估和相应的辅助决策，这就需要对海洋环境数据(包括环境威胁评估)、海洋环境预报技术和传感器、武器系统、作战平台等的战术使用知识相互融合。显然，战术环境辅助决策或战术环境保障系统是作战指挥系统中的一个重要有机组成。现代海军作战理论和实践，已经显示着海洋水文气象保障工作，已从传统的作战后勤支援保障，提升到作战前端平台（C^3I 系统）的重要位置上。

美国海军从 20 世纪 60 年代起，在世界各大洋和海域上进行了广泛、系统的作战平台、传感器和武器系统的环境影响试验，并根据试验数据建立环境评估模块，通过先进的计算机集成技术，将各种海洋、气象环境监测、观测数据（气候的、实时的）、海洋（气象）环境预报技术和各种环境影响评估模式，环境决策模型，环境战术应用产品等，集成为战术环境保障系统（TESS, Tactical environmental Supporting Systems），供区域海军海洋指挥中心、海岸基地、水面舰艇、航空母舰、两栖作战舰等作战指挥中心使用。

6.4.1.2　美国海军战术环境保障系统的发展

战术环境保障系统的发展，根源于美国海军早期在 PC 机上开发研制的一套系统，即综合折射影响观测系统（Intergraded Refractive Effects Prediction System, IREPS）。IREPS 系统于 1979 年由海军海洋系统中心投入战场使用，主要用于观测、评估大气环境对雷达和远程通信的影响。IREPS 是在当时最先进的 HP－9845A 台式计算机上运行，运行时间仅为几分钟。于是，为充分利用计算机资源，海军科研人员经过进一步开发，研制出一些可自动处理各类任务或具备进行现场参数观测功能的软件程序，加入到 IREPS 系统中。但是，随着这类环境观测评估项目数量和复杂程度的不断增加，以及在分析评估环境卫星图像方面经验的不断积累，越来越需要建立一个功能强大的高效计算机平台系统，以提供有助于同化处理海量数据的工作站环境。1984 年美国海军海洋学基金会在华盛顿召开会议，支持海军海洋学机构研制战术环境保障系统（TESS）的努力。TESS 第一代产品于 1985 年研制成功并上机运行，但该系统没有电子数据接口。第二代 TESS 系统增加了附加任务请求接口，以及通过无线电传和 SMQ－6 卫星接收器，获得观测和警报数据的电子接口。随后几年中，TESS 系统的功能不断增强，1991 年第三代战术环境保障系统——TESS（3）正式投入运行使用。

6.4.2　美国第三代战术环境保障系统主要功能模块[42]

美国海军 TESS（3）系统为菜单式驱动，支持事件响应。界面友好，使用简便。菜单有预报、观测、卫星数据、应用数据管理、系统管理等主要选项。菜单主要功能包括：

6.4.2.1　"预报"菜单

操作者通过预报功能选项菜单，执行查阅观测数据、格点区域信息、卫星云图以及浏览和显示预处理好的图像。所有这些不同种类的数据、图表还可以迭加显示。所有观测数据能够标注在选定的底图上。无线电探空资料可在 $T－\log P$ 曲线图上自动标绘，海洋温深探测仪（BT）资料以及气象资料，可以在底图上标绘，也可以通过专门软件进行剖面图分析处理。预报系统还能够画出格点区域的信息轮廓，并迭加在选择的卫星云图上。注释后的云图可用于锋面分析或对某些天气特征的重点分析。此外，预报菜单中还具有编辑各种天气符号、云种符号以及注释文本的功能。该系统还具有放大和漫游功能。使用增强显示的卫星图像时，即可通过调用已储存的增强云图，也可建立新的增强显示图像并保存。

预报系统的另一功能，是操作者可在两张显示图之间任意切换，以便比较出运动的变化或两个通道中卫星掠过时的图像差异。此外，预报系统可对多达 20 幅的卫星图像进行动态编辑，用于现场或背景解释。

6.4.2.2 "观测"菜单

TESS（3）能够对观测数据的编报自动解码。当因通信传输或观测编报出现可疑错码时，系统会将主要错码放入编辑文档。观测系统允许操作者进行检验、修正和重新入库操作。此外，系统中的书写板类似一个物理监视器，用于观察数据流中的未解密数据信息。这些信息包括：定期收到的观测次数；功能执行次数、数据查询请求次数、收到的网格域数，以及观测系统中的卫星资料信息。数据管理系统能够对各种各样的非动态数据库信息，如观测站标识代码数据和预设等值线表格等进行更新。

6.4.2.3 "卫星数据处理"菜单

卫星接收器按照接收时间表，自动接收卫星信号。极轨卫星通过的时间，可提前 24h 设定好，并据此设定接收器工作时间。利用卫星接收时间表，方便了接收过程中对卫星数据的浏览。当快速浏览功能被设定后，传感器的某一光谱频道被选定用以浏览。开始接收后，卫星数据是以图像的形式显示在图形监视器上。这一功能可以保证接收到高质量的卫星图像数据。

6.4.2.4 "应用"菜单

应用部分是 TESS（3）的核心和主要功能菜单。美国海军的作战环境保障，是在分级保障的基础上，首先发展战场区域尺度与战术辅助决策相结合的保障形式。TESS（3）的应用部分，嵌套了与海军作战平台（飞机、舰船、潜艇）和武器系统（无线电台、雷达、激光探测器、红外探测器、声纳巡航导弹、鱼雷和电子干扰器等）的环境应用相关的广泛应用软件，形成了强有力的环境辅助决策保障系统。主要分为环境分析、观测、评估应用模块和战术环境辅助决策模块两大部分。

环境分析、预报应用方面的软件产品主要有：热力学海洋预报系统（TOPS）、半自动海洋中尺度分析系统（SAMAS1.2）、三维海洋热结构（TOTS）、热带风暴分析预报系统（TSAPS）、风暴袭击路径最优概率模型（OASP）等。

战术辅助决策方面的应用软件包括：

(1) 最佳航线选择（OTSR）分析软件[43]——该系统根据海上风暴路径、大风等危险天气范围，海况以及舰船情况给出最佳航线选择，即气象定线。

(2) 舰艇反应战术决策辅助（SRTDA）系统[44]——该系统能根据定时海洋环境数据，及时预测出舰艇可能的反应和舰艇反应对舰载系统的影响。通过该系统，舰艇指挥员可以选择允许舰载系统充分发挥其作战性能的最佳航向和航速。

(3) 环境攻击计划辅助系统（ESPA）[6]——该系统提供海军航空兵力使用精确制导武器，对海（地）面目标实施精确打击时的海洋气象环境保障。ESPA 中包括光电辅助决策系统（EOTDA）和综合折射影响预测系统（IREPS）。

(4) 弹道风修正计划和软件——主要用于支援 5~6 in（1 in=25.4mm）舰炮射击的弹道风和密度修正因素的计算。

(5) 综合折射影响预测系统（IREPS）[6]——该系统用于预测、评估电磁波在大气环境中的传播状况，并用于制作电子支援措施（ESM）、雷达、通信等电磁波系统的电磁波有效覆盖图，评估受敌导弹或空中武器的威胁程度（易受攻击性）以及评估电子系统的探测能力。

（6）无源电子干扰（箔条）预测和计划系统（CHAPPS）——无源电子干扰场（主要是人工布放的金属箔条）在空中移动轨迹及其在水平及垂直方向的扩散，对于战术决策有极其重要的指示意义。CHAPPS 系统能够确定以何种方式投放何种箔条，计算箔条干扰走廊的投放位置，预测箔条的质心轨迹、扩散、及其雷达反射截面以及对用于对付反舰导弹的快速扩散箔条弹的战术应用提供建设等。

（7）光电系统性能评估系统（PREOS）[4]——主要用于评估大气环境对舰载光电武器系统性能的评估。

（8）海军战术水声软件系统——由于水声技术在潜艇战和反潜战中的极其重要的地位，海洋声传播成为军事海洋学研究的重要内容。美海军早在 20 世纪 80 年代初期，就研制开发出一系列的预测、评估海洋中声传播及其战术水声应用软件，用于声速廓线、声传播损失、环境噪声、声道及声纳系统使用性能等全面的分析预报。

6.4.3 TESS（3）与各种数据源的链接

TESS（3）能够以自动方式向用户提供特制的环境信息产品。TESS（3）的威力在于，将系统强大的计算机能力与其它计算机系统实现自动接口能力。TESS（3）的直接数据接口包括：

（1）海军环境卫星接收/记录器 SMQ－11；

（2）民用和海军系统的环境电传电报；

（3）船用闭路的两个频道；

（4）标准化海军通信广播通道；

（5）进入卫星通信线路以获取格点区域数据的其它通道。

TESS（3）还和新开发的指挥、控制计算机网络，以及其它指挥控制系统或武器系统计算机实现直接相连。通过这些接口，使计算机终端的用户，可以直接进入系统并获得 TESS（3）中的环境信息。

TESS（3）系统由海军环境数据处理站（NEDPS）、舰队海洋学中心（FNOC）和海军海洋局共同支撑。这些地方拥有的全球数据的一部分，分别传送到西班牙的 Rota 基地，弗吉尼亚洲的诺福克（Norfolk）基地，夏威夷的珍珠港以及关岛基地。TESS（3）系统自动接收网格点的信息到其数据库中，取代了目前向船上提供的气象传真图资料。船上的应用程序，也能够获得传送过来的网格点上的信息。这些信息是由海军海洋学司令部的指挥官负责传送到 TESS（3）系统的。其主要的产品如表 6-3 所示。

表 6-3　FNOC 提供给 TESS（3）系统的部分信息

分析和预报产品（0~120h）	分析信息
标准大气层温度	海冰辐合、辐散区；海冰边界；
位势高度	云量；雾出现概率；锋面描述；
风向、风速	高空急流的位置；
露点温度	大洋中的声传播条件、涡旋和辐散区；
涌浪（高度、周期、和涌向）	海洋锋和海洋涡旋的位置、强度；
风浪（浪高、周期和浪向）	选定深度上的海洋热力场

TESS（3）从海军加密的无线电传电报广播和商业性质的无线电传电报广播，接收天气和航空观测数据。这些停息结合地区/指挥中心的数据，用来更新对当前大气和海洋状况的分析。原始的观测数据储存在 TESS（3）的数据库中，以备系统中的各类应用程序调用。

舰载海洋气象观测系统（SMOOS），通过安装在舰船上的各种传感器，探测现场环境信息。通过与 TESS（3）的接口，自动将数据传到 TESS（3）的数据库中。这些不同时间间隔的观测数据，同样会传输到舰船驾驶室等不同位置上的 SMOOS 系统以及显示屏上。舰上人员可以在工作岗位上，随时了解到诸如能见度、云高、海温、大气压力、气温、湿度、风向、风速等信息。

TESS（3）已经设计出一个供舰船上用的气候学数据库，以补充来自地区/指挥中心的网格区域信息。这一数据库分为地理、海洋和气象的三大类。数据包括各种环境参数的月均值和标准偏差值。表 6-4 列出了暂定的数据库目录。这些资料在制定作战计划时，用于环境数据的统计处理。

表 6-4　为 TESS（3）设计的气候数据库构成

地理库	数据来源	分辨率
数字化海岸线和政治分界线	CIA	5km
海洋测量数据	NAVO	5min
大洋海底地理特征	NAVO	5min
磁效应	DMA	2.5°
海洋学数据		
历史上的典型海温剖面图	NAVO	不同的
海洋锋的位置	NAVO	经纬度
涌向	FNOC	2.5°
涌的周期	FNOC	2.5°
涌的高度	FNOC	2.5°
风浪方向	FNOC	2.5°
风浪周期	FNOC	2.5°
风浪浪高	FNOC	2.5°
气象数据库		
海面风向风速	NOCD	2.5°
云量	NESDIS	500km
海雾概率	NOCD	2.5°
标准大气层上温度、位置高度以及风场	ECMF	2.5°

注：NAVO—海军海洋局，密西西比州，John.C.Stennis 空间中心
　　FNOC—舰队数值海洋中心，加里福尼亚州，蒙特立（Monterey）
　　NOCD—海军海洋司令部分部，北卡罗莱娜州，（国家气候中心）
　　ECMF—欧洲中期预报中心
　　CIA—中央情报局
　　DMA—国防部制图总局
　　NASA—国家航空航天局，哥达（Goddard）空间飞行中心，马里兰州，
　　Greenbelt

6.4.4　TESS 对卫星数据的定时获取能力

TESS 的一个显著特点是具有卫星数据实时接受和处理的能力。应用国家先进的卫星信

号接受和数据处理技术，TESS（3）通过数据接口，获得国防气象卫星计划（DMSP）和美国国家海洋和大气署所属的卫星上传回的数据。DMSP 卫星的数据率为 1.024MB/s，NOAA 卫星的数据率为 665.4kB/s。

TESS（3）的计算机能力，保证舰艇上的预报员能够非常快捷地对卫星图像进行增强显示、缩放、滚动以及动态演示。应用这些近实时的遥感信息，可以分析、提供当前环境状况的某些中尺度特征。

卫星上特殊传感器系统（如 DMSP 的微波图像传感器和温度探测器；NOAAD 的垂直探测器和高分辨率红外辐射探测仪），分别提供两类信息：微波亮温和大气温、湿廓线。这些探测传感器，对大气水平尺度结构的描述能力是过去所难以达到的。

国防气象卫星计划（DMSP）中的微波传感器设备从 1987 年开始提供风速、水汽、降水区域，降水强度、云中含水量以及冰的浓度百分比。对 TESS（3）中定时卫星数据处理功能的升级改进，还包括显示图象的点击分析功能。通过这一功能，可以显示点击处的云顶温度、云高、液态云中水汽含量以及水汽等。

6.4.5　TESS 的发展

自 TESS 系统建立后不断改进和升级，1991 年第三代系统研制投入使用后，又增加了一系列的应用程序软件数据接口，仅在投入使用后的一年时间里，对系统应用软件进行了大量的升级或开发研制，并已嵌入到 TESS 系统中。这些应用软件系统包括：

1. 大气湍流应用系统
2. 飞行计划环境系统辅助决策应用
3. 海雾预报（升级）系统
4. 卫星云图分析系统
5. 海水表面温度卫星合成分析应用系统
6. 海洋锋和涡旋的卫星遥感分析应用系统
7. 海洋表面风场的卫星遥感分析应用系统
8. 舰船积冰预报系统
9. 舰船响应分析预测系统
10. 单站分析与预报系统
11. 风暴潮预报系统
12. 战术环境舰艇航线选择应用系统
13. 热带气旋风场概率预报系统

当海上指挥官需要立即做出一项作战决策时，使用 TESS（3）这样基于大量数据和自动显示系统的环境工作站系统，已成为一种趋势。TESS（3）极大地推进了美国海军作战环境保障研究，代表未来海洋战场环境保障建设的发展方向。

特别需要指出的是，美军一直强调环境技术是国防发展的关键技术地位，认为海洋环境技术能够产生创新性的，具有重大杠杆性的作用。环境技术是美国 21 世纪最重要的作战能力需求之一。环境技术能力对执行反潜战、战略防御、战场监视、通信等任务时的高级武器系统选择、发展和作战使用至关重要。因此，美国对环境技术的发展投入，可谓不遗余力，并取得了多领域的重大突破，（相关内容见 6.5.1）。军事海洋学的基础和前沿性研究，特别是武器系统环境技术方面的重大攻关性研究成果，极大地推进了战术环境保障系统的更新发展，增强了其作战环境保障的威力。

6.4.6　加强我军战术环境保障系统的研究

6.4.6.1　必要性

立足于打赢未来高技术海上局部战争，必须建立和健全具有适应快速反应和战术作战能力的战场环境保障机制、保障方法。随着我军海洋和气象业务化建设工作的深入开展，战场环境预报保能力已有较大的提高。特别是在军事海洋数据库建设和海洋（气象）环境预报技术方面，都具备了相当的基础。但是，由于以下两方面的原因，我军战术环境保障建设工作整体发展水平不高，甚至远远滞后于新武器装备系统的发展。这主要是由于过去相当长一段时期，我军战场环境保障的指导思想偏重于舰船、飞机运载平台运行环境的安全保障，对武器系统环境特别是战术环境保障投入和研究明显不足。现代海军的作战平台和武器系统越来越先进，但高水平的武器装备仍然需要高水平的战术、战法。无论是武器系统软、硬件的有效操作使用，还是作战战术的最佳实施，海洋和大气环境因素不仅不可或缺，而且，作战战术环境因素变得愈发重要。另一方面，高技术战争对军事海洋（气象）保障提出了更高的要求，不仅要求能够提供更加快速、准确的环境要素的分析和预报产品，而且，要求提供相关的战术环境辅助决策产品和便于决策人员使用的环境衍生产品；不仅能够在陆基保障中心完成这些任务，还能够在舰船、飞机和潜艇等各种平台环境下，实现作战所需的战术环境产品保障。

加强我军战术环境保障系统的开发研制，是争取战场主动权、充分发挥高技术武器装备作战效能的重要环节。因此，也是海军海洋战场准备和战场建设的核心内容。

6.4.6.2　主要目标任务

我军战术海洋环境保障系统开发研制工作，应坚持面向 21 世纪海军科技强军和新装备发展，以满足打赢高技术海上局部战争对战术海洋环境的需求为目标。海军战术环境保障系统与海军主战武器系统同步或超前发展。为此，应充分利用国家"八五"、"九五"期间的海洋科学研究成果以及国家"十五"计划中对军事海洋学基础和应用研究的投入，特别是国家863 高技术发展计划中，实施国防专题科技研究发展计划的重大历史机遇，实现我军国防海洋学研究与应用的跨越性发展。

战术海洋环境保障系统的主要任务是：

充分利用海洋环境技术，主要是环境调查、观测、环境遥感技术、环境分析预报技术以及海洋作战辅助产品计算机生成技术，满足海军作战（战术）对海洋环境的全方位需求。这种需求体现在 C^3I 系统的各个环节以及武器系统从设计制造到作战使用的全过程中。战术海洋环境保障系统，能够实现战场监视与通信、武器系统的精确打击、海洋环境优势（空中、海上和水下）与控制、环境综合仿真对海洋环境特性的最佳匹配和利用，实现海洋环境的最佳战术效能。

6.4.6.3　关键技术与重大需求

实现海军战术海洋环境保障系统的主要任务，必须依据国家海洋高新技术的发展，特别是国家在海洋科学基础研究、基础工程与前沿研究的成果转化利用。其中，重点领域和关键技术性开发建设内容有：

1. 海洋环境主体实时监测系统

其中重点开发研制与海军作战活动环境密切相关的海洋动力环境和海洋声学环境监测仪器（包括浮标系统、潜标、高频地波雷达、海中监测雷达、海床基观测平台以及潜艇上专用CTD监测技术等），利用天基、空基遥感传感器（水色扫描仪、多光谱扫描仪、合成孔径雷达、微波辐射计、雷达高度计等）以及声波遥感器（多波速测探仪、多普勒海流计、成像声纳、合成孔径声纳等），进行数据采集和处理、加工，并通过数据接口直接进入海军海洋环境动态数据库，进入海军战术环境保障系统。

2. 海洋环境预报系统

重点研制开发海军作战需求最大的海流、海浪、海洋热结构、海洋中尺度现象（海洋涡旋、海洋锋）和海洋声场的高分辨率数值预报模式以及战略上需求的半球或全球海洋环境预报模式。

3. 战场海洋环境实时信息系统

重点开发研制利用卫星广播通信系统进行多媒体数据通信技术；面向用户、面向 Internet、具有实时信息三维显示、定时信息图文检索和具有用户开发应用环境的数据库系统。

4. 战术环境辅助产品软件系统

重点开发与潜艇战/反潜战，登陆战和水雷战/反水雷战相关的战术环境应用软件产品。

6.4.6.4　基于潜艇水下平台的战术环境保障系统

开发研制海军战术环境保障系统，应当优先和重点解决基于潜艇水下平台战术环境保障系统。潜艇作为我海军主战兵力之一，其出色的隐蔽性、持久的续航力、强大的突防和武器打击能力，使其成为我海军作战中的一只主要突击兵力和重要威慑力量。潜艇在未来高技术海上局部战争中，具有不可替代的杀手锏作用。但是，海洋环境对潜艇运行安全性、续航能力和隐蔽性等产生重要的影响。同时，海洋环境对潜艇武器系统的使用效能和品质的影响，也同样不可低估。潜艇作战效能的有效发挥，离不开海洋战场环境保障，特别是战术海洋环境保障支持。潜艇作战对海洋环境参数的需求，超过其它任何一种兵种。另一方面，对潜海洋环境保障具有特殊性，潜艇隐蔽性和通信条件的限制，大大增加了潜艇战术环境保障技术和方法的难度。基于潜艇平台使用环境的战术环境保障系统，不仅需求性最强，技术难度也最大，因此，必须重点攻关解决。

美国海军海洋学研究计划中，提高潜艇战术和反潜战作战能力的海洋环境保障研究，一直占据核心的地位。目前装备在潜艇上的 MK117 作战系统中，海洋水声环境分析预报和战术水声辅助决策模块，具有较强大的战术应用功能。

在我军潜艇战术环境保障系统研制中，系统研制的主要模块、具备的功能及其未来研制发展目标是：

1. 水下计流定位模块　建立基于微机上运行的重点海域 24h 高分辨率海洋环境（流场）预报模块系统，提高实时环境流场数据融合处理、环境流场数据快速检索和评估能力。支撑该功能模块的核心是艇载战术海洋预测模型。2015 年实现艇载海洋模型的并行处理能力。

2. 水声环境分析、预报及战术水声应用模块　该模块根据海洋环境数据库资料和潜艇传感器实测环境数据，计算海水声传播混响和噪声，确定不同海洋环境背景下的潜艇最佳下潜深度、会聚区、跃变层、声区以及声纳作用距离等战术水声参数，核心支持技术为战术海洋区水下战模型、浅海水域声场可视化技术和战术水声辅助决策软件。预计在 2015 年建成一体化水下反潜战模型。

3. 海洋水体环境精确描述、预测模块 该模块提供影响潜艇水下鱼雷和导弹发射，以及其它艇载武器设备使用效能的海洋水体环境分析预报。核心支持技术有区域海洋预测、数据—驱动模型和海上边界层耦合预报系统。预计在 2015 年实现 48h 战场环境预测能力和自动化环境特性提取。

4. 数据库管理模块 该模块提供基于军事海洋空间信息特点，具有海洋空间数据输入、存储管理、查询检索、统计分析运算和多种输出功能的系统软件支持。核心关键技术是动态数据库、图象库以及模型库。

6.5   海洋战场环境研究动态与展望

在 21 世纪，海洋战场环境建设将随着世界范围的海洋战略发展和海军的不断发展而发展。超级大国为实现其全球军事战略和控制海洋的目的，在调整海军发展战略目标的同时，不断制定和实施一系列军事海洋学发展计划。例如，美国从 20 世纪 50 年代末制定第一个海军海洋学计划以后，已先后制定并实施了海军深海技术计划、海军深潜计划、海军卫星海洋计划和海军遥感等一系列计划项目的开发、研究，特别是从 80 年代末，海洋战场环境研究纳入美国国防部关键技术计划中。此举大大推进了其海洋战场环境建设的水平。

"它山之石，可以攻玉。"本节我们首先通过美国海军在海洋战场环境建设方面的研究现状，了解并展望国际的发展趋势。然后，对我国海洋战场环境研究的战略及在未来 15 年的发展及重大挑战性课题进行有益的探讨。

6.5.1   美国海军海洋战场环境研究的概况

美国海军海洋学海军海洋战场环境研究发展，大体上经历了以下阶段：

第一阶段，从 20 世纪 40 年代至 50 年代，为其军事海洋学的研究初期。第二次世界大战以及 50 年代初的朝鲜战争，对美国海军海洋战场环境提出了需求性研究课题，这对军事海洋学的应用研究是一次很大的推动。这一阶段的研究工作，侧重于海洋气象和海洋水文要素的分析与预报，主要服务于两栖登陆作战、大洋航海水文气象保障（气象导航）以及反潜作战。其中，以海军海洋学家 Richard James 博士利用海洋气候学资料、实时环境资料，确定大洋最佳航线的应用技术研究工作（R. James，1957）最具代表性。另外，海军的海洋学家利用 Sverdrup-Mauk 有效波技术，估算波浪和拍岸浪状况，成功保障了二战期间盟军的重大两栖作战计划以及美军侵朝战争期间美军在仁川的登陆战。

第二阶段，从 20 世纪 60 年代至 80 年代，为军事海洋学和海洋战场环境研究的大发展时期。在这 20 多年时间里，一方面得益于全球性海洋开发和海洋科学的快速发展，例如，这一时期海洋国际合作调查研究，开始更大规模地展开。例如：国际海洋考察 10 年计划—IDOE，1971～1980；黑潮及邻近水域合作研究-CSK, 1966～1977；全球大气研究计划-GARP, 1977～1979；深海钻探计划，DSDP, 1968～1983 等等。海洋科学的进步，直接推动了军事海洋学和海洋战场环境建设的发展前进步伐。另一方面，在 20 世纪 60~70 年代，冷战期间超级大国的军事对抗，特别是全球范围大洋上的海军军事对抗，极大促进了以潜艇战和反潜战海洋环境保障服务为目标的海军海洋学研究。目前美国海军舰队数值海洋预报中心（FNOC）的成熟业务化系统，大多是在此期间开发研制的。前面所介绍的海军战术环境保障系统（TESS）也是归结于这一阶段的基础和应用研究成果。

进入 90 年代以后，美国海军海洋学/海洋战场环境建设进入了新的发展时期。开始于 1989 年（1990 财政年）的美国国防部关键技术计划，旨在推动保持"武器系统长期质量优势"的至关重要的技术发展[2]。列入该计划中的技术都被视为最有可能确定先进武器发展能力和当前武器系统逐步实现现代化革新的技术。1992 年 7 月，美国国防研究与工程署公布了新的国防科技战略，提出了在 21 世纪美军作战能力方面的七项最迫切、最重要的需求，分别是：

(1) 全球监视与通信

(2) 精确打击

(3) 空中优势与防御

(4) 海上控制与防御

(5) 先进的地面战

(6) 综合环境仿真

(7) 改善经济承受能力的技术

除第七项需求之外，海洋/气象环境技术与这些军事重要需求都密切相关。正因为此，海洋/气象环境（后来改称"武器系统环境"和"环境效应"）技术始终是美国国防部关键技术计划的重要组成部分。并且，在国防部各部门对武器系统环境技术的投资方面，海军的投资远远高于空军和陆军部门。例如，在 1992 财政年里，海军在武器系统环境技术项目的投资为 5890.6 万美元，超过空军（3452.6 万）和陆军（2287.1 万）投资总和。在美国国防部 1994 年财年计划中的 3 亿 6300 万美元的环境数据库技术项目投资中，海军环境项目额占了 1 亿 8700 万美元，超过总投资的 50%还多。足见美军对海洋战场环境建设的重视程度和投入力度。

美国海军自 90 年代以来，基于其"前沿存在，由海到陆"的战略指导思想，推动了海洋环境效应项目（OEEP）和海洋环境保障系统项目的技术发展，并进一步加强了在战术海洋学研究项目的规划和开发。其中，海洋环境快速评估（REA，Rapid Environment Assessment）即为满足美军在全球濒海区域冲突中，保证海军快速部署、快速反应的战场海洋环境保障体系建设项目。REA 通过先进的多传感器数据融合技术和卫星通信网数据传输技术，向海上作战单元（舰艇分队、潜艇、作战飞机等）提供作战现场战术指挥所需的实时环境数据支持和战术辅助决策支持。REA 项目的研究，使美军在 21 世纪海上作战保障能力，取得了质的飞跃。有关 REA 的研究内容，将在 6.5.3 中介绍。

在美国国防部关键技术计划的强力支持下，美海军海洋战场环境及海洋环境快速评估研究取得了非常显著的成就。下面重点通过美国海军海洋（大气）环境效应/海军武器系统环境研究中的主要技术领域——海洋环境遥感、海洋环境特征与预测、海洋景象生成和环境辅助决策的项目研究情况，分析和透视美国海军海洋战场环境建设研究的关键内容及其技术目标的发展。

6.5.2 美海军海洋环境效应/武器系统环境技术研究情况[2]

6.5.2.1 海洋环境遥感研究

该领域主要研究内容有：区域海洋观测系统的整体设计、自适应多光谱遥感、耦合的地基/天基环境概貌测量、全体环境观测系统，这些技术将对保证全球战场监视、通信、武器系统精确打击、海上控制与水下优势保持、综合仿真环境方面的需求提供直接服务。海洋环境遥感技术目标和发展计划如表 6-5：

表 6-5　美海军环境遥感技术现状及发展状况

1993～1995 年	1996～2000 年	2001～2005 年
1. 毫米波温度探测器 2. 微波风压解算 3. 毫米波成像仪 4. 空投布放温、盐和海流浮标、潜标探测传感器	1.多波束高度仪 2.系泊、自航和潜标环境探测传感器 3.多源探测器数据汇集、融合	1.一体化海洋观测系统 2.声学层析、X 射线摄影系统

　　海洋环境遥感领域的目标是开发实时采集足够的战区环境样本的能力。海洋遥感数据对于改善稀疏海洋数据集非常重要，利用宇宙、空中、水面和水下传感器，能够实现对全球海洋环境测量的覆盖。

6.5.2.2　海洋环境特征与预测

　　该领域研究主要包括：了解环境机理和变化过程；研究环境的特征；开发海洋学、海洋声学、电光/电磁学、大气及空间环境预测模型。此外，研究内容还包括建立环境数据库和检索技术，地形信息系统和数据汇及算法。该领域的研究发展目标是准确、高分辨地表述海洋环境。表 6-6 给出海洋环境特征与预测技术项目及发展目标的情况。

表 6-6　海洋环境特征与预测技术项目及发展目标

技术项目	1991～1995 年	1996～2000 年	2001～2005 年
实时环境特征	1.实现快速环境数据检索 2.可更新全球信息系统	1.高速异步光学数据同化和汇集 2.自动化环境特性提取	1.定时环境数据特征的算法 2.战术尺度的全球描绘/预测
战术海洋区水下战模型	1.浅海水域声传播、噪声和混响 2.舰载预测能力	1.浅海水域非声学模型（磁、潜望镜探测） 2.环境自适应声学处理	1.一体化水下/海上反潜战模型 2.探测器驱动的声学模型
大尺度海洋预测能力和战术海洋模型	1.北大西洋海盆模型 2.西地中海模型 3.大气-冰耦合模型 4.海洋模型的并行处理	1.全球海洋观测-数据-驱动模型 2.海上边界层耦合 3.沿岸海洋预报 4.半封闭海模型 5.全球海洋并行处理	1.耦合的海洋/大气预报系统 2.异步光学实时数据同化 3.舰载海洋模型并行处理
空间环境特征预测	1.电离层/磁性层特征/预报模型 2.一体化空间环境模型	1.电荷验证预测能力 2.空间碎片成像处理模式	空间危险预测能力改进 50 倍

6.5.2.3 景象生成和环境辅助决策

该领域包括系统/环境性能仿真，环境上逼真的作战景象生成及环境辅助决策。研究目标是利用环境机遇窗口和防止"环境突袭"。技术目标和发展情况见表6-7。

表6-7 景象生成和环境辅助决策目标情况

技术项目	1991～1995 年	1996～2000 年	2001～2005 年
战术景象生成技术	1. 环境系统性能相互作用 2. 红外景象代码 3. 毫米波景象代码 4. 战场大气层交互式景象直观模型	1. 自动目标识别景象度量特征 2. 多探测器景象生成 3. 浅海水域声场直观显示	1. 一体化毫米波景象生成 2. 自主式系统设计准则
环境仿真和辅助决策	1. 浅海水域系统/环境模型 2. 良好地形的声学辅助决策 3. 一体化气象效应辅助决策	1. 浅海水域反潜战和反雷措施模拟 2. 海岸区电磁/电光变化模型 3. 海洋信息网络	1. 浅海水域辅助决策 2. 灵境的环境模拟 3. 战场应用的自动化辅助决策 4. 模拟器用实时气象模型

美军在高度重视武器系统环境效应的关键技术项目发展的同时，也高度重视海军海洋科学的基础项目研究，特别是与海军潜艇战/反潜战战场环境相关的海洋基础项目。表6-8仅给出美国国防部支持的在海洋学/海洋声学领域的部分基础研究项目。

表6-8 美军在海洋学/海洋声学领域的部分基础研究项目

项目领域	1996～2000 年	2001～2005 年	2006～2010 年
海洋学/海洋地球物理	1. 海洋内波模型 2. 高分辨率沿岸风浪模型 3. 波-流耦合模型 4. 二维沉积夹带模型 5. 沉积物浓度模型	1. 沿岸海洋模型 2. 三维海底边界层模型 3. 沿海沉积物搬运 4. 耦合的波、流沉积模型 5. 近岸沉积动力学模型 6. 激浪区流体动力模型	1. 交互一体化海洋模型 2. 传感器驱动模型 3. 数据驱动沉积动力模型
海洋声学	1. 浅水中内波声传播模型 2. 海洋涡中声传播模型 3. 与距离有关的三维声模型，重点在定频带低频传播	1. 沿岸环境噪声模型 2. 海盆规模涡流分辨海洋特征和声学预测 3. 改进的声跃层析、X射线，投影系统	1. 全球海洋声学监视 2. 大洋底散射模型 3. 多孔弹性介质中的高频传播模型

6.5.3 快速海洋环境评估研究[45~47]

6.5.3.1 需求性

海洋环境快速评估REA系统，是海军作战、保障技术新的里程性标志。REA既是现代海上作战需求牵引的产物，也是海洋战场环境技术不断发展的结果。一方面，高技术战争对海洋战场空间环境信息的要求越来越高，并且，保障的主体内容由宏观背景场信息，转向微观背景场；由单纯的环境产品保障，转向环境产品和环境战术产品的合成；由战场尺度转向作战平台单元和武器传感器环境即战术效应场的信息及其应用保障。

海洋环境保障服务的对象，按照作战行动的进程，可分为战略指挥、战场指挥、作战单元指挥和战术传感器使用四个层次或阶段，而各个阶段对环境信息的时间和空间上的分辨率的要求不同。

战略规划阶段，对战场环境信息需求的时间尺度为数周-数月，空间尺度在 100～1000km；战场指挥对环境信息需求的时间尺度为 24～76h，空间尺度为 100km；到了作战单元和传感器使用的环节，需要的环境信息的时间尺度则为 0～12h，即需要现场预报（Nowcasting）能力，空间分辨率为 1～10km，甚至更小。不仅如此，在作战单元和武器传感器使用阶段，即海上作战的高强度冲突期，对环境保障更加强调高精度和实时性。海洋高技术的发展，特别是海洋一体化观测系统、全球信息系统和实时数据同化汇集等技术的发展，加上完备的 C^4I 系统，使得海上战术平台高端用户对海洋环境快速、精确、实时的需求，能够得到满足。

6.5.3.2　REA 体系结构

基于快速环境评估(REA)保障思想的体系结构，如图 6-4 所示：

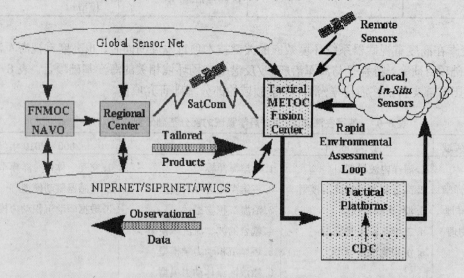

图 6-4　快速环境评估(REA)体系结构

REA 系统中，最关键的部分是由局地现场传感器(In-Situ Sensor)、战术海洋/气象环境融合中心(Tactical METOC Fusion Center)和战术平台(Tactical Platforms)有机形成的循环链。

在 REA 系统的循环链中，战术海洋/气象数据融合中心（TMOFC）通过卫星遥感传感器和全球传感器网络，直接获取全球性、区域性的观测数据，舰队数值海洋气象中心（FNMOC）和地区级海洋气象分析预报中心的产品，通过军内和网络传输到战术环境融合中心，由地区级制作的特定产品，也可通过通信卫星直接发送给战术海洋气象数据融合中心（TMOFC）。作战平台通过战术环境数据融合中心，在获得所需的战术环境保障的同时，也直接进行作战数据收集。通过这种有效的先进技术的支撑，能够达到战术平台使用时环境效应的最佳化。在战术平台与融合中心环路上的现场传感器（In-Situ），一方面完成对战术平台作战、最后阶段实时环境数据的获取任务，同时又将传感器数据送入融合中心进行新的融合。在这种循环过程中，修正和强化了对战术平台的环境保障支持。REA 与传统战场环境保障方法的最大区别是，传统作战单元/战术平台是通过与战场指挥舰/战术海洋气象融合中心之间的战术联系执行作战任务，海洋战场环境数据以及特制产品是通过指挥舰/融合中心的战术指令，间接影响和作用于各个作战平台系统。而在 REA 体系中，战术海洋气象融合中心作战平台和现场传感器之间形成循环的作战支持链接。融合中心强大的数据通信接口和数据处理能力，保证了对各种数据汇集、融合和分发的能力。

1996 年～1998 年，在美国海军萨克兰德（Saclant）水下中心，开展了 REA 项目的研究和试验。北大西洋公约组织（NATO）的 10 个成员国的海军力量，参加了联合海上演习试验，并吸收了多项科研结构参与。实地演习试验中，REA 的运作流程如图 6-5 所示：

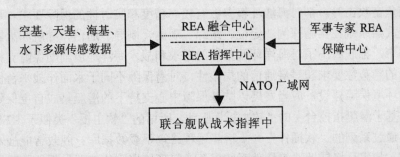

图 6-5　REA 运作流程

如果单纯从流程形式和结构体系上分析，REA 运作并不复杂。但是，在 REA 心脏部位——REA 数据融合中心和 REA 指挥中心，其强大的功能除了依靠中心内部的软、硬件系统工程基础支持外，全球性的、实时的环境监测、遥感数据源的快速、准确的网路传送能力和一大批有机组织的高水平的海洋（气象）环境专家和军事学专家队伍的智囊团作用，构成 REA 系统的最有力的技术支撑。这是非常富有启迪意义的。在我军的海洋战场环境建设，尤其是 REA 系统建设过程中，在抓好硬件建设的同时，切不可忽视人才和软件系统的建设。抓紧培养一批具有高素质的军事海洋学专家队伍，具有十分重大的战略意义。

6.5.4　我军海洋战场环境研究发展展望

6.5.4.1　历史与现状

我军的海洋战场环境建设随着海军 50 多年的成长历程而不断发展壮大。已经形成了具有一定能力的海洋水文气象综合调查监测和预报保障力量，海洋战场环境保障体系不断加强和完善。

20 世纪 80 年代以前，海军水文气象、业务化建设一直处于低水平发展阶段，1983 年底开始的海军水文气象业务正规化、现代化建设，有力促进了海军海洋战场环境建设工作。1992 年研制完成了"海军指挥所气象业务自动化系统"，并投入海军水文气象保障业务使用。该系统以全军公用数据网为依据，采用网络数据通信技术，以实时数据库为核心，集遥感卫星接受处理系统、短期预报工作站、海洋气象预报系统、天气图自动分析添绘系统、传真图接受处理系统以及海洋环境预报保障辅助系统为一体，标志着海军海洋战场环境建设迈向现代化进程的重要一步。在本世纪初，海军海洋环境业务自动化系统，将在硬件基础环境、软件水平和系统集成环境、功能等方面跃上新水平。

6.5.4.2　未来建设的若干重点发展领域

立足于打赢高技术海上局部战争的指导思想，按照军事环境保障建设，应当与军事战略发展相一致，保持同步或超前于武器装备系统发展的基本原则，海军海洋战场环境的建设，除了继续加强以水面作战平台的海洋水文气象保障建设工作外，应当重点加强潜艇水下作战平台的海洋环境保障建设、太空作战平台的空间天气保障建设和 GPS 气象学研究建设工作。

1．潜艇水下平台海洋环境保障[48]

潜艇是我军海上作战的主要突击兵力和重要威慑力量。潜艇作为水下作战平台，其海洋环境保障具有特殊性。一方面，潜艇战斗航海的安全、隐蔽性对海洋水体、海底地形、底质以及海洋灾害性天气系统的环境保障依赖程度高，潜艇作战声纳系统使用、水下发射导弹、布雷水雷和实施鱼雷攻击等，都对海洋环境参数有较高精度和实时性的保障要求。事实上，潜艇水下平台及武器系统在实施探测、定位、跟踪、观测、制导、通信、导航和火器攻击指挥的作战全过程中，都脱离不了对海洋环境数据的需求和战术海洋环境辅助保障支持。另一方面，由于潜艇的隐蔽性要求和对潜通信的局限性，对潜保障不同于水面作战平台保障。潜艇水下平台海洋环境保障建设，应当发展以陆基保障中心支持下的潜艇集成自主保障系统。该系统的运作是基于潜艇指控台上的"软主板"驱动，所谓的"软主板"类似于 TESS 的软件环境集成系统，通过系列的"软插件"——潜艇远程终端下载数据库、舰载智能战术环境分析预报软件系统、战术环境辅助决策软件系统以及潜艇环境探测传感器与系统的数据接口，最终支撑潜艇水下平台的海洋环境保障系统的有效运作[49]。

为此，应重点解决以下关键技术问题：

（1）基于潜艇环境的数据汇集、融合处理技术

潜艇出航前，通过远程终端下载海军中心级数据库子库，更新潜艇历史数据库。对海上传感器获取的现场实时数据进行自动传输、汇集和融合处理；并通过与艇指挥平台的数据接口进行数据自动检索，可视化显示；可通过预设方式自动完成对武器系统参数的效检和装定。

（2）舰载海洋模型并行处理系统

研制区域性海洋环境预测模型和并行计算器处理系统，是解决潜艇自主海洋环境保障的关键技术问题。重点研制与潜艇水声战环境密切相关的海洋三维热结构、黑潮、中尺度涡和海洋锋等海洋环境的分析、预测模型。

（3）潜艇战/反潜战战术环境辅助保障软件系统

重点解决关键海域水声环境的变化规律和辅助决策支持产品，提供海洋环境中水声的三维可视化仿真、潜艇声纳探测的水声环境效应（影响及修正），提供包括传感器最佳探测深度、最佳探测频率、方位等的辅助分析软件以及深海会聚区环境参数的分析预测技术。

2．太空作战平台环境保障及 GPS 气象学研究[50]

现代海上战争已经进入海底-水体-水面-空中-太空五位一体或陆地-海洋-大气-太空（电磁）四维作战空间领域。目前，各国对海洋和气象战场环境建设有了普遍的认识和重视。但是，对空间大气保障的研究还处于起步阶段。目前，关于太空作战及其保障的研究，主要

以美国和俄罗斯两国为主。

美国于 1994 年 10 月推出"国家空间天气战略计划"（NSWP），并于 1997 年初公布了其执行计划。1998 年美军与国家宇航局专门制定了联合监视空间天气计划，率先利用 GPS 全球导航定位系统，进行具有重大军事应用价值的 GPS 气象学试验研究。特别需要指出的是，在美国军方的大力扶持帮助下，台湾于 1997 年制定并启动了《GPS 气象学计划》[51]。

所谓 GPS 气象学（Global Positioning System Meteorology ），是利用 GPS 全球定位系统，探测和研究大气的科学技术。GPS 气象学是继雷达气象学、卫星气象学之后，代表当代最新科技水平的又一门新兴气象分支学科。

GPS 气象探测的研究和应用涉及到卫星技术、电磁波传播理论、资料反演计算等研究，其中二大关键技术是探测中高层大气环境要素场的 GPS 掩星观测技术和探测电离层电子密度的计算机层析技术。

GPS 掩星技术是利用低轨卫星或地面 GPS 接受机，接受 GPS 卫星发射的穿过地球大气层的电波信号，反演信号路径上的各种大气参数的技术。其基本原理是：由于大气高度等环境参数的变化，从 GPS 卫星上发射的电波信号，在穿越大气层的时候，微波信号的传输速度和相位发生异常变化，产生折射和延缓。据此，通过反演计算，反演出大气折射率并导出大气密度、温度、湿度、电离层电子总含量等大气参数。由于信号路径是由上及下的，如同层析成像一样，能够获得路径轨迹上每一大气层面上的信息。

美国国家科学基金会（NSF）、联邦航空局（FAA）和国家海洋大气局（NOAA），于 1992 年就联合制定了 GPS 气象学计划，旨在系统推进 GPS 气象学研究的发展。台湾的 GPS 气象学应用研究的技术目标是每天能够探测和获取 4000 个大气垂直剖面；每 3h 提供一次全球电离层电子密度。

GPS 气象学技术的应用，对弥补陆地和大洋稀缺观测数据大有帮助，因此，GPS 气象学研究对提高军事海洋"全覆盖"、"无缝隙"的保障能力，将具有非常深远的影响。

未来海上高技术局部战争冲突中，看得见的战场在海面、空中，看不见的战场则分别在水下和太空/电磁空间中。指挥、控制、通信、计算机和情报系统、侦察和电子战系统以及精确制导武器组成了高技术战争的中枢神经和主战武器系统，而它们的生存能力和作战效能既受海洋、大气环境的制约和影响，也受到中高层（10～800km）空间磁层、电离层电子密度、大气密度、大气折射等"空间天气"变化的重要影响。目前，我军的气象保障能力还仅局限在 30km 以下的平流层中、下层和对流层，30～800km 空间环境保障缺乏相关的探测技术和手段。随着我国航空事业的发展壮大，特别是军用小卫星计划的实施，提早规划好我国 GPS 气象学战场规划和军事空间天气研究与业务保障体系建设，为军用电磁通信、军事预警和导航定位系统提供基本的和特殊的空间天气预报、警报及评估服务，实现未来海战中真正从太空到海底的集地球物理环境、大气环境、海洋环境和空间环境与一体的"无缝隙战场环境保障"，具有高度的战略前瞻性和重大的军事实践价值。

4. 联合作战气象和海洋保障研究

联合作战已经成为现代高技术战争的主要作战形式。高技术条件下联合作战的气象和海洋环境保障，是为联合部队安全、顺利遂行各个战役阶段的主要作战任务提供快速、准确、持续和多元化的气象、海洋条件。无疑，联合作战对气象和海洋环境保障的要求更高，而保障的难度更大。美军针对高技术条件下联合作战中军事气象海洋保障的特点和发展趋势，专门以参谋长联席会议主席令的形式，颁布了"气象海洋（METOC）工作"命令[52]。该主席令在认识和有效使用气象、海洋和空间环境条件的重要性以及 METOC 工作组织管理（包括人工影响天气）等 5 个方面做出了具体、明确的要求。因此，我军在健全和完善联合作战气象、海洋保障体制的同时，应当加强对联合作战的保障特点、保障方法和保障内容的研究，解决联合作战保障中的重大技术性问题。

在联合作战气象海洋保障的体制方面，首先应当建立精干、高效、权威的保障体系，以便集中统一，有机地组织和协调复杂的联合战役保障任务；

在联合作战气象海洋的保障方法上，应当在提高战区保障中心集成保障能力和水平的同时，大力加强和提高机动保障、伴随保障和独立保障能力；

在联合作战气象海洋保障的内容方面，必须适应高技术武器装备的发展和联合作战海、陆、空、天多维一体化的特点，平时积极做好全方位的战场环境建设准备，战时提供"全谱"、"无缝隙"的气象海洋保障服务。

高技术条件下联合作战对气象海洋保障的需求已经发生了较大的变化。除了在保障空间范围的拓宽和保障时间性的要求增强外，还集中体现在保障内容的扩展和保障产品形式的丰富性、可视性、易用性方面。例如：大气温、湿廓线探测和预报与空中能见度、气溶胶粒子分布、电磁波的大气折射、大气波导状态和目标的电光指示特性等有密切关系，因此，对雷达探测、光学、激光和红外测距、制导以及电子战中电子收集系统的信号识别等均具有重要意义。此外，空间电磁场和大气密度特性影响空间通信和精确制导武器的制导性能。因此，必须加强空间战场环境保障研究。从保障产品的内容和形式上，还必须适应特定战役和战术环境的一般性要求和特殊性要求，除能够提供基本的常规气象海洋产品外，还能够提供经过深加工处理的可直接应用于战术行动的战术环境产品以及战术环境辅助决策（TEDA）。

最后，应当特别强调指出：世界新军事革命的发展，显现出 21 世纪高技术战争将发生更加深刻的变革。未来海上局部战争甚至是一场相互不见面的战争。太空战和太空环境保障离我们并不遥远。未雨绸缪和运筹帷幄，是决胜千里之外的重要基础。海洋战场环境和太空环境保障，极可能成为未来海上高技术战争的双刃剑——建设好，战则胜；否则，战则败。

参考文献

[1] 中国海军百科全书编审委员会.《中国百科全书》.北京：海潮出版社，1998

[2] 颜春亮. 美国国防部将气象环境技术列入关键技术计划. 军事气象，1994（3）：45~57

[3] G. H. Millman Atmospheric Effects on VHF and UHF Propagation. Proc. IRE. 46. NO. 8 1958:1492-1501

[4] Richter, J. H. Hughes, H. G. Effect of Marine Atmosphere on Performance of Electrooptical Systems. 1989：43p AD-A215 947/3/XAD

[5] Keneth W. Ruggles,1975:Enviroment support for electro-optical systems, Fleet Numerical Weather Central

[6] Naval Tactical Decision Aids ,AD-A 220 401

[7] 苏恩泽. 领域效果 策划层次-高技术战争作战模拟的理论问题.《高技术战争与作战模拟》.北京:军事科学出版社，1997

[8] 中国人民解放军总参谋部气象局. 大气环境与高技术战争. 北京：解放军出版社，1999

[9] 李磊. 潜艇作战对海洋环境保障的特殊需求、基本特点及军事海洋学研究应用展望. 北京：'2000 海洋科学技术及应用高级研讨会，中国海洋学会

[10] 刘燕华主编. 21 世纪初中国海洋科学技术发展前瞻. 北京：海洋出版社，2000

[11] 冯士筰主编. 全国基础研究学科发展和优先领域"十五"计划和 2015 年远景规划——海洋科学. 北京：海洋出版社，2001

[12] 丑纪范. 长期数值天气预报. 北京. 气象出版社，1986

[13] 廖同贤 . 大气数值模式的设计. 北京气象出版社，1999

[14] Kowalik Z. and T. S. Marty. 1993: Numerical modeling of Ocean dynamics，World Scientific Publishing. Co. Pte. Ltd. Adv. Ser. On Ocean Engineering-5

[15] Meller. G. L. User's guide for a three-dimensional. primitive equation. numerical model version 1996. Princeton University. Princeton. 40pp

[16] 文圣常、张大错等. 改进的理论风浪频谱. 海洋学报，1990. 12（3）：271～283

[17] Lybanon, M. Oceanographic Expert System: Potential for TESS（3）Application. AD-A254 908/7/XAD. July 1992

[18] Thomason, M. G. and R. E. Blake（1986）Development of an Expert System for Interpretation of Oceanographic Images. Naval Ocean Research and Development Activity. Stennis Space Center. MS. NORDA Report 148

[19] Susan Bridges. et . (1994)Predicting and Explaining the movement of Mesoscale Oceanographic Features Using CLIPS . Third Conference on CLIPS Proceedings. Lyndon B. Johnson Space Center.

[20] 吴子牛主编. 计算流体力学基本原理. 北京：科学出版社，2001

[21] 付德薰主编. 流体力学数值模拟. 北京：国防工业出版社，1993

[22] 谭维炎主编. 计算浅水动力学. 北京：清华大学出版社，1998

[23] Charney，J1948：On the sacle of atmospheric motions Geophys publ，17，Nov，17pp

[24] 冯士筰，孙文心. 物理海洋数值计算. 河南:河南科学技术出版社，1992

[25] 丑纪范著. 长期数值天气预报. 北京：气象出版社，1986

[26] 张玉玲，吴辉碇，王晓林 编著. 数值天气预报. 北京：科学出版社，1987

[27] Simons. T. j. 1968: A 3-dimensional spectral Prediction equation. Atmos. Sci. paper NO 27. Dept. Atoms. Sci. Colorado state University

[28] Mizzi A. and J. Tribbia. 1995: Vertical Spectral representation in primitive equation models of atmosphere. Mon. Wea. Rev. 123. 2426～2446

[29] 曾庆存. 数值天气预报的数学物理基础. 北京：科学出版社，1979

[30] 赵其庚. 海洋环流及海气耦合系统的数值模拟. 北京：气象出版社，1999

[31] O. Brien J. J. 1986: Advanced Physical Oceanographic numerical modeling . O. Brien，D. Reide （ED） 608pp

[32] Pacanowski R. C. 1995：MOM2 documentation users guide and reference manual，GFDL Ocean Technical Report No. 3

[33] Semtner，A. J. and R. M. Chervin, 1988：A simulation of global ocean circulation with resolved eddies，J. Geophys. Res. 93，15502～15522

[34] Semtner，A. J. and R. M. Chervin, 1992： Ocean general circulation from a global eddy-resolving model，J. Geophys. Res. 97，5493～5550

[35] Spall M. A. and W. R. Holland, 1991: A nested Primitive equation model for oceanic applications，J. phys. Oceanogr.，21，205～220

[36] Rood R B 1987: Numerical advection algorithms and their role in atmospheric transport and chemistry model，Rev. Geophys，25，71～100

[37] Ghil W. H. and P. Malanotte-Rizzoli, 1991: Data assimilation in meteorology and Oceanography, Adv. Geophys. Accepted

[38] Thacker W. C. Long R. B. The role of Hessian matrix in fitting models to measurements. J. Geophys Res. 94(c5). 1989: 6177~6196

[39] R. J. 尤立克著. 海洋中的声传播. 陈泽卿. 北京：海洋出版社， 1990

[40] R. Zhang, Y and H, Liu, The WKBZ mode approach to sound propagation in range-independent ocean channels. Acta acoustica. 1994:13. 1-12

[41] R. Y. Zhang and Q. Wang. Range and depth average field in ocean sound channels. J. Acoust. Soc. Am. . 1990. 87, 633-638

[42] Phegley. L. Crosiar. C. Third Phase of TESS. AD-A241 718/XAD NTIS Prices: PC A02/MF A01. Jul. 1991

[43] Chin. D. Nuttall. K. Optimum Track Ship Routing (OTSR) Applications of the Tropical Cyclone Strike/Wind Probability Program. AD-A093 197/2 1980: 25pp

[44] Bachman. R. J. Thomas. W. L. Ship Response Tactical Decision Aid. Phase 1. 1989： pp58, AD-A216 313/7/XAD

[45] David M. Ruskin . 'Rapid Environmental Assessment to Support NATO Maritime Operations' Navy Forces. No. VI/1997.

[46] Edward C. Whitman. 'Evolving U. S. Navy Requirements for Rapid Environmental Assessment'

[47] Read Admiral W. G. Tactical Use of Oceanography Information . Nato' s Academy Press. Proceedings of Symposium on Tactical. (Sept 1998.). UDT95. P424-429.

[48] 李磊. 高技术战争中的潜艇水文气象保障研究. 海军潜艇学院学术年会论文集. 1999. 12,

[49] 李磊. 潜艇海洋战场环境与战术环境保障示范系统研究. 青岛海洋大学博士论文开题报告. 2001：1~17

[50] GPS/MET Preliminary Report. July 1995. http://www.cosmic.ucar.edu

[51] UCAR. Taiwan joint forces to launch COSMIC. February 1998. Staff Notes Monthly

[52] 张贵银，崔宏光等. 美军提出联合作战气象和海洋保证新政策. 军事气象，2001 年，第五期，45~46

结束语

　　在 21 世纪我国建设海洋强国的征程上，海军将肩负着光荣而艰巨的重任。伴随着海军的发展，海洋战场环境建设任重而道远。特别令人欣慰的是，国家愈来愈高度重视海洋科学技术（包括军事海洋学研究）的发展。在国家自然科学基金委员会所做的《全国基础研究学科发展和优先领域"十五"计划和 2015 年远景规划》中，军事海洋学研究已被列入 2001～2015 年海洋科学的发展学科前沿。随着国家高新技术——海洋"863"计划的实施和进行，支撑国防发展特别是海军战场环境建设的重大项目正在取得突破性进展。毫无疑问，这些都将极大地促进海军海洋战场环境建设的发展，同时也会吸引一大批年轻有为的海洋科技工作者，激励他们投入到军事海洋学研究的新兴领域，暨海洋战场环境研究和建设中来。

　　本书正是在中国海军迎接新世纪挑战，以科技强军的背景下，在青岛海军潜艇学院各级首长的大力支持下，历时整整一年编著而成。如果本书能够对那些关注或准备涉足军事海洋学研究领域的科技工作者们有所帮助和裨益的话，即是对作者莫大的安慰；如果它还能够对我军海洋战场环境研究起到一些指导或建设性作用的话，将是作者莫大的欣慰和自豪。

作者

2001 年 12 月于青岛